FLORE
ANALYTIQUE
DE
TOULOUSE
ET
DE SES ENVIRONS,

PAR

J.-B. NOULET, D.-M.,

Professeur de Thérapeutique et de Matière médicale à l'École de Médecine
et de Pharmacie de Toulouse, professeur de la chaire d'Agriculture de la même ville,
membre de plusieurs Sociétés savantes.

DEUXIÈME ÉDITION.

TOULOUSE
DELBOY, LIBRAIRE-ÉDITEUR,
RUE DE LA POMME, 71.

1861.

FLORE ANALYTIQUE

DE

TOULOUSE ET DE SES ENVIRONS.

TOULOUSE, IMPRIMERIE DE A. CHAUVIN,
RUE MIREPOIX, 3.

FLORE

ANALYTIQUE

DE

TOULOUSE

ET

DE SES ENVIRONS,

PAR

J.-B. NOULET, D.-M.,

Professeur de Thérapeutique et de Matière médicale à l'Ecole de Médecine
et de Pharmacie de Toulouse, professeur de la chaire d'Agriculture de la même ville,
membre de plusieurs Sociétés savantes.

DEUXIÈME ÉDITION.

TOULOUSE
DELBOY, LIBRAIRE-ÉDITEUR,
RUE DE LA POMME, 71.

1861.

On m'avait si souvent demandé un livre portatif qui pût servir de guide pour les herborisations, que je me décidai, en 1854-1855, à publier le Catalogue des plantes phanérogames qui croissent spontanément ou subspontanément dans la portion sous-pyrénéenne du département de la Haute-Garonne, le faisant suivre de tableaux dichotomiques, destinés à conduire aisément à la détermination des genres et des espèces. La *Flore analytique de Toulouse et de ses environs* ayant été rapidement épuisée, j'en donne, en ce moment, une deuxième édition, avec les additions et les corrections que cinq années devaient y apporter.

La circonscription que j'ai adoptée est fort naturelle; elle a Toulouse pour centre. Cette contrée, qui comprend, outre l'arrondissement de Toulouse, ceux de Muret et de Villefranche, est composée de vallées plus ou moins larges parcourues par des cours d'eau, dont deux, la Garonne et l'Ariége, prennent leurs sources dans les Pyrénées, et de collines dont les points les plus élevés ne dépassent guère 300 mètres d'altitude.

Cet espace est occupé par des terrains appartenant exclusivement aux époques *tertiaire et quaternaire*;

parmi les terrains tertiaires, les plus anciens, très-bornés, forment l'extrême limite du département dans l'arrondissement de Villefranche et rentrent dans l'étage supérieur de l'*Eocène*, si largement développé dans l'Aude et le Tarn. Puis vient la formation *Miocène* qui occupe tout le reste. Au-dessus de ces deux terrains se montrent, dans le fond des vallées, et en les remontant, le long des flancs des collines et jusque sur leurs crêtes, les dépôts quaternaires, *Pleistocènes* ou *Diluviens*; puis enfin les *Alluvions modernes*, déposées par les cours d'eau actuels (1).

Les roches qui entrent dans la composition des formations Eocène et Miocène sont des argiles bigarrées plus ou moins calcarifères, des sables et des grès molasses, disposés par assises horizontales, fréquemment interrompues, de manière à n'offrir aucun ordre fixe dans leur superposition.

Les dépôts quaternaires sont formés de galets d'un volume variable, unis à des sables et à des terres argilo-siliceuses, véritable *Lehm* des vallées sous-pyrénéennes (2).

Par leur décomposition, les roches Eocènes et Miocènes donnent naissance aux sols argilo-calcaires, que nous nommons ici *Terres fortes ;* tandis que nous nom-

---

(1) V. les introductions placées en tête de nos *Mémoires sur les coquilles fossiles des terrains d'eau douce du sud-ouest de la France.* In-8°, 1854.

(2) V. notre *Note sur les dépôts Pleistocènes des vallées sous-pyrénéennes, et sur les fossiles qui en ont été retirés*, dans les Mém. de l'Ac. des sc. de Toulouse, année 1854.

mons *Boulbènes* les sols argilo-siliceux provenant des Pleistocènes.

Cette grande division des sols constitue le fait le plus saillant touchant la géographie des plantes de notre Flore locale, ainsi que de la Flore des cultures. En effet, chacune des deux classes de terres a une population végétale spéciale, sans préjudice toutefois de l'influence qu'exercent, dans la distribution et dans la dispersion des espèces, l'altitude, l'exposition et l'humidité.

Les botanistes qui ont écrit sur la Flore de Toulouse se sont bornés à citer les plantes qu'ils avaient observées aux alentours de la ville, en y ajoutant toutefois quelques espèces de la forêt de Bouconne. C'était commode pour eux ; mais l'importance et l'utilité de leurs ouvrages y perdaient, puisqu'on ne pouvait en faire qu'un usage très-restreint, et qu'ils devenaient inutiles, souvent même avant d'avoir franchi la banlieue de la commune de Toulouse.

Il ne viendra à l'esprit de personne de nous reprocher d'avoir agi autrement, en étendant les limites de la Flore toulousaine, et en agrandissant et facilitant, par conséquent, le champ des recherches. Notre livre peut servir de guide des limites du Gers aux bords du Tarn, et du pied des Pyrénées au département de Tarn-et-Garonne. Nous devons avertir pourtant que les environs de Toulouse nous étant mieux connus, tant à cause de nos propres investigations que de celles d'autrui, nous avons multiplié les stations, là plus que partout ailleurs, toutefois dans un rayon bien plus étendu qu'on n'avait coutume de le faire. Nos efforts

ont été couronnés d'un heureux résultat, et nous avons eu la satisfaction d'inscrire dans notre Catalogue bon nombre d'espèces omises dans les ouvrages publiés sur le même sujet.

Outre les plantes propres à notre circonscription, nous avons signalé celles qui s'y montrent subspontanées, en négligeant, toutefois, et à dessein, un certain nombre d'espèces, provenant de semences apportées avec des blés étrangers, et qui n'ont paru momentanément que sur des espaces isolés et restreints, sans s'y maintenir. Enfin, nous avons noté avec soin les espèces qui entrent dans la grande culture.

Le Catalogue de ces plantes est disposé d'après la classification de Jussieu, arrangée par M. de Candolle, devenue classique et généralement adoptée dans l'enseignement et l'exposition des familles naturelles.

Pour faire arriver à la détermination des genres et des espèces, nous avons employé, ainsi que cela nous avait été demandé, la méthode artificielle dite *dichotomique* ou *analytique*, la plus simple et la plus aisée de toutes celles qui ont été proposées pour trouver le nom des plantes. En effet, celui qui en fait usage n'a qu'à opter entre deux ou plus rarement un petit nombre de phrases, offrant des signalements constamment opposés ; il choisit celle qui convient à la plante qu'il a sous les yeux, en excluant les autres ; il se trouve ainsi conduit forcément au nom qu'il cherche. Le premier tableau est consacré à la détermination des genres, le deuxième à celle des espèces (1).

(1) Dans la rédaction des tableaux dichotomiques, j'ai fait un fréquent usage des travaux du même genre publiés par divers auteurs, mais plus

Néanmoins, et nous devons cet avis aux commençants, ce n'est là qu'un premier travail préparatoire, dont le résultat doit être vérifié avec un très-grand soin, en recourant aux descriptions et diagnoses caractéristiques qui ont été données de la plante que l'on a en vue. Ces vérifications doivent être faites à l'aide d'ouvrages généraux, de Flores descriptives (1), et de travaux de critique botanique (2).

particulièrement de ceux qui sont en tête de l'excellente *Flore du centre*, de M. Boreau.

On commence par faire usage du premier tableau dichotomique, destiné à la détermination des genres, comme il suit :

1 { Plantes à fleurs distinctes. 2
  { Plantes à fleurs indistinctes. 693

Le choix étant fait, par exemple, de la première phrase, le chiffre 2 qui vient à la suite renvoie au n° 2 des accolades. On procède ainsi jusqu'à ce que l'on soit conduit à un nom de genre, comme celui de *Reseda*, lequel nom est suivi du n° 55. Ce n° renvoie au n° correspondant dans le tableau dichotomique des espèces.

Arrivé à ce premier résultat, on procède exactement de la même manière. Ainsi, il y a trois espèces de *Reseda* dans notre *Flore*, et si l'on veut savoir le nom de l'un d'eux, on ne peut manquer d'y arriver en faisant usage du tableau suivant :

55. RESEDA.

1 { Calice à quatre divisions. . . . . . *R. luteola* (p. 22).
  { Calice à six divisions. 2
2 { Feuilles caulinaires trifides. . . . *R. Phyteuma* (p. 21).
  { Feuilles caulinaires pinnatifides. . . . *R. lutea* (p 22).

Le P suivi d'un chiffre, entre parenthèses, qui vient après chacun des trois noms spécifiques, renvoie aux pages du catalogue de la *Flore*, où le nom, la synonymie, les stations, l'époque de la floraison de chaque plante se trouvent mentionnés.

(1) Je ne saurais trop recommander la *Flore du centre de la France et du bassin de la Loire*, par M. A. Boreau, 3° édit., 2 vol. in-8°, 1857, et la *Flore de France*, par MM. Grenier et Godron, 3 vol. in-8°, de 1848 à 1855.

(2) Les plus intéressants travaux de ce genre, publiés dans ces der-

Pour ne point dépasser les bornes d'un manuel destiné aux herborisations, nous nous sommes montré sobre de synonymes et de détails scientifiques, nous contentant d'accompagner le nom de chaque plante de celui de l'auteur qui l'a ainsi désignée le premier. Cependant, toutes les fois qu'une espèce avait été précédemment citée par nous, à ce titre ou comme simple variété, dans la *Flore du bassin Sous-Pyrénéen* (1), nous nous sommes imposé le devoir d'en avertir (2); non pas dans la puérile intention d'en revendiquer la découverte, mais pour rendre encore utile notre premier livre à ceux qui voudront le consulter, et surtout pour relever les erreurs qui nous étaient échappées, erreurs dont un bon nombre étaient communes aux Floristes français au moment où cet ouvrage parut. Il n'y a point de livres qui vieillissent, en effet, plus vite que ceux de ce genre; aussi faudrait-il les refaire sans cesse pour les tenir au courant de la science; c'est pour arriver à ce résultat (si l'accueil que l'on continuera à faire à notre Flore m'y autorise), que j'ai fait tirer, ainsi que je le fis pour la première édition,

nières années, sont, sans contredit, ceux de M. Alexis Jordan, de Lyon : *Observations sur plusieurs plantes nouvelles, rares ou critiques de la France*, 7 fascic. in-8°. 1846 à 1849 ; — *Pugillus plantarum novarum præsertim galliarum*. In-8°. 1852 ; — diverses notes insérées dans les *Catalogues des graines offertes en échange par les jardins de Grenoble et de Dijon*, et dans les *Archives de la Flore de France et d'Allemagne*, par M. Billot.

(1) Par le Dr J.-B. Noulet. 1 vol. in-8°, 1837, et additions et corrections à la *Flore du bassin Sous-Pyrénéen*, par l'auteur. Broch. in-8°, 1846.

(2) J'ai désigné notre Flore par l'abréviation Fl. s.-p. Le chiffre qui vient après indique le numéro d'ordre dans lequel l'espèce est portée dans la Flore. Je n'ai pas entendu adopter ou infirmer les synonymes qui y sont rapportés.

ce manuel à un nombre peu considérable d'exemplaires.

Enfin, j'ai eu le soin de citer l'époque de la floraison de toutes les plantes, afin que l'on puisse aller cueillir en temps opportun les espèces dont j'indique les localités précises où l'on pourra les retrouver. Quant à ces localités, j'ai donné habituellement, pour les plantes suffisamment répandues, les stations les moins éloignées de Toulouse.

En comparant la liste des plantes que je publie en ce moment, à celle que je donnai il y a plus de vingt ans, on s'apercevra d'une notable différence : adoptant alors les principes de l'école de Linné, je cherchais à grouper autour d'un type spécifique les formes voisines que je distinguais comme variétés. Actuellement, et me conformant en cela au principe contraire qui tend à prévaloir, je laisse à chacune de ces formes son individualité propre, qui la sépare de ses congénères, quelque rapprochées qu'elles puissent être, sans me faire l'arbitre de savoir s'il en est une parmi elles qui mérite de servir de prototype à ces petits groupes, que quelques botanistes maintiennent encore comme agglomérations spécifiques.

Ce sont là, au reste, des questions d'école, sur lesquelles je ne puis m'appesantir dans un travail de la nature de celui-ci, où, ce qui importe avant tout, c'est de signaler les formes suffisamment caractérisées.

A cause même des distinctions minutieuses, et par conséquent difficiles, qui séparent certaines espèces,

j'ai eu recours en maintes occasions aux lumières des savants qui les avaient établies ou tout au moins déjà adoptées. Sous ce rapport, je dois de la reconnaissance à M. Jordan, de Lyon; à M. Boreau, professeur de botanique à Angers; à MM. les professeurs Grenier et Godron, dont j'ai déjà cité avec éloges les recommandables ouvrages, et qui m'ont offert si amicalement leur précieux et honorable concours.

En citant, dans cette édition, un petit nombre d'espèces nouvelles pour notre Flore, ou bien des localités précises pour certaines plantes rares, j'ai eu le soin, comme je l'avais précédemment fait, de désigner les botanistes toulousains auxquels revenaient ces découvertes; je prie ceux qui me les ont communiquées d'agréer mes remercîments.

Toulouse, le 1ᵉʳ octobre 1860.

NOMS

DES

AUTEURS CITÉS DANS CET OUVRAGE.

Aït. — Aïton.
All. — Allioni.
Arrh. — Arrhenius.
Hartman.
Babingt. — Babington.
Balb. — Balbis.
Bast. — Bastard.
Bell. — Bellardi.
Benth. — Bentham.
Bernh. — Bernhardi.
Bertol. — Bertoloni.
Bess. — Besser.
Bieb. — Biebenstein (M^{al}).
Bonningh. — Bonninghausen.
Borkh. — Borkhausen.
Bor. — Boreau.
Braun (Al.)
Brot. — Brotero.
Br. — Brown (R.).
Cass. — Cassini.
Cav. — Cavanilles.
Chaix.
Chaub. — Chaubard.
Clairv. — Clairville.
Coult. — Coulter.

Crantz.
Curt. — Curtis.
Custor.
Dant. — Danthoine.
D. C. — De Candolle.
D. C. — De Candolle (Al.).
Delarb. — Delarbre.
Desf. — Desfontaines.
Desp. — Desportes.
Desr. — Desrousseaux.
Desv. — Desvaux.
Duby.
Duchêne.
Dufour.
Dufr. — Dufrène.
Dumort. — Dumortier.
Dun. — Dunal.
Durieu de Maisonneuve.
Erh. — Erhart.
Forst. — Forster.
Fries.
Gærtn. — Gærtner.
Gaud. — Gaudin.
Gawl. — Gawler.
Gilib. — Gilibert.
Gmel. — Gmelin.

Good. — Goodenough.
Godr. — Godron.
Gou. — Gouan.
Grenier.
Griseb. — Grisebach.
Guss. — Gussone.
Hall. — Haller.
Hayne.
Hoffm. — Hoffmann.
Hoppe.
Horn. — Hornemann.
Host.
Huds. — Hudson.
Jacq. — Jacquin.
Jord. — Jordan.
Kit. — Kitaibel.
Koch.
Kœl. — Kœler.
Kunt.
Kutzing.
L. — Linné.
Lam. Lamarck.
Lamothe.
Lapeyr. — Lapeyrouse.
Leers.
Lehm. — Lehman.
Lej. — Lejeune.
Leman.
L'Hérit. — L'Héritier.
Libert.
Link.
Lois. — Loiseleur-Deslongchamps.
Maur. — Mauri.
Merat.
Mert. — Mertens.
Meyer.
Mich. — Michaux.
Mill. — Miller.
Mœnch.

Murr. — Murray.
Nees. — Nees ab Esenbeck.
Nest. — Nestler.
Noul. — Noulet.
Pall. — Pallas.
P. Beauv. — Palissot de Beauvois.
Pavon.
Pers. — Persoon.
Poir. — Poiret.
Pollich.
Pollin. — Pollini.
Pourr. — Pourret.
Presl.
Ram. — Ramond.
Rau.
Red. — Redouté.
Reich. — Reichard.
Reich. — Reichenbach.
Retz. — Retzius.
Reut. — Reuter.
Rich. — Richard (L. C.).
Rœm. — Rœmer.
Roth.
Ruiz.
St-Am. — Saint-Amans.
Salisb. — Salisbury.
Santi.
Savi.
Schimp. — Schimper.
Schkuhr.
Schlecht. — Schlechtendal.
Schleich. — Schleicher.
Schrad. — Schrader.
Schrank.
Schreb. — Schreber.
Schultes.
Schultz (F. G.).
Schultz (C.).
Scop. — Scopoli.

— XV —

Sed. — Sebastiani.
Seringe.
Sibthorp.
Smith.
Soland. — Solander.
Soy.-Will. — Soyer Willemet.
Spach.
Spenn. — Spenner.
Spreng. — Sprengel.
Sutton.
Sw. — Swartz.
Tenor. — Tenore.
Thore.
Thuil. — Thuillier.
Timbal-Lagrave.
Timer. — Timeroy.

Trin. — Trinius.
Valh.
Vent. — Ventenat.
Vill. — Villars.
Wahlen. — Wahlenberg.
Waldst. — Waldstein.
Walp. — Walpers.
Wallr. — Wallroth.
Weigel.
Weihe.
Wender. — Wenderoth.
Wibel.
Willd. — Willdenow.
Wickst. — Wickstrom.
Wim. — Wimmer.
With. — Withering.

ABRÉVIATIONS.

Fl. s.-p. — Flore du bassin Sous-Pyrénéen.

T. — Toulouse.

C. — C.C. — C.C.C. — Commun, fort commun, très-commun.

R. — R.R. — R.R.R. — Rare, fort rare, très-rare.

Obs. — Observation.

Ex parte, en partie.

PREMIÈRE PARTIE.

CATALOGUE.

FLORE ANALYTIQUE

DES

ENVIRONS DE TOULOUSE.

PLANTES EXOGÈNES

OU

DICOTYLÉDONÉES.

THALAMIFLORES.

RENONCULACÉES.

CLEMATIS.
— Vitalba. L. — Fl. s.-p. 1. — Haies, buissons, bois. C. C. — Juillet, septembre.

THALICTRUM.
— sylvaticum. Koch. — Fl. s.-p. 1. — Bois un peu couverts. R. R. Rives de l'Ariége, au bois du Château de Lacroix-Falgarde. — T. Iles du Moulin-du-Château, aux bords de la Garonne. Bois de Larramet, vers le Marquisat. — Juin, juillet.

ANEMONE.
— coronaria. L. — Fl. s.-p. 1. — Subspontané.

Vignes. R. R. — T. A Saint-Simon, au quartier du Miral. C. Colomiers, dans le vallon de l'Armurier, vignes et champs. C. — Mars, avril.
— pavonina. LAM. — Subspontané. Vignes. R. — T. Saint-Simon. C. — Mars, avril.
— nemorosa. L. — Fl. s.-p. 2. — Bois couverts, surtout ceux des collines ; fond des vallons. C. — T. Pouvourville, Pechbusque, Saint-Géniés, Larramet, Bouconne. — Mars, avril.
— ranunculoides. L. — Fl. s.-p. 3. — Bois, prairies humides. C. — T. Bords du Touch, au-dessus de Saint-Martin, Pouvourville, Pechbusque, Bouconne. — Avril, mai.

HEPATICA.
— triloba. CHAIX. — Fl. s.-p. 1. Anemone. L. — Vallon de Soulbet, à Venerque, au fond du bois. C. (Localité unique jusqu'à ce jour). — Mars, avril.

ADONIS.
— autumnalis. L. — Fl. s.-p. 1. — Cultures, partout. — Mai, septembre.
— flammea. JACQ. — Cultures, çà et là. R. — T. Hauteurs du Calvinet, Pech-David. — Juin, août.

RANUNCULUS.
— hederaceus. L. — Fl. s.-p. add. 1 bis. — Fossés à eaux vives. R. R. Pinsaguel, au-dessus du village. — T. Lalande, le long du chemin qui de l'écluse de ce nom conduit à la propriété de M. Le Blanc. C. — Mai, septembre.
— aquatilis. L. — Fl. s.-p. 2, α. — Eaux stagnantes

ou peu rapides. C. — T. Canal du Midi, la Garonne. — Avril, août.
— trichophyllus. Chaix. — Eaux stagnantes. C. — T. Canal du Midi. — Mars, juin. — Var. terrestris. Godr. — Fl. s.-p. 2, δ. — Vases desséchées des mares, des fossés. C. — T. Au Béarnais.
— Drouetii. Schultz. — Eaux stagnantes. C. — T. Fossés à Croix-Daurade; à Lalande, entre le Canal latéral et la route de Paris. — Mars, juin.
— fluitans. Lam. — Fl. s.-p. 2, γ. — Eaux courantes. R. L'Ariége, la Garonne. — Avril, septembre.
— flammula. L. — Fl. s.-p. 1. — Mares dans les bois, fossés humides. C. — T. Lalande, Launaguet; Larramet, autour du bois. — Mai, septembre.
— ophioglossifolius. Vill. — Fossés aquatiques de la plaine. R. — T. A Croix-Daurade, chemin de Lapujade, au-dessous de la route d'Albi. C. Autour de Léguevin. C. Larramet, dans le fossé d'enceinte. — Mai, juillet.
— auricomus. L. — Fl. s.-p. 5. — Lieux frais et couverts, bois, C. — T. Saint-Martin, aux bords du Touch. Larramet, le long du ruisseau. Vallon de Saint-Geniés. — Avril, mai.
— vulgatus. Jord. — R. acris. L. *ex parte.* — Fl. s.-p. 10. — Prés, pelouses, C. C. — T. Au Port-Garaud. Le long du Touch; sous Blagnac. — Mai, juin et septembre.
— Friesanus. Jord. — R. acris. L. *ex parte.* — Lieux herbeux, humides et ombragés, le long de l'Ariége et de la Garonne. R. — T. Grande île du Moulin du Château. Ramier de Beauzelle,

Rives du canal de fuite du moulin, au Vernet. C. — Mai, juin.

— sylvaticus. Thuil. — R. villosus. Saint-Am. — Fl. s.-p. 9. — Bois couverts des collines sur les pentes. C. Pouvourville, Pechbusque, Saint-Geniés. — Avril, juillet.

— repens. L. — Fl. s.-p. 8. — Lieux frais, prés, champs. C. C. — T. Port-Garaud. Bords du Canal de Brienne, du Canal du Midi. — Avril, septembre.

— bulbosus. L. — Fl. s.-p. 7. — Bois, prés, pelouses. C. C. — T. Le long du Touch, Larramet. — Avril, juin.

— chœrophyllos. L. — Fl. s.-p. 11. — Champs, vignes, pelouses, dans les sols sablonneux ou graveleux. C. — T. Lalande, Lardenne, Saint-Simon, Braqueville. — Mai, juin.

— sceleratus. L. — Fl. s.-p. 4. — Eaux à fond vaseux, fossés, mares. C. — T. Au Port-Garaud, à La Régine. — Mai, septembre.

— philonotis. Retz. — Fl. s.-p. 6. — Lieux humides, sables au bord des rivières, champs, dans les sillons qui retiennent l'eau. C. — T. Rives de la Garonne à Braqueville. Patte-d'Oie, Lardenne, Brax, dans les champs. — Mai, septembre.

— parviflorus. L. — Fl. s.-p. 3. — Lieux frais, revers des fossés, pied des murs à l'ombre. C. — T. Autour du Polygone. — Mai, juillet.

— arvensis. — Fl. s.-p. 12. — Champs cultivés, moissons. C. C. C. — T. Calvinet, Pech-David. Mai, juillet.

Ficaria.
— ranunculoides. Mœnch. — Fl. s.-p. 1. — Sol con-

servant l'humidité; champs, prés, bois, vignes. C. C. C. — T. Au pied du Calvinet, sous Pech-David. — Mars, mai.

Caltha.
— palustris. L. — Fl. s.-p. add. 1. — Lieux humides aux bords de l'Ariége et de la Garonne. R. R. Le Vernet, le long du canal de fuite du moulin. — T. Braqueville, au bord d'une flaque. — Mars, mai.

Helleborus.
— viridis. L. — Fl. s.-p. 1. — Bois, bords des ruisseaux. C. — T. Bords du Touch, Pouvourville, Pechbusque, Saint-Geniés. — Mars, avril.
— fœtidus. L. — Fl. s.-p. 2. — Bois, friches humides, tertres couverts. C. C. — T. Pouvourville, Pechbusque, Balma, Saint-Geniés. — Février, avril.

Nigella.
— Damascena. L. — Fl. s.-p. 1. — Subspontané, çà et là, autour de Toulouse. R. R. — Mai, juillet.
— gallica. Jord. — N. hispanica. Auct. Gall. non L. — Fl. s.-p. add. 2. — Cultures, moissons. C. C. — T. Pech-David, Calvinet. Champs le long de la Garonne, à Gounon, à l'Embouchure. — Juillet, septembre.

Aquilegia.
— vulgaris. L. — Fl. s.-p. 1. — Bois couverts. R. Bouconne, le long du Riü-Tort. C. Bois à Colomiers. — Mai, juillet.

Delphinium.
— Consolida. L. — Fl. s.-p. add. 1. — Cultures dans

la vallée de la Garonne, au-dessous de Toulouse. Saint-Jory, Ondes. R. Elle devient commune dans le Tarn-et-Garonne. — Juin, septembre.
— Ajacis. L. — Fl. s.-p. add. 2. — Cultures, moissons. C. C. — T. Calvinet, Pech-David. Champs le long de la Garonne, à l'Embouchure. — Juin, septembre.
— Verdunense. Balb. — D. cardiopetalum. D. C. — Fl. s.-p. add. 2. — Cultures, moissons. C. — T. Calvinet, Pech-David. Champs le long de la Garonne. — Juillet, septembre.

BERBÉRIDÉES.

Berberis.
— vulgaris. L. — Cultivé en haies autour de Toulouse. R. Saint-Roch, vis-à-vis le Calvaire. — Avril, mai.

NYMPHÉACÉES.

Nuphar.
— luteum. Smith. — Fl. s.-p. 1. — Petites rivières, ruisseaux, dans les endroits peu rapides. R. — T. Dans le Touch, entre Saint-Martin et Tournefeuille. C. Ruisseau de Larramet, à sa sortie du bois. C. Aussonelle. — Juin, août.

PAPAVÉRACÉES.

Papaver.
— hybridum. L. — Fl. s.-p. 1. — Champs secs ou caillouteux. C. — T. Lalande, Lardenne. — Mai, juillet.
— Argemone. L. — Fl. s.-p. 2. — Champs secs, sablonneux ou caillouteux. C. — T. Mêmes lieux. — Mai, août.

— dubium. L. — Fl. s.-p. 3. — Champs sablonneux ou caillouteux. C. — T. Mêmes lieux. — Avril, août.
— Lecocquii. Lamothe. — Mêmes lieux. — Avril, août.
— Rhœas. L. — Fl. s.-p. 4. — Cultures, moissons qu'il infeste, surtout dans les sols sablonneux ou caillouteux. C. C. C. — Mai, août.
— nigrum. Lobel. — P. somniferum. L. *ex parte*. — Cultivé comme plante d'ornement et quelquefois subspontané, çà et là, dans les cultures. — Juin, août.

    Obs. Dans le nord de la France, on cultive le *Pavot noir* pour ses graines noirâtres, d'où l'on retire l'huile d'œillette. Le *Papaver album*. Lobel, ou *Pavot blanc*, à grosses capsules non ouvertes sous le stigmate et à graines d'un blanc jaunâtre, est assez fréquemment cultivé dans les jardins pour ses capsules employées en médecine. C'est là le *Pavot blanc* ou *officinal*, *P. officinale*, Gmel.

Glaucium.
— luteum. Scop. — Fl. s.-p. 1. — Lieux escarpés ou caillouteux des rives de la Garonne. Muret, Pinsaguel, Portet. Escarpements de la rive droite de l'Ariége, à Clermont. C. — T. Près des Abattoirs. C. — Juin, septembre.

Chelidonium.
— majus. L. — Fl. s.-p. 1. — Décombres, vieux murs, haies. C. — T. Eglise du Calvaire. — Avril, septembre.

FUMARIACÉES.

Fumaria.
— officinalis. L. — Fl. s.-p. 1. — Cultures, dans

les champs sablonneux surtout. C. — T. De l'embouchure du Canal du Midi au Pont de Blagnac. — Avril, septembre.

— densiflora. D. C. — F. Micrantha. LAGASC. — FL. s.-p. add. 2 bis. — Cultures, C. C. — T. Patte-d'Oie, Embouchure, Lalande, Calvinet, Pech-David. — Avril, septembre.

— parviflora. LAM. — FL. s.-p. et add. 2. — Cultures de la plaine et des collines. R. — T. Champs sablonneux. A l'Embouchure, à Blagnac, sur les deux rives de la Garonne. C. Pech-David et les collines qui lui font suite. C. — Juin, août.

— speciosa. JORD. — F. capreolata. L. *ex parte*. — FL. s.-p. 3. — Lieux couverts, haies, murs à l'ombre. R. — Beauzelle, Fonsorbes, Plaisance, sur les murs. R. Parc du château du Vernet. C. — T. Autour de l'Ecole Vétérinaire, où elle a été abondante. — Mai, août.

CRUCIFÈRES.

CHEIRANTHUS.
— Cheiri. L. — FL. s.-p. 1. — Vieux murs. C. — T. Intérieur de la ville, clochers. — Mars, juin.

NASTURTIUM.
— officinale. R. BR. — FL. s.-p. 1. — Eaux pures, fontaines, ruisseaux. C. C. — T. La Régine, Renéry. — Mai, septembre.

— siifolium. REICH. — Eaux pures et profondes, fontaines, ruisseaux. R. — T. Renéry, Bourrassol. — Mai, septembre.

— amphibium. R. BR. — FL. s.-p. 4. — Bords des eaux, mares, fossés, prairies submergées. C. — T. Le long du Canal du Midi. Bords du

Touch, à Saint-Martin. Rives de la Garonne.
— Mai, juillet.
— anceps. D. C. — Fl. s.-p. 4, γ. — Lieux humides, bords des eaux. C. — T. Rives de la Garonne. Iles du Moulin-du-Château. Gounon, Braqueville, Blagnac. — Mai, juillet.
— sylvestre. R. Br. — Fl. s.-p. 2. — Lieux humides, submergés en hiver; bords des eaux. C. — T. Rives de la Garonne. Embouchure, Prairie des Filtres. — Mai, septembre.
— palustre. D. C. — Fl. s.-p. 3. — Lieux humides, bords des eaux. C. — T. Rives de la Garonne, au-dessus et au-dessous de la ville. — Mai, septembre.

BARBAREA.
— vulgaris. R. Br. — Erysimum. Fl. s.-p. 1. — Lieux frais, bords des eaux. C. — T. Fossés au Port-Garaud. Rives de la Garonne. Vallons de Pouvourville, de Pechbusque, de Saint-Geniés. — Avril, juin.
— intermedia. Boreau. — Erysimum. Fl. s.-p. 2. — Mêmes lieux. R. — T. Bords du Touch, entre Tournefeuille et Saint-Martin. Balma. Venerque, le long des ruisseaux. — Avril, juin.
— patula. Fries. — Lieux humides, submergés en hiver; bords des champs, vignes, dans la plaine. R. — T. Autour de Larramet, Saint-Simon, Colomiers, à Enjacca, dans les vignes, le long de la grande route. C. — Avril, mai; — refleurit en automne.

TURRITIS.
— glabra. L. — Arabis. Fl. s.-p. 2. — Lieux sablon-

neux, alluvions. R. R. Rives de l'Ariége, au Ramier de Venerque. — Mai, juillet.

Arabis.
— hirsuta. Scop. — Fl. s.-p. 3. — Graviers et alluvions de l'Ariége. C. Bords de la Garonne. R. — T. Braqueville. Sous une haie entre l'Embouchure du Canal du Midi et le pont de Blagnac. — Mai, juillet.
— sagittata. D. C. — Fl. s.-p. 3. 6. — Murs de clôture en terre. R. R. R. — Trouvé deux fois seulement à Toulouse, à la Patte-d'Oie et hors la barrière de Muret. — Mai, juillet.
— Thaliana. L. — Fl. s.-p. 1. — Lieux sablonneux ou caillouteux, champs, murs, C. C. C. — T. Autour de la ville. — Mars, mai.

Cardamine.
— pratensis. L. — Fl. s.-p. 1. — Bords des eaux, prés et bois humides. C. C. — T. Bords du Canal du Midi. Prairies du Port-Garaud, de Bourrassol. — Mars, mai.
— latifolia. Vahl. — Fl. s.-p. 2. — Bords des eaux vives. R. — Rives de l'Ariége et de la Garonne. Çà et là. — T. Au moulin de Bourrassol. R., à Renéry. C. — Mars, mai.
— hirsuta. L. — Fl. s.-p. 3. — Champs, vignes, principalement dans les terres qui conservent l'humidité. C. C. C. — T. En montant à Calvinet. A Terre-Cabade, Pech-David, Patte-d'Oie. — Mars, mai.
— sylvatica. Link. — Fl. s.-p. 4. Lieux couverts et humides; bords des ruisseaux. R. — T. Bords du Touch, au-dessus de Saint-Martin. R. Vallon

de Saint-Geniés, le long du ruisseau. C. C. Le Vernet. C. — Avril, juin.
— impatiens. L. — Fl. s.-p. 5. — Lieux frais et couverts. R. Saussaies le long de l'Ariége et de la Garonne. C. — T. Braqueville, Blagnac, Beauzelle, Portet, Lacroix-Falgarde. — Mai, juin.

Hesperis.
— matronalis. L. — Fl. s.-p. 1. — Lieux couverts et frais; rives ombragées de l'Ariége et de la Garonne. R. — T. Ile de l'ancienne poudrière. C. Beauzelle, bord escarpé du Ramier. C. — Mai, juin.

Sisymbrium.
— officinale. Scop. — Fl. s.-p. 1. — Lieux incultes, décombres. C. C. — T. Sur les promenades. — Avril, septembre.
— Irio. L. — Fl. s.-p. 3. — Murs, décombres. C. — T. Dans l'intérieur de la ville. — Avril, juillet.
— acutangulum. D. C. — Fl. s.-p. 4. — Rives de la Garonne au-dessus et au-dessous de Toulouse. C. Portet, Braqueville, îles du Moulin-du-Château, Blagnac. — Mai, juin.
— Sophia. L. — Fl. s.-p. 6. — Lieux incultes, murs, décombres. R. — T. Saint-Martin-du-Touch, Lalande, Pinsaguel, Le Vernet, Venerque. — Mai, septembre.
— polyceratium. L. — Fl. s.-p. 7. — Rives du Tarn, à Buzet, à Bessières. — Juin, juillet.
— Alliaria. Scop. — Alliaria. Fl. s.-p. 1. — Lieux frais et couverts. C. C. — T. Saint-Agne, Pou-

vourville, Saint-Martin-du-Touch, Blagnac. — Avril, juin.

BRASSICA.
— campestris. L. — Cultivé en grand, sous le nom de *Colza*. — Subspontané, parmi les cultures. C. — avril, mai.
— Rapa. L. — Cultivé pour ses racines, sous le nom de *Rave*, et, pour ses graines oléifères, sous celui de *Navette*. — Subspontané, çà et là. — Avril, mai.
— Napus. L. — FL. s.-P. 2. — Cultivé sous le nom de *Navet*. — Subspontané, çà et là. — Avril, mai.

On cultive dans les jardins le *Brassica oleracea*. L. et ses nombreuses variétés.

ERUCASTRUM.
— Pollichii. SCHIMP. et SPENN. — Sysimbrium. FL. s.-P. 5. — Sols sablonneux ou caillouteux des vallées de l'Ariége et de la Garonne. R. — T. Aux Sept-Deniers, à Rabaudi, autour du Polygone. Graviers de la Garonne, à Braqueville. — Avril, juin; — refleurit en automne.

SINAPIS.
— arvensis. L. — Eruca. FL. s.-P. 3. — Accidentellement dans les cultures, çà et là; heureusement fort rare aux environs de Toulouse. — Mai, septembre.

Obs. La forme présentant le bec de la silique subulé (*S. Schkuhriana*. REICH.) est aussi accidentelle à Toulouse; elle se montre rarement autour de la ville.

— alba. L. — Eruca. FL. s.-P. 2. — Lieux incultes

et exposés, tertres, décombres. C. — T. A l'extrémité du Cours-Dillon, près le Pont suspendu. Saint-Martin-du-Touch, Blagnac. C. — Mai, juillet.
— nigra. L. — Brassica nigra. Koch. — Fl. s.-p. 3. — Lieux incultes, décombres, champs. C. C. C. — T. Autour de la ville. — Mai, août.

Hirschfeldia.
— adpressa. Mœnch. — Sinapis incana. L. — Stylocarpum. Fl. s.-p. 1. — Lieux vagues, champs et graviers le long de l'Ariége et de la Garonne. C. C. — T. Au-dessus et au-dessous de la ville. — Juin, jusqu'en automne.

Diplotaxis.
— tenuifolia. D. C. — Fl. s.-p. 1. — Bords des chemins, murs, décombres ; berges escarpées de l'Ariége et de la Garonne. C. C. — T. Près des Abattoirs, Embouchure. — Juin, septembre.
— muralis. D. C. — Fl. s.-p. 2 et 3. — Lieux sablonneux et graviers, le long de toutes nos rivières. C. C. — T. Bords de la Garonne. A l'Embouchure, à Blagnac. — Mai, septembre.

Eruca.
— sativa. Lam. — Fl. s.-p. 1. — Cultures, çà et là R. Décombres, murs. C. — T. Corniches des quais. — Avril, juin.

Raphanus.
— sativus. L. — Cultures, çà et là. R. — T. Autour des jardins potagers, dans les faubourgs. Lalande; rives de la Garonne. — Mai, juillet.
— Landra. D. C. — Vallées de l'Ariége et de la Ga-

ronne, dans les prés, les pelouses, les lieux incultes. C. — T. A l'Embouchure, à Saint-Martin-du-Touch, le long de l'Hers. — Mai, septembre.

Obs. Depuis 1848, époque où, pour la première fois, je signalai cette plante autour de Toulouse, elle s'est répandue avec une profusion qui tend à la rendre préjudiciable aux prairies; elle occupe déjà une aire fort étendue.

— Raphanistrum. L. — Fl. s.-p. 1. — Cultures, moissons, surtout dans les sols sablonneux ou silico-argileux, qu'elle infeste. C. C. C. — T. Les champs autour de la ville. — Mai, septembre.

BUNIAS.
— Erucago. L. — Fl. s.-p. 1. — Les sols silico-argileux, sableux ou cailouteux. C. Cultures et moissons autour de Toulouse, dans la plaine de la Garonne. — Juin, juillet.
— macroptera. Reich. — Mêmes terrains. R. — T. dans le bois de Larramet et tout autour. C. — Juin, juillet.

CALEPINA.
— Corvini. Desv. — Neslia. Fl. s.-p. 2. — Plaines de l'Ariége et de la Garonne. R. — T. Chemin des Fontaines, hors le faubourg Saint-Cyprien. Chemin du pont de Blagnac à Saint-Martin. C. — Mai, juin.

NESLIA.
— paniculata. Desv. — Fl. s.-p. 1. — Moissons. C. C. — T. Au Calvinet, à l'Embouchure. — Mai, juillet.

MYAGRUM.
— perfoliatum. L. — Fl. s.-p. 1. — Champs cultivés. C. C. — T. Rives de la Garonne, de l'Hers. — Mai, juillet.

ISATIS.
— tinctoria. L. — Subspontané, çà et là. — T. Vallon de Saint-Geniès. R. — Berges du Canal latéral à la Garonne, peu après son creusement. Rives du Tarn, à Buzet. C. — Mai, juin.

SENEBIERA.
— Coronopus Pom. — Coronopus. Fl. s.-p. 1. — Lieux incultes, décombres, bords des chemins. C. — T. Pelouses des promenades. — Mai, octobre.

CAPSELA.
— Bursa pastoris. Mœnch. — Fl. s.-p. 1. — Lieux cultivés et incultes, décombres, murs, C. C. C. — En toutes saisons.

HUTCHINSIA.
— petræa. R. Br. — Lepidium. Fl. s.-p. 4. — Graviers de l'Ariége, à Venerque. R. R. R. Graviers de la Garonne, à Portet. R. R. — Mars, mai.

LEPIDIUM.
— latifolium L. — Fl. s.-p. 1. — Lieux frais et gras, çà et là. Vallée du Girou, à Bazus. Saussaies de l'Ariége. — Juin, juillet.
— graminifolium. L. — Fl. s.-p. 2. — Escarpements des côteaux, tertres, bords des chemins, décombres, murs. C. C. — T. Calvinet, Pech-David. — Juin, octobre.

— sativum. L. — Thlaspi. Fl. s.-p. 4. — Subspontané, çà et là, parmi les cultures. — T. Murs, corniches des quais. C. — Mai, juillet.
— Draba. L. — Fl. s.-p. 2. — Bords des champs, moissons, tertres, alluvions. C. C. — T. Calvinet. Berges du Canal du Midi, du pont des Demoiselles au pont Riquet. — Mai, juin.
— campestre. R. Br. — Thlaspi. Fl. s.-p. 3. — Champs cultivés, moissons. C. — T. Calvinet, Terre-Cabade, Pech-David. — Mai, juillet.

Iberis.
— amara. L. — Thlaspi. Fl. s.-p. 6. — Cultures, surtout dans les sols sablonneux. C. — T. Les champs entre les ponts de l'Embouchure et le pont de Blagnac. — Juin, septembre.
— pinnata. L. — Thlaspi. Fl. s.-p. 7. — Cultures, sables le long de la rivière. C. C. — T. Calvinet, Pech-David. — Juin, septembre.

Teesdalia.
— nudicaulis. R. Br. — Thlaspi. Fl. s.-p. 8. — Pelouses des terrains caillouteux ou sablonneux; bois découverts. C. — T. Le long du Touch, au-dessus et au-dessous de Saint-Martin, Larramet, Bouconne. — Avril, juin.

Thlaspi.
— arvense. L. — Fl. s.-p. 1. — Lieux cultivés. R. R. — T. Moissons à Pech-David. R. A Calvinet. — Avril, septembre.
— perfoliatum. L. — Fl. s.-p. 2. — Moissons. C. — T. Pech-David, Busca, Calvinet. — Mars, mai.

Camelina.
— sativa. Crantz. — Fl. s.-p. 1. — Rarement cul-

tivé et subspontané, dans les moissons, parmi
le lin. R. — T. Saint-Martin-du-Touch, Blagnac. — Mai, juillet.

DRABA.
— muralis. L. — Fl. s.-p. 2. — Lieux caillouteux
et frais, haies. R. R. — T. Sous une haie à
Perpan. Blagnac, en dessous du chemin de
l'oratoire de Saint-Exupère. Rives ombragées
du Tarn. — Avril, juin.

EROPHILA.
— majuscula. Jord. — Erophila vulgaris. D. C. *ex parte*. — Draba. L. — Fl. s.-p. 1. — Champs
cultivés, vignes, C. — T. Calvinet, Pech-
David, Balma. — Mars, avril.
— hirtella. Jord. — Erophila vulgaris. D. C. *ex parte*. — Champs et vignes dans le Lehm, graviers découverts le long de l'Ariége et de la Ga-
ronne. C. C. — T. Braqueville, vers Portet; de
l'Embouchure au pont de Blagnac. — Mars, mai.

LUNARIA.
— biennis. Moench. — Subspontané, çà et là autour
des jardins. — Mai, juin.

ALYSSUM.
— calycinum. L. — Fl. s.-p. 1. — Lieux sablonneux
ou caillouteux, friches arides, bords des chemins. C. C. — T. Saint-Roch. Graviers de la
Garonne. — Avril, juin et en automne.

RAPISTRUM.
— rugosum. All. — Fl. s.-p. 1. — Cultures, moissons, surtout dans les sols sablonneux. C. C.
C. — T. Plaine de la Garonne, à l'Embouchure.
— Mai, jusqu'en automne.

Obs. Le *Rapistrum microcarpum.* Jordan a été cité auprès de Toulouse (*Bull. de la Soc. bot. de Fr.*, t. VI, p. 93). Il provient de graines apportées avec des blés étrangers et ne tend pas à se répandre au-dehors de la très-petite île du moulin Vivent.

CISTINÉES.

Cistus.
— salvifolius. L. — Fl. s-p. 1. — Bois secs. C. C. Bouconne. — T. Larramet. — Mai, juin.

Helianthemum.
— Fumana. Mill. — Fl. s.-p. 1. — H. procumbens, Dun. — Friches des collines ; graviers découverts. C. — T. Pech-David. Bords de la Garonne. — Juin, août.
— guttatum. Mill. — Fl. s.-p. 2. — Lieux secs, sablonneux ou pierreux ; pelouses, bois. C. C. — T. Plaine de la Garonne. Lalande, Lardenne, bois de Larramet, Saint-Simon. — Mai, août.
— vulgare. Gærtn. — Fl. s.-p. 3. — Lieux arides, friches des côteaux, bois découverts, pelouses de la plaine. C. C. C. — T. Pech-David. Plaine de la Garonne. — Mai, août.

VIOLARIÉES.

Viola.
— hirta. L. — Fl. s.-p. 1. — Haies, bois, bords des ruisseaux couverts. C. C. — T. Bords du Touch. — Vallons de Pouvourville, de Balma, de Saint-Geniés. — Mars, mai.
— odorata. L. — Fl. s.-p. 2. — Haies, buissons. R.

— T. Bords du Touch. Saint-Simon sous les haies. — Mars, mai.
— sepincola. Jord. — Petits bois, buissons. R. — T. Haies à Lardenne, à Saint-Simon, bois de Renéry; Croix-Daurade, près le pont sur l'Hers. — Mars, mai.
— multicaulis. Jord. — Lieux couverts le long du Touch. — Mars, mai.
— scotophylla. Jord. — Bois taillis des collines, sur les pentes. C. C. — T. Vallons de Pouvourville, de Pechbusque, de Saint-Geniés, de Balma. Bords du Touch. — Février, mai.
— alba. Bess. — Mêmes lieux. C. C. — Février, mai.
— Riviniana. Reich. — Bois, haies, bords des ruisseaux couverts. C. C. — T. Saint-Agne, Pouvourville, Balma, Saint-Martin-du-Touch. — Avril, mai.
— Reichenbachiana. Jord. — sylvatica. Fries, *ex parte.* — Fl. s.-p. 3. — Bois, haies. C. — T. le long du Touch, Larramet, Balma. — Avril, mai.
— canina. L. — V. Canina leucorum. Reich. — Bois parmi les bruyères dans les endroits humides. — T. A Larramet. C. Seule localité où nous ayons encore trouvé cette belle plante dans le rayon de notre Flore. — Avril, juin.
— Timbali. Jord. — Viola arvensis. Auct., *ex parte.* — Fl. s.-p. 4. — Cultures, moissons, prairies artificielles, dans tous les sols. C. C. — T. Lalande, Calvinet, Pech-David. — Mars, septembre.

RÉSÉDACÉES.

Reseda.
— Phyteuma. L. — Fl. s.-p. 1. — Lieux secs,

champs sablonneux, graviers. C. C.—T. Le long de la Garonne, à l'Embouchure. — Mai, octobre.
— lutea. L. — Fl. s.-p. 2. — Lieux incultes, champs sablonneux, tertres, berges des rivières. C. — T. Embouchure. Près les Abattoirs. — Mai, septembre.
— luteola. L. — Fl. s.-p. 3. — Bords des champs, des chemins, tertres, murs. C. — T. Plaine de la Garonne. — Mai, septembre.

POLYGALÉES.

Polygala.
— vulgaris. L. — Fl. s.-p. 1. — Prés, bois, pelouses. C. C. — T. Larramet. Bords du Touch. — Avril, mai.
— calcarea. Schultz. — Lieux herbeux. R. Bords de l'Ariége et de la Garonne. Prairies à Lacroix-Falgarde, à Portet. — T. Grande île du Moulin-du-Château, au pied des peupliers. C. Pelouses aux bords de l'Hers, au-dessus du pont de Launaguet. — Avril, juin.
— depressa. Wender. — Fl. s.-p. 2. — Bruyères dans les bois. R. R. Bouconne, sur la pente vers le Riü-Tort, à l'extrémité sud de la forêt. C. C. — Avril, juin.

SILÉNÉES.

Cucubalus.
— bacciferus. L. — Fl. s.-p. 1. — Lieux frais, haies, buissons, saussaies. C. — T. Bords de la Garonne, sous Pech-David. — Juin, octobre.

Silene.
— inflata. Smith. — Fl. s.-p. 1. — Champs cul-

tivés, prés, bords des chemins. C. — Juin, octobre.

— nutans. L. — Fl. s.-p. 6. — Lieux secs, rochers, escarpements des côteaux, murs. C. — T. Pech-David. Larramet, Cirque près Perpan. — Mai, août.

— italica. Pers. — T. Crête du côteau sur la rive droite de la Garonne, vis-à-vis Portet. — Mai, juillet.

> *Obs.* La touffe de cette plante, transportée au jardin de l'Ecole Vétérinaire par M. Bernard, vient de cette localité; elle n'y a pas été retrouvée.

— gallica. L. — Fl. s.-p. 4. — Champs sablonneux ou graveleux, vignes, clairières des bois. C. C. Les plaines de l'Ariége et de la Garonne. — T. Patte-d'Oie. Embouchure, Lalande, Lardenne, Larramet. — Juin, septembre.

— Armeria. L. Subspontané. — T. Murs R. R. — Juin, septembre.

— annulata. Thore. — Fl. s.-p. et add. 3. — Linières. C. C. C. Rarement dans les cultures qui succèdent au lin. — Mai, juillet.

— muscipula. L. — Fl. s.-p. et add. 2. — Côteaux exposés, dans les moissons. R. Lacroix-Falgarde. R. Goyrans. R. Clermont, autour du Tumulus de Marconat et au Fort. C. Venerque, au Pech. R. — Mai, juillet.

Lychnis.

— Githago. Lam. — Fl. s.-p. 1. — Moissons, cultures. C. C. — T. Plaine de la Garonne, Embouchure, hauteurs du Calvinet. — Juin, juillet.

— diurna. Sibthorp. — Fl. s.-p. 2. — Lieux frais,

ombragés ; saussaies de l'Ariége, de la Garonne.
R. Venerque, au Ramier. Le Vernet. — T. A.
Braqueville. Entre Blagnac et Beauzelle. —
Avril, juin.

— vespertina. SIBTHORP. — FL. S.-P. 3. — Haies,
broussailles, bords des champs, le long des
chemins. C. C. — T. Autour de la ville. —
Mai, septembre.

— Flos cuculi. L. — FL. S.-P. 4. — Prés, bois humides. C. — T. Bords du Canal du Midi, de
l'Hers, du Touch. — Mai, juin.

SAPONARIA.
— officinalis. L. — FL. S.-P. 1. — Lieux frais, bords
des champs, des fossés, des cours d'eau. C. C.
— T. Rives de la Garonne. — Juillet, septembre.

— Vaccaria. L. — Gypsophila. FL. S.-P. 2. — Moissons et cultures dans les sols argilo-calcaires.
C. C. — T. Pech-David, Calvinet. — Juin,
juillet.

GYPSOPHILA.
— muralis. L. — FL. S.-P. 1. — Champs, dans les
sols sablonneux ou silico-argileux, surtout là
où l'eau a séjourné en hiver ; bords des rivières. C. C. — T. Patte-d'Oie, Embouchure. —
Juin, octobre.

DIANTHUS.
— prolifer. L. — FL. S.-P. 1. — Lieux arides, pelouses, dans les sols sablonneux ou graveleux.
C. C. — T. Saint-Roch, Patte-d'Oie. — Juin,
septembre.

— Armeria. L. — FL. S.-P. 2. — Friches arides, pe-

louses, bois découverts. C. — T. Bois entre
Saint-Martin et Blagnac. Pech-David, Calvinet.
— Mai, octobre.
— Carthusianorum. L. — Fl. s.-p. 3. — Friches des
collines, bois secs des côteaux et de la plaine.
C. C. — T. Pech-David, Balma, Larramet. —
Juin, septembre.
— superbus. L. — Fl. s.-p. 4. — Bois couverts, C.
Clermont, Espanès, Venerque, Bouconne le
long du Riū-Tort. — T. Pechbusque. — Juillet,
août.
— Caryophyllus. L. — Fl. s.-p. 5. — Rochers,
vieux murs. R. Auriac, le long de la route ;
ruines du vieux château. C. Saint-Félix, sur les
murs. C. — T. Murs dans la rue des Récollets,
au faubourg Saint-Michel. — Juin, août.

ALSINÉES.

Sagina.
— procumbens. L. — Fl. s.-p. 1. — Lieux sablonneux humides ; champs, pelouses. — C. C. —
T. Patte-d'Oie, Embouchure. — Mai, octobre.
— apetala. L. — Fl. s.-p. 2. — Terres sablonneuses,
caillouteuses et silico-argileuses ; champs, vignes, murs. C. C. — T. Moissons de la plaine.
Corniches des quais. — Mai, octobre.

> *Obs.* Une variété de cette plante, à tiges
> effilées et débiles, croît abondamment au fond
> des sillons humides dans les champs de blé, à
> Launaguet, à Lalande, à l'Embouchure, au
> Béarnais. Elle a été prise, à tort, pour le *Sa-
> gina filicaulis*. Jord.

Spergula.
— pentandra. L. — Fl. s.-p. 2. — Lieux sablon-

neux, moissons, cultures, lieux vagues. C. C.
— T. Patte-d'Oie. Embouchure. Lalande. —
Mars, mai.

— vulgaris. BOËNNG. *in* REICH. — FL. s.-P. 1. —
Champs sablonneux, moissons, cultures. C. C.
— T. Autour du Polygone. Embouchure, La-
lande. — Mai, octobre.

    Obs. La Spergule que l'on cultive très-rare-
ment ici comme plante fourragère, est le *Spergula maxima*, WEIHE. Elle ne croit pas spontanément.

HOLOSTEUM.
— umbellatum. L. — FL. s.-P. 1. — Champs sablonneux, murs. C. Venerque, au Ramier.
Blagnac, sur les murs de clôture du parc du
château. C. — T. Lalande; rives de la Garonne
et vignes, Embouchure. — Mars, mai.

STELLARIA.
— media. VILL. — FL. s.-P. 1. — Lieux cultivés et
incultes. C. C. C. — Toute l'année.
— neglecta. WEIHE. — FL. s.-P. 1, var. 6. — Lieux
humides, bords des eaux. R. Le Vernet, le long
du parc. — T. Saint-Martin-du-Touch, entre
les deux moulins. — Avril, mai.
— Borœana. JORD. — Pelouses sèches, tertres, çà et
là. R. Venerque, au Ramier. — T. Embouchure. — Avril, mai, septembre.
— Holostea. L. — FL. s.-P. 2. — Haies, buissons,
bois. C. C. — T. Bords du Touch, haies sous
Pech-David. — Avril, mai.
— graminea. L. — FL. s.-P. 3. — Haies, buissons,
bois taillis. C. C. — T. Bords du Touch,

Balma, Saint-Martin-de-Lasbordes. — Mai, septembre.
— uliginosa. Murr. — Fl. s.-p. 4. — Lieux marécageux, bords des fontaines et des sources. R. Le Vernet, près de l'église. — T. La Cipière; Croix-Daurade, sur les bords d'une mare. — Avril, mai.

Spergularia.
— rubra. Pers. — Arenaria. Fl. s.-p. 2. — Lieux sablonneux ou caillouteux, bords des chemins. C. C. — T. Plaine de la Garonne, autour du Polygone. — Mai, septembre.

Alsine.
— tenuifolia. Crantz. — Arenaria. Fl. s.-p. 3. — Champs, surtout dans les sols sablonneux, murs. C. C. — T. Embouchure, rives de l'Hers. — Mai, septembre.
— laxa. Jord. — Champs sablonneux et graviers le long de l'Ariége et de la Garonne. C. C. Murs. C. — T. Graviers à Braqueville. Embouchure. Corniches des quais. — Mai, septembre.

Arenaria.
— serpyllifolia. L. — Fl. s.-p. 4. — Champs sablonneux, murs. C. C. — T. Embouchure, plaine de l'Hers. — Mai, septembre.
— leptoclados. Guss. — Graviers et sables, le long du Tarn, de l'Ariége, de la Garonne. Murs. C. C. — T. Graviers à Braqueville. Embouchure. Corniches des quais. — Mai, septembre.
— trinervia. L. — Fl. s.-p. 5. — Lieux ombragés, bois, buissons, haies. C. C. — T. Le long du Touch, vallon de Saint-Geniés, de Saint-Agne. — Mai, septembre.

MŒNCHIA.
— erecta. REICH. — Sagina. FL. S.-P. 3. — Pelouses sablonneuses ou caillouteuses. C. Plaine de la Garonne, Bouconne. — T. Larramet, Polygone, Perpan, bois du Touch. — Avril, mai.

CERASTIUM.
— triviale. LINK. — FL. S.-P. 4. — Champs, bords des chemins, murs. C. C. — Toute l'année.
— glomeratum. THUIL. — FL. S.-P. 1. — Sols sablonneux, cultures, prés. C. C. — T. Le long de la Garonne. — Avril, juin, septembre.
— brachypetalum. DESP. — FL. S.-P. et add. 2. — Sols graveleux de la plaine. C. — T. Saint-Simon, Lardenne, autour de Larramet, Lalande. — Avril, juillet.
— semidecandrum. L. — FL. S.-P. et add. 5. — Pelouses sèches, sablonneuses ou caillouteuses, murs. C. — T. Larramet, Cirque près Perpan, Blagnac. — Avril, mai.
— obscurum. CHAUB. — C. glutinosum. FRIES. — FL. S.-P. et add. 3 et 4, γ. — Pelouses sèches dans les sols sablonneux ou graveleux. C. C. — T. Les alluvions de la Garonne. — Avril, juin.
— litigiosum. LENS. — Pelouses, champs dans les sols sablonneux, bords de la Garonne, de l'Ariége. C. — T. Au-dessus et au-dessous de la ville. — Avril, juin.
— aquaticum. L. — FL. S.-P. 7. — Bords des eaux, lieux couverts. R. Le Vernet, le long du Parc. — T. Saint-Martin-du-Touch, au-dessus du pont. Tournefeuille, dans la prairie du Moulin. Sous Beauzelle. — Juin, août.

ÉLATINÉES.

ELATINE.
— Alsinastrum. L. — FL. s.-p. 1. — Fossés retenant l'eau. R. A l'entrée de la forêt de Bouconne, vers Mondonville. C. — T. Lieux marécageux du bois de Larramet. C. (M. Baillet.) — Juin, septembre.

LINÉES.

LINUM.
— Gallicum. L. — FL. s.-p. 1. — Lieux secs, friches, bois. C. — T. Bords du Touch, Larramet. — Juin, septembre.
— strictum. L. — FL. s.-p. 2. — Lieux secs, escarpements des côteaux, bois. C. — T. Pech-David, Balma, Saint-Geniés. — Mai, juillet.
— usitatissimum. L. — FL. s.-p. 3. — Cultivé. C. Subspontané. R. — Avril, juin.
— angustifolium. HUDS. — Pelouses, friches, prés. C. C. — T. Rives de la Garonne. — Mai, automne.
— tenuifolium. L. — FL. s.-p. 5. — Friches des collines; graviers de l'Ariége et de la Garonne. — C. C. — T. Pech-David, Braqueville. — Juin, septembre.
— catharticum. L. — FL. s.-p. 6. — Bois, prés, pelouses. C. C. — T. Bords du Canal du Midi, bords du Touch, de l'Hers. — Mai, septembre.

RADIOLA.
— linoides. GMEL. — FL. s.-p. 1. — Pelouses des bois, dans les lieux sablonneux retenant l'humidité en hiver. R. Forêt de Bouconne. C. — Juin, octobre.

MALVACÉES.

MALVA.
— moschata. L. — Fl. s.-p. 1. — Lieux sablonneux, bois, buissons, prés, saussaies. C. — T. Le long du Touch à Saint-Martin; les rives de la Garonne. — Mai, septembre.
— sylvestris. L. — Fl. s.-p. 3. — Champs, lieux incultes, décombres. C. C. — T. Autour de la ville. — Mai, octobre.
— Nicæensis. All. — Fl. s.-p. add. 3 bis. — Champs, lieux incultes, décombres. C. C. — T. Autour de la ville. — Mai, octobre.
— rotundifolia. L. — Fl. s.-p. 4. — Lieux incultes, décombres, le long de la Garonne et de l'Ariége. Muret, Auterive, Venerque, Lacroix-Falgarde. R. — T. Port-Garaud; île de l'ancienne poudrière. R. Autour de l'Ecole Vétérinaire, Terre-Cabade. C. — Mai, octobre.

ALTHÆA.
— officinalis. L. — Fl. s.-p. 1. — Lieux humides, prairies marécageuses, saussaies. C. — T. Prairies du Port-Garaud. Bords du Touch, de l'Hers, du Girou. — Juin, septembre.
— cannabina. L. — Fl. s.-p. 2. — Lieux frais, buissons, haies le long des prairies. C. — T. Saint-Roch, sous Pech-David, Balma. — Juin, septembre.
— hirsuta. L. — Fl. s.-p. 3. — Bords des champs, escarpements des côteaux. C. — T. Pech-David, Calvinet, Balma. — Mai, septembre.

Obs. On rencontre çà et là l'*Althæa rosea*. Cav. cultivé dans les jardins sous le nom de *Passerose*.

TILIACÉES.

Tilia.
— sylvestris. Desf. — T. microphylla. Vent. Fl. s.-p. 1. — Forêt de Bouconne, surtout le long du Riü-Tort. C. — Juillet.

   Obs. Le *Tilia platyphylla*. Scor. est fréquemment planté dans les avenues et les promenades.

HYPÉRICINÉES.

Androsæmum.
— officinale. All. — Fl. s.-p. 1. — Lieux couverts et frais, bois. C. — T. Vallons de Pouvourville, de Pechbusque, de Balma. — Juin, juillet.

Hypericum.
— tetrapterum. Fries. — Fl. s.-p. et add. 1. — Lieux humides, bois, prés, C. — T. Bords du Canal du Midi, bords du Touch. Saussaies de la Garonne. — Juin, septembre.
— perforatum. L. — Fl. s.-p. 2. — Lieux secs, champs, prairies artificielles, bois, bords des chemins, murs. C. C. — T. Graviers de la Garonne, Calvinet. — Juin, août.
— humifusum. L. — Fl. s.-p. 3. — Sols sablonneux ou cailloteux, champs, vignes. C. C. — T. Plaine de la Garonne, sables le long de la rivière. — Mai, septembre.
— hirsutum. L. — Fl. s.-p. 4. — Bois couverts. C. Bouconne, Saint-Geniés, Aufreri. — T. Le long du Touch, Pechbusque. — Juin, août.
— montanum. L. — Fl. s.-p. 5. — Bois couverts. C. Bouconne, Aufreri. — T. Pouvourville, Pechbusque. — Juin, août.

— pulchrum. L. — Fl. s.-p. 6. — Bois couverts. C. Bouconne, Saint-Geniés, Pressac. — T. Pouvourville, Pechbusque, Balma, Aufreri. — Juin, juillet.

Obs. L'*Hypericum hircinum*. L. est originaire de la Corse, et souvent cultivé dans les jardins ; trouvé au Ramier de Braqueville, il ne s'est pas maintenu dans cette localité.

ACÉRINÉES.

Acer.

— campestre. L. — Fl. s.-p. 1. — Bois, haies, C. — T. Pech-David, Balma. — Avril, mai.

Obs. On cultive, comme arbres d'avenue, les *Acer platanoïdes*. L., le *Plane*, et *Acer pseudoplatanus*. L., le *Sycomore*.

AMPÉLIDÉES.

Vitis.

— vinifera. L. — Fl. s.-p. 1. — Bois, buissons, haies, dans les lieux frais. C. — T. Sous Pech-David, Larramet, Balma. — Juin.

GÉRANIACÉES.

Geranium.

— sanguineum. L. — Fl. s.-p. 1. — Bois découverts, friches des côteaux. C. C. Bouconne. — T. Larramet, Pech-David. — Mai, septembre.

— nodosum. L. — Fl. s.-p. 9. — Bois montueux, bords des ruisseaux couverts. C. C. — T. Saint-Agne, Ramonville, Pechbusque, Balma, Saint-Geniés, Pressac. — Juin, août.

— columbinum. L. — Fl. s.-p. 8. — Champs, prai-

ries, haies, buissons. C. — T. Autour de la ville. — Mai, septembre.
— dissectum. L. — Fl. s.-p. 7. — Champs, vignes, prés, haies. C. C. — T. Autour de la ville. — Mai, octobre.
— pusillum. L. — Fl. s.-p. 6. — Pelouses sèches, bords des chemins, décombres. C. C. — T. Autour de la ville. — Mai, octobre.
— pyrenaicum. L. — Fl. s.-p. 5. — Lieux frais et herbeux. R. R. Rives de l'Ariége à Venerque. — T. au Port-Garaud. Au Pont des Demoiselles (M. Baillet), R. Naturalisé dans les allées et dans les prairies du Jardin-des-Plantes. — C. Juin, septembre.
— molle. L. — Fl. s.-p. 4. — Lieux incultes, bords des champs, des chemins. C. C. — T. Autour de la ville. — Mai, octobre.
— rotundifolium. L. — Fl. s.-p. 3. — Lieux secs, bords des champs et des chemins, décombres. C. C. — T. Autour de la ville. — Mai, octobre.
— Robertianum. L. — Fl. s.-p. 2. — Lieux ombragés, bois, haies, murs. C. C. — T. Pouvourville, Saint-Agne, Saint-Martin-du-Touch. — Avril, octobre.
— Lebelii. Boreau. — Sous les haies. R. — T. Villeneuve-les-Cugnaux, le long de la route de Toulouse à Seisses. C. — Avril, juin.

Obs. Cette espèce est voisine du *G. modestum*. Jordan, mais bien distincte par ses rameaux un peu étalés, par ses pétales à limbe obovale, et surtout par les longs poils blancs qui recouvrent son calice. Les carpelles, d'abord recouverts d'une villosité entrecroisée, deviennent glabres en vieillissant.

Erodium.
— triviale. Jord. — E. cicutarium. Auct. Gall. *ex parte*. — Geranium. Fl. s.-p. 11. — Champs, vignes, bords des routes, murs. C. C. — T. Plaine de la Garonne. — Mars, octobre.

> *Obs.* Il faut rapporter à cette espèce la plante des environs de Blagnac, qui a été désignée sous la fausse dénomination de *E. commixtum.* Jord.

— Tolosanum. Jord. — Pelouses R. — T. Vallée de l'Hers, au pont d'Aiga. C. Vallée de la Garonne, champs secs du Polygone, le long du canal de fuite du Château-d'Eau, au faubourg St-Cyprien ; aux ponts de l'Embouchure. C. — Mars, octobre.

— moschatum. L'Hérit. — Geranium. Fl. s.-p. 12. — Lieux secs, pelouses dans les sols graveleux. R. — T. Saint-Simon, Lardenne, vers Larramet. Chemin du Béarnais, aboutissant au Canal du Midi. C. — Mai, septembre.

— ciconium. Willd. — Geranium. Fl. s.-p. 10. — Lieux secs, exposés. C. — T. Pech-David, Guilheméry, berge droite du Canal de Brienne, au Béarnais. C. — Mai, juillet.

— althæoides. Jord. — E. malacoides. Auct. Gall. *ex parte*. — Geranium. Fl. s.-p. 13. — Friches arides des collines. C. Venerque, Clermont, Lacroix-Falgarde, Cornebarrieu, Pibrac. C. — T. Guilheméry, Calvinet, Pech-David. — Mai, août.

OXALIDÉES.

Oxalis.
— corniculata. L. — Fl. s.-p. 1. — Lieux sablonneux,

terrains cultivés et incultes. C. C. — T. Embouchure, Lalande, Lardenne. — Juin, octobre.

ZYGOPHYLLÉES.

Tribulus.
— terrestris. L. — Fl. s.-p. — Lieux secs. R. R. — T. Pech-David, sur le premier côteau. R. Champs en face du pont de Blagnac, longeant la Garonne. C. — Juin, septembre.

CORIARIÉES.

Coriaria.
— myrtifolia. L. — Fl. s.-p. 1. — Friches des collines, escarpements des côteaux. C. C. — T. Pech-David. — Juin, juillet.

CALYCIFLORES.

CÉLASTRINÉES.

Evonymus.
— Europæus. L. — Fl. s.-p. 1. — Bois, haies, buissons. C. — T. Pech-David, bords du Touch. — Mai, juin.

ILICINÉES.

Ilex.
— aquifolium. L. — Fl. s.-p. 1. — Bois, haies, C. C. — T. Balma, Saint-Geniés, Aufreri. — Mai, juin.

RHAMNÉES.

Rhamnus.
— Alaternus. L. — Fl. s.-p. 1. — Escarpements des côteaux. R. Goyrans, Clermont, Muret. — T. Guilheméry, le long de la route. — Avril, juin.

— frangula. L. — Fl. s.-p. 2. Lieux frais, bois humides. C. Bouconne. — T. Larramet. — Mai, juillet.

— catharticus. L. — Fl. s.-p. 3. — Bois, haies, buissons. C. — T. Rives du Touch, vers son embouchure. — Juin, juillet.

Obs. Le *Paliurus Australis.* Rom. et Schult., *P. aculeatus.* Lam., est quelquefois cultivé en haies. — T. Entre le faubourg Bonnefoy et l'Ecole Vétérinaire, le long du chemin de Périole. — Juillet, août.

TÉRÉBINTHACÉES.

Rhus.

— coriaria. L. — Fl. s.-p. 1. — Escarpements des côteaux. R. Entre Cintegabelle et Auterive. C. — Juin, juillet.

LÉGUMINEUSES.

Ulex.

— Europæus. L. — Fl. s.-p. 1. — Bois à Gailhac-Toulza. Grazac, Miremont. C. Planté çà et là dans les friches arides ou en bordure autour des vignes et des champs. C. C. — Février, mai et en automne.

Sarothamnus.

— scoparius. Koch. — Cytisus. Fl. s.-p. 2. — Bois, friches arides. C. C. — T. Larramet, Pech-David, Balma, derrière la butte du Polygone. — Avril, juin.

Spartium.

— junceum. L. — Fl. s.-p. 1. — Friches des collines,

clairières des bois, escarpements des côteaux. C. — T. Pech-David, et en remontant la ligne des collines, le long de la Garonne et de l'Ariège. — Mai, août.

GENISTA.
- Scorpius. D. C. — FL. s.-p. 1. — Graviers de l'Ariège et de la Garonne. C. — T. Braqueville, Fenouillet. — Mai, juillet.
- Anglica. L. — FL. s.-p. 2. — Bois parmi les bruyères. C. Gailhac-Toulza, Esperce, Auriac, Saint-Félix, Muret, aux Bonnets. C. — T. Larramet. R. — Avril, juin.
- Germanica. L. — FL. s.-p. 3. — Bois. C. Bouconne, Colomiers. — T. Larramet. — Mai, juillet.
- tinctoria. L. — FL. s.-p. 4. — Bois, pâturages, prés, graviers le long des grands cours d'eau. C. C. — T. Larramet, bords du Touch, rives de la Garonne. — Juin, septembre.
- sagittalis. L. — FL. s.-p. 5. — Bois secs, bruyères. C. C. Bouconne, Larramet. — Mai, juillet.
- pilosa. L. — FL. s.-p. 6. — Bois, escarpements des côteaux. R. Bouconne, Côteaux à Estantens, près de Muret, sur la rive droite de la Garonne. C. — Avril, juin.
- argentea. Noul. — Cytisus argenteus. L. FL. s.-p. 7. — Friches des collines exposées. R. Clermont, en face de l'Infernet. — T. Saint-Martin-de-Lasbordes, sur la lisière des bois, à gauche de la route de Puylaurens. — Mai, juin.

CYTISUS.
- prostratus. Scop. — FL. s.-p. 1. — Bois de la plaine parmi les bruyères. C. Bouconne. — T.

, Tournefeuille, Colomiers, Larramet. — Mai, juillet.
— supinus. L. — Mêmes localités. C. C. — Mai, juillet.

Ononis.
— natrix. L. — Fl. s.-p. 1. — Lieux stériles dans les sols sablonneux ou graveleux ; graviers le long des grands cours d'eau. C. C. — T. Braqueville, Gounon, Embouchure. — Juin, juillet.
— repens. L. — Fl. s.-p. 2. — Champs, pâturages. C. C. C. — T. Le long de la Garonne. — Juin, septembre.
— Columnæ. All. — Fl. s.-p. 3. — Friches exposées des collines, escarpements des côteaux. C. Venerque, Clermont, Goyrans, Lacroix-Falgarde. — T. Pech-David. — Juin, août.

Anthyllis.
— Vulneraria. L. — Fl. s.-p. 1. — Prés secs, pâturages, graviers des grandes rivières, côteaux. C. — T. Pech-David, bords de la Garonne. — Mai, juillet.
— Dillenii. Schulte. — Fl. s.-p. 1, *ex parte*. — Côteaux exposés. R. Graviers des grandes rivières. C. — T. Bords de la Garonne. — Mai, juillet.

Trigonella.
— Monspeliaca. L. — Fl. s.-p. 1. — Friches arides. C. — T. Pech-David, autour du Cirque près Perpan, berge du Canal du Midi, entre l'écluse du Béarnais et les ponts de l'Embouchure. C. — Mai, juillet.

MEDICAGO.
— Pourretii. Noul. — Trigonella hybrida. Pourret. — Fl. s.-p. 1. — Pelouses et pâturages le long des rivières. C. Rives de l'Ariége, de la Garonne, de l'Hers. — T. Iles du Moulin du Château, Braqueville, Blagnac. — Mai, août.

— sativa. L. — Fl. s.-p. 2. — Cultivé en grand sous le faux nom de *Sainfoin*. Naturalisé dans les prairies, les pâturages, les lieux herbeux. C. C. — T. Bords du Canal du Midi. — Juin, septembre.

— media. Pers. — M. sativa. var. versicolor. Fl. s.-p. 3. — Lieux secs, friches arides. R. — T. En montant sur le premier escarpement de Pech-David. C. Berge du Canal du Midi, de l'écluse du Béarnais aux ponts de l'Embouchure. C. C. Le long du chemin de hallage du Canal latéral vis-à-vis Fenouillet. — Juin, août.

— ambigua. Jord. — M. orbicularis *vel* marginata. Auct. Pler. Fl. s.-p. 4. — Friches des collines, pelouses sèches. C. — T. Pech-David, Calvinet, Balma. — Juin, juillet.

— lappacea. Lam. — Fl. s.-p. 5. — Champs cultivés des plaines de l'Ariége et de la Garonne. C. C. — T. Autour de la ville. — Mai, juillet.

— denticulata. Willd. — Fl. s.-p. 6. — Pelouses, friches des côteaux, champs secs. C. — T. Pech-David, Calvinet. — Mai, juillet.

— apiculata. Willd. — Fl. s.-p. 7. — Pelouses, prés secs, champs. C. — T. Embouchure, le long de la Garonne, Béarnais. — Mai, juillet.

— maculata. Willd. — Fl. s.-p. 8. — Prés et herbages humides. C. C. — T. Port-Garaud, bords

du Canal du Midi, du Canal de Brienne. — Mai, juillet.
— minima. Lam. — Fl. s.-p. 9. — Pelouses sèches, escarpements des côteaux, murs. C. C. — T. Autour de la ville et dans la ville même. — Mai, juillet.
— germana. Jord. — M. Gerardi. Auct. pler. ex parte. Fl. s.-p. 10. — Pelouses sèches. R. — T. Hauteurs de Calvinet, de Pech-David, bords escarpés du chemin de Périole. Le long du Canal du Midi, de l'écluse du Béarnais aux ponts de l'Embouchure. C. Berge exposée au midi du Canal de Brienne. C. — Mai, juillet.

Lupulina.
— aurata. Noul. — Medicago Lupulina. L. Fl. s.-p. 1. — Pelouses, champs, prés secs. C. C. — T. Autour de la ville, sur les bords des chemins. — Mai, octobre.

Melilotus.
— arvensis. Wallr. — Bords des champs, des chemins, tertres, dans les collines. R. Garidech. Berges du Canal latéral de Saint-Jory à l'écluse de l'Hers. C. — T. Calvinet, autour de l'Observatoire (1847). — Juin, septembre.
— altissima. Thuil. — M. Officinalis. Auct. — Fl. s.-p. 1. — Lieux frais, bords des ruisseaux, des rivières. C. C. — T. Rives de la Garonne. — Juillet, septembre.
— alba. Desr. — Fl. s.-p. 2. — Lieux incultes, côteaux, bords des champs, tertres, murs, bords des rivières. C. C. — T. Pech-David, rives de la Garonne. — Juin, août.
— parviflora. Desf. — Fl. s.-p. add. 3. — Lieux

cultivés. R. R. — T. Sous Pech-David. Braqueville, dans une luzernière. — Juin, juillet.

TRIFOLIUM.
— angustifolium. L. — FL. S.-P. 13. — Lieux secs, champs, pelouses, friches, bois. C. C. — T. Pech-David, Larramet. — Juin, juillet.
— rubens. L. — FL. S.-P. 14. — Bois. C. Bouconne, Tournefeuille, Colomiers, Larramet. — Juin, juillet.
— incarnatum. L. — FL. S.-P. 15. — Cultivé en grand sous le nom de *Farouch*. Subspontané çà et là. — Mai, juillet.
— Molinieri. BALB. — Avec le précédent, dans les cultures. C. — Mai, juillet.

    Obs. Cette forme n'est probablement qu'une variété constante ou race du *Trèfle incarnat.*

— arvense. L. — FL. S.-P. 16. — Champs, bois, surtout dans les terres siliceuses. C. C. — T. Plaine de la Garonne, Larramet. — Juin, septembre.
— lappaceum. L. — FL. S.-P. 17. — Lieux sablonneux ou graveleux, champs, prairies, pelouses. C. — T. Rives de la Garonne, du Touch, de l'Hers. — Mai, juillet.
— Bocconi. SAVI. — FL. S.-P. 18. — Bois dans les sols graveleux. R. Bouconne, Colomiers, Tournefeuille. — T. Larramet. C. C. — Juin, juillet.
— striatum. L. — FL. S.-P. — Lieux sablonneux ou cailloutoux, pelouses, bois. C. — T. Patte-d'Oie, Polygone, Embouchure, Larramet. — Mai, juillet.

— scabrum. L. — Fl. s.-p. 8. — Lieux secs, pelouses. C. — T. Lardenne, Lalande, berge du Canal de Brienne exposée au midi, Calvinet. — Mai, juin.

— maritimum. Huds. — Fl. s.-p. 9. — Prés et pâturages humides. C. — T. Bords du Canal du Midi, du Canal de Brienne, Port-Garaud. Prairies le long du Touch et de l'Hers. — Mai, juin.

— ochroleucum. L. — Fl. s.-p. 10. — Lieux secs, prés, pâturages, bois. C. — T. Embouchure. Bois au-dessous de Saint-Martin-du-Touch, Larramet. — Juin, juillet.

— medium. L. — Fl. s.-p. 11. — Bois. C. Bouconne, Colomiers. — T. Pech-David, Saint-Agne, Ramonville. — Juin, août.

— pratense. L. — Fl. s.-p. 12. — Prés, pâturages, bois. C. C. — Mai, septembre.

Obs. Le *Trifolium sativum*. Reich., vulgairement nommé *Trèfle de Hollande* et cultivé en grand comme fourrage, est plus robuste que le *T. pratense*.

— fragiferum. L. — Fl. s.-p. 21. — Prés, pelouses, bois, bords des chemins. C. C. — T. Sur les promenades. — Juin, octobre.

— resupinatum. L. — Fl. s.-p. 20. — Prés, pelouses. R. — T. Bords du Canal du Midi, çà et là; à l'Embouchure, vis-à-vis l'écluse de Garonne; le long de la Garonne, vers le pont de Blagnac. — Mai, juillet.

— subterraneum. L. — Fl. s.-p. 22. — Pelouses, bois, bords des chemins, surtout dans les sols sablonneux ou cailloutteux. C. C. — T. Larramet, Lardenne, Lalande. — Avril, juin.

— glomeratum. L. — Fl. s.-p. 7. — Lieux secs, sablonneux ou caillouteux; prés, bois. C. — T. Larramet, bois du Touch, à Saint-Martin. Embouchure. — Mai, juin.
— strictum. Waldst et Kit. — Fl. s.-p. 6. — Pelouses sèches des terrains sablonneux, bois. R. Colomiers, Tournefeuille. — T. Larramet. Bois à Saint-Martin-du-Touch. — Mai, juin.
— repens. L. — Fl. s.-p. 4. — Prés, pelouses, bois, bords des chemins. C. C. C. — La variété *Phyllanthum*. Ser., à Toulouse, au bord du Canal de Brienne. — Mai, septembre.
— elegans. Savi. — Fl. s.-p. 5. — Bois, pelouses, champs. C. Bouconne, Colomiers. — T. Larramet, Polygone. — Juin, septembre.
— agrarium. L. — Fl. s.-p. 1. — Lieux sablonneux, champs, pelouses, bois. C. — T. Embouchure. — Mai, octobre.
— procumbens. L. — Fl. s.-p. 3. — Prés, pelouses des lieux secs et sablonneux. C. C. — T. Rives de la Garonne. — Mai, août.
— patens. Schreb. — Fl. s.-p. 2. — Prés et pâturages humides. C. Bords du Touch, de l'Hers. — T. Au Port-Garaud. — Mai, août.

Dorycnium.
— hirsutum. Seringe. — Fl. s.-p. 1. — Lotus. L. — Friches, graviers. C. — T. Pech-David, Balma, rives de la Garonne. — Mai, juillet.
— suffruticosum. Vill. — Fl. s.-p. 2. — Friches des collines, escarpements des côteaux. C. — T. Pech-David, Balma. — Juin, juillet.

  Obs. Le *D. rectum.* Seringe, espèce méridionale, trouvée il y a plusieurs années dans

un fossé humide descendant du pied des collines de Pech-David et traversant le chemin sur les bords de la Garonne, a fini par disparaître de cette localité.

Lotus.
— corniculatus. L. — Fl. s.-p. 2. — Prés, pâturages, champs, bois. C. C. — Mai, octobre.
— tenuis. Kit. — Fl. s.-p. 2, γ. — Lieux herbeux et humides. C. — T. Rives de la Garonne, Braqueville, Gounon, Embouchure. — Mai, octobre.
— uliginosus. Schkuhr. — Fl. s.-p. 2, 6. — Lieux couverts et humides, bois, bords des ruisseaux. C. — T. Larramet, le long du ruisseau, bords du Touch, Pouvourville. — Juillet, septembre.
— angustissimus. L. — Fl. s.-p. 1. — Pelouses sèches, terrains caillouteux; plaines de l'Ariége et de la Garonne. R. Murèt, à Campa. — T. Autour de Larramet. — Mai, juillet.
— diffusus. Soland. — Fl. s.-p. 1, 6 et ♂. — Pelouses des terrains silico-argileux, sablonneux ou graveleux. C. — T. Polygone, Lardenne, Saint-Simon, Saint-Martin-de-Lasbordes. — Mai, août.
— hispidus. Desf. — Fl. s.-p. 1, γ. — Lieux sablonneux ou graveleux. R. — T. Plateau de Lardenne, de Saint-Simon, sur les pelouses et dans les vignes. C. — Mai, juillet.

Tetragonolobus.
— siliquosus. Roth. — Lotus. Fl. s.-p. 3. — Prairies et pâturages humides, ravins dans les bois. C. — T. Bourrassol, Aufreri, Pechbusque. — Mai, juillet.

Psoralea.
— bituminosa. L. — Fl. s.-p. 1. — Friches des collines, escarpements des côteaux, tertres. C. C. — T. Pech-David. — Juin, août.

Robinia.
— Pseudo-Acacia. L. — Cultivé sous le nom d'*Acacia*. Subspontané, le long de l'Ariége et de la Garonne. C. — Mai, juin.

Astragalus.
— glycyphyllos. L. — Fl. s.-p. 1. — Prés, bois, buissons, saussaies. C. — T. Rives de la Garonne; Braqueville; au-dessous du Pont de Blagnac. — Mai, septembre.
— Monspessulanus. L. — Lieux herbeux, friches. Collines du Lauraguais, au-delà de Montgiscard. C. Graviers de l'Ariége. R. Venerque, au Ramier. — Avril, juin.

Coronilla.
— Emerus. L. — Fl. s.-p. 1. Bois secs, côteaux boisés. C. C. — T. Pech-David, rives du Touch, Balma. — Mai, juillet.
— varia. L. — Fl. s.-p. 2. — Bords des rivières dans les alluvions. Rives du Tarn à Buzet et au-dessous. C. C. Rives de la Garonne, près Toulouse, à Fenouillet. R. R. (M. le professeur Baillet). — Juin, août.
— minima. L. — Pelouses des collines argilo-calcaires du Lauragais. C. Gardouch et au-dessus. Mai, août.
— scorpioides. Koch. — Ornithopus. L. Fl. s.-p. 5. — Champs cultivés, moissons. C. C. — T. Calvinet, Balma, Pech-David. — Mai, juin.

Ornithopus.
— ebracteatus. Brot. — Fl. s.-p. 4. — Pelouses sablonneuses. R. — T. Vallée de l'Hers, à Périole, à Saint-Martin-de-Lasbordes, près le pont. — Avril, juin.
— perpusillus. L. — Fl. s.-p. 1. — Champs et pelouses des terrains sablonneux et graveleux. C. — T. Plaine de la Garonne, Gounon, Braqueville, Lardenne, Saint-Simon. — Mai, août.
— roseus. Dufour. — Fl. s.-p. 2. — Champs sablonneux. C. C. — T. Mêmes lieux. — Mai, juillet.
— compressus. L. — Fl. s.-p. 3. — Lieux sablonneux ou cailloteux, pelouses, champs, vignes. C. C. — T. Lalande, Lardenne, Saint-Simon. — Mai, juillet.

Hippocrepis.
— comosa. L. — Fl. s.-p. 1. — Friches exposées des côteaux. C. Graviers de l'Ariége et de la Garonne. R. — T. Pech-David, et en remontant la ligne des collines jusqu'à Venerque. Graviers à Braqueville. Rives de l'Hers. — Mai, juillet.

Onobrychis.
— sativa. L. — Fl. s.-p. 1. — Cultivé en grand sous le faux nom de *Luzerne*. (C'est le *Sainfoin* ou *Esparcette*). Subspontané et naturalisé dans les prés et les pâturages. C. — Mai, juillet.
— collina. Jord. — Les collines dans les clairières des bois. R. — Bois du Château à Espanès, celui de Combescure à Venerque. C. — Mai, juillet.

ERVUM.
— Lens. L. — Cultivé sous le nom de *Lentille*. C. Subspontané, çà et là, dans les moissons. — Juin, juillet.
— hirsutum. L. — Fl. s.-p. 1. — Lieux sablonneux, champs, broussailles. C. C. — T. Moissons de la plaine de la Garonne, Lalande, Embouchure, bords du Touch. — Mai, juillet.

VICIA.
— tetrasperma. Moench. — Fl. s.-p. 2. — Lieux cultivés, bois. C. — T. Plaine de la Garonne, dans les moissons, bois du Touch, Balma. — Mai, juillet.
— gracilis. Lois. — Fl. s.-p. 3. — Sols sablonneux, cultures, moissons. C. — T. Vallée de la Garonne, de l'Hers, du Touch. — Mai, juillet.
— Cracca. L. — Fl. s.-p. et add. 1. — Lieux couverts, bois, haies, prés. C. C. — T. Saussaies le long de la Garonne. — Juin, septembre.
— tenuifolia. Roth. — Fl. s.-p. 1. — Prairies, buissons, haies. C. — T. Sous Pech-David, Balma. — Juin, septembre.
— varia. Host. — Fl. s.-p. et add. 1 bis bis. — Moissons, cultures. C. C. — T. Plaines de la Garonne, Calvinet, Pech-David. — Mai, août.
— sativa. L. — Fl. s.-p. 4. — Champs, cultures, moissons. C. C. — Mai, septembre.
— Bobartii. Forst. — V. angustifolia. Auct. *ex parte*. Fl. s.-p. 5. — Lieux sablonneux, pelouses, bois, moissons. C. — T. Larramet, bois des bords du Touch, pelouses à Lalande, à Lardenne. — Mai, juillet.
— Forsteri. Jord. — V. angustifolia. Auct. *ex parte*.

— Fl. s.-p. 4 , 6. — Prairies et pâturages dans les sols sablonneux. C. — T. Le long de la Garonne, prairie des Filtres, Embouchure. — Mai, juillet.
— torulosa. Jord. — V. angustifolia. *vel.* V. segetalis. Auct. *ex parte.* — Moissons. R. R. — T. Plaine de la Garonne, entre Braqueville et Gounon, au Béarnais. — Mai, juillet.
— peregrina. L. — Fl. s.-p. 6. — Lieux secs. R. R. Colomiers, bois à droite de l'Armurier (M. Serres). — T. Vallon du Miral. — Mai, juin.
— lathyroides. L. — Lieux sablonneux, pelouses, bois. C. Bouconne, Pibrac, Colomiers. — T. Larramet. Bois le long du Touch, au-dessous de Saint-Martin. Bois du Polygone et de Saint-Paü, près Tournefeuille. — Mars, avril.
— lutea. L. — Fl. s.-p. 7. — Moissons. C. C. — T. Calvinet, Pech-David, plaine de la Garonne. — Mai, août.
— hybrida. L. — Fl. s.-p. add. 7 bis. — Cultures, moissons. R. R. — T. Pech-David, Terre-Cabade, Calvinet. — Mai, juillet.
— sepium. L. — Fl. s.-p. 8. — Lieux frais, bois, buissons, haies. C. C. — T. Bords du Touch, Balma, Pouvourville. — Mai, juillet.
— serratifolia. Jacq. — Fl. s.-p. 9. — Bois, broussailles, près. C. — T. Plaine de la Garonne, Larramet; bords du Touch, Renéry, Miral, Polygone. — Mai, juillet.
— Bithynica. L. — Lathyrus. Fl. s.-p. 10. — Moissons, cultures. C. C. — T. Plaine de la Garonne. — Mai, juillet.

Obs. On cultive en grand la *Fève, Vicia faba.* L. originaire de l'Asie.

Pisum.
— Arvense L. — Fl. s.-p. 1. — Cultures, moissons.
C. — T. Pech-David, Calvinet, Embouchure.
— Juin, août.

Obs. On cultive en grand le *Pisum sativum. L.*

Lathyrus.
— sylvestris. L. — Fl. s.-p. 1. — Bords des bois, haies, buissons. R. Vallon de Saint-Geniés. — T. Le long de la Garonne, au-dessous de Gounon, après Menerie, île du Moulin du Bazacle. — Juin, septembre.
— platyphyllus. Retz. — Fl. s.-p. 1, 6. — Bords des bois, broussailles, haies, saussaies. C. — T. Sous Pech-David, le long de la Garonne. — Juin, septembre.
— latifolius. L. — Fl. s.-p. 2. — Bords des bois, broussailles, haies. C. C. — T. Pech-David, bords du Touch, Saint-Martin-de-Lasbordes. — Juin, septembre.
— pratensis. L. — Fl. s.-p. 3. — Lieux frais, bords des bois, buissons, prés. C. C. — T. Bords du Canal du Midi, prairies du Port-Garaud. — Juin, août.
— aphaca. L. — Fl. s.-p. 4. — Cultures, moissons, C. C. — T. Partout, surtout dans la plaine. — Mai, juillet.
— Nissolia. L. — Fl. s.-p. 5. — Moissons, bords des prés. C. — T. Plaine de l'Hers, Lardenne, Lalande, Launaguet. — Mai, juillet.
— sphæricus. Retz. — Fl. s.-p. 6. — Bois, prés, moissons, dans les lieux secs. C. C. — T. Lar-

ramet, bois du Touch, Miral, Lalande. — Mai, juillet.
— angulatus. L. — Fl. s.-p. 7. — Lieux sablonneux, moissons. C. C. — T. Plaine de la Garonne et de l'Hers. — Mai, juillet.
— annuus. L. — Fl. s.-p. 8. — Lieux sablonneux, moissons. R. — T. Bords de l'Hers à Périole; Lalande, Launaguet. — Mai, juillet.
— sativus. L. — Cultivé dans les terres sablonneuses. Subspontané, çà et là. — Mai, juillet.
— Cicera. L. — Terres sablonneuses. R. R. — T. Bois de chênes, à gauche de la butte du Polygone. C. — Mai, juillet.

Obs. Cette plante, connue des agriculteurs sous le nom de *Jarosse*, est très-rarement cultivée ici.

— hirsutus. L. — Fl. s.-p. 9. — Moissons, cultures, bords des champs. C. — T. Plaine de la Garonne et de l'Hers. — Mai, juillet.

Orobus.
— tuberosus. L. — Fl. s.-p. 1. — Bois. C. C. — T. Larramet, Saint-Agne, Pouvourville, Balma. — Avril, juillet.
— niger. L. — Fl. s.-p. 2. — Bois. C. — T. Mêmes lieux. — Mai, juillet.

Obs. On cultive en grand le *Haricot commun, Phaseolus vulgaris. L.*

Lupinus.
— reticulatus. Desv. — Sols sablonneux ou graveleux. C. Plaine de l'Ariége, Gailhac-Toulza, Miremont, Plaine de la Garonne. — T. Saint-Simon, Lardenne, autour de Larramet, vignes et champs. — Juin, juillet.

Obs. Le *Lupin blanc*, *Lupinus albus.* L., est une espèce annuelle parfois cultivée en grand.

ROSACÉES.

Prunus.
— insititia. L. — Haies, çà et là. R. — T. A la Cipière, au Miral. — Mars, mai.

    Obs. C'est, à proprement parler, le Prunier, à l'état sauvage.

— domestica. L. — Cultivé pour ses nombreuses variétés, subspontané, çà et là. — Mars, mai.
— spinosa. L. — Fl. s.-p. 1. — Bois, buissons, haies. C. C. C. — Mars, mai.
— fruticans. Weihe. — P. Spinosa macrocarpa. Auct. — Fl. s.-p. 1, 6. — Buissons, çà et là. — T. Autour du bois de Larramet. — Mars, mai.

Cerasus.
— avium. Moench. — Fl. s.-p. 1. — Bois. C. — T. Pouvourville, Saint-Agne, Ramonville, Balma. — Avril, mai.

    Obs. Outre cette espèce, on cultive, sous le nom de *Cerisiers*, les *Cerasus Juliana.* D. C. et *C. Duracina.* D. C.

— Caproniana. D. C. — Cultivé sous le faux nom de *Guignier.* Naturalisé dans les escarpements des côteaux. C. — T. Pech-David. — Avril, mai.

    Obs. On cultive l'Amandier, *Amygdalus communis.* L., qui fournit : 1° l'*A. dulcis.* Mill., à amandes douces, ayant le style plus long que les étamines et les pétales blancs ; 2° l'*A. amara.* Hayn., à amandes amères, présentant le style de la longueur des étamines et la corolle d'un rose purpurin ; ainsi que le Pêcher,

Persica vulgaris. Mill. et l'Abricotier, *Armeniaca vulgaris.* Lam.

Spiræa.
— Ulmaria. L. — Fl. s.-p. 1. — Prés humides, bords des eaux. C. — T. Port-Garaud, saussaies le long de la Garonne. — Juin, août.
— Filipendula. L. — Fl. s.-p. 2. — Bois, prés et pâturages. C. C. — T. Bords du Canal du Midi, de l'Hers, du Touch. — Juin, juillet.

Geum.
— urbanum. L. — Fl. s.-p. 1. — Lieux frais et couverts, bois, haies. C. C. — T. Saint-Agne, Pouvourville, Balma, le long du Touch. — Juin, août.

Rubus.
— cœsius. L. — Fl. s.-p. 1. — Les champs. C. C. — T. Pech-David, Calvinet. — Mai, octobre.
— aquaticus. Weihe et Nées. — Lieux humides ; saussaies aux bords de la Garonne et de l'Ariége. C. C. — T. Iles de la Poudrerie. — Mai, octobre.

> *Obs.* Cette forme ne nous semble qu'une variété de la précédente.

— nemorosus. Hayne. — Les bois. C. Bouconne. Combescure, à Venerque. — T. Larramet aux bords du ruisseau. C. — Mai, juin.
— Wahlbergii. Arrh. — Haies, buissons, bordures des champs et des vignes. C. C. — T. Terre-Cabade, Calvinet, Pech-David. — Mai, juin.
— tomentosus. Borkh. — Fl. s.-p. 3. — Bois exposés des collines, terrains caillouteux de la plaine,

haies, bois, bords des chemins. C. C.—T. Saint-
Simon, Lardenne, Larramet. — *Var. glabratus.*
Godr. — Bouconne, Larramet.—Juin, juillet.
— Collinus. D. C. *Var. glabratus.* Godr.—Bois des
collines. C. Combescure, le Maurices, à Venerque. — T. Aufréri. — La *Var. pomponius*, à
fleurs très-doubles, à Clermont, à la Riverote.
— T. Port-Garaud, en montant au Calvaire ;
Récollets, le long du fossé, à la limite de l'octroi, près le pont des Demoiselles. C. — Juin,
juillet.

Obs. La variété à fleurs doubles est fréquemment cultivée comme arbrisseau d'ornement.

— discolor. Weihe et Nées.— Fl. s.-p. et add. 2. —
Buissons, haies. C. C. C. — T. Autour de la
ville. — Juin, août.
— thyrsoideus. Wimm.— Fl. s.-p. 4. — Les bois. R.
Bouconne, Venerque, à Combescure. — T. Bois
d'Aufréri. — Juin, juillet.
— rhamnifolius. Weihe et Nées. —Côteaux au Midi.
R. Pompignan, Castelnau-d'Estretefonds. —
T. Balma, vers Aufréri. — Juin, juillet.

Obs. On cultive le *R. Idœus. L.* sous le nom
de *Framboisier.*

Fragaria.
— vesca. L.— Fl. s.-p. 1. — Bois humides. C. — T.
Embouchure, bords du Touch, de Saint-Martin à Blagnac. — Avril, juin.
— collina. Ehrh. — Bois. C. C. — T. Pech-David,
Balma, Larramet. — Mai, juin.

Potentilla.
— fragariastrum. Ehrh. — Fragaria. Fl. s.-p. 2. —

Bois. C. C. — T. Larramet, bords du Touch, Balma, Aufréri. — Mars, mai.
— micrantha. Ram.— Bois des collines sur les pentes. C. Venerque, à Combescure. Pechbusque.— T. Balma, Aufréri. — Mars, mai.
— Vaillantii. Nesl. — P. splendens. Ram. — Fragaria. Fl. s.-p. 3. — Bois. C. C. — T. Larramet, bords du Touch. — Mars, mai.
— verna. L. — Fl. s.-p. 5. — Lieux secs, bois, pelouses, escarpements des côteaux. C. C. — T. Plaine de la Garonne, Pech-David.— Mars, juin.
— reptans. L. — Fl. s.-p. 2.— Pelouses, bords des champs, des chemins. C. C. C. — Mai, octobre.
— Tormentilla. Nesll. — Fl. s.-p. 3. — Bois, pelouses. C. C.—T. Larramet, Saint-Martin-du-Touch. Juin, juillet.
— argentea. L.— Fl. s.-p. 4. — Lieux secs, sablonneux ou caillouteux, pelouses, bois. C. C. — T. Plaine de la Garonne. — Juin, septembre.
— Anserina. L. — Fl. s.-p. 1. — Lieux humides et herbeux. R. Le Vernet, autour du moulin. C. Fenouillet, au Ramier, le long du chemin. C.— Mai, octobre.

Agrimonia.
— Eupatoria. L.— Fl. s.-p. 1.— Pelouses, Bords des chemins, lisières des bois. C. C. C.—Juin, septembre.

Alchemilla.
— arvensis. Scop.— Aphanes. Fl. s.-p. 1.— Champs, surtout dans la plaine. C. C. C. — Mai, septembre.

Poterium.
— stenolophum. Jord.— G. sanguisorba. L. *ex parte*.

Fl. s.-p. 1. — Bordures des champs, des bois, prairies artificielles. C. C. — T. Larramet, Calvinet, Pech-David. — Mai, juillet.
— dictyocarpum. Spach. — P. sanguisorba. L. *ex parte.* Fl. s.-p. 1. — Mêmes localités. R. — Mai, juillet.

Rosa.
— arvensis. L. — Fl. s.-p. 1. — Bois, haies, bords des champs. C. C. — Bouconne, bois des collines. — T. Larramet; haies autour des vignes, Lardenne, Saint-Simon. — Juin, août.
— prostrata. D. C. — Fl. s.-p. 1, γ. — Bois de la plaine de la Garonne, bords des chemins. C. — T. Larramet et le long des chemins qui y aboutissent. — Juin, juillet.
— bibracteata. Bast. — Fl. s.-p. 1. 6. — Haies, buissons. C. — T. Saint-Simon, Lardenne. — Mai, juin.
— sempervirens. L. — Fl. s.-p. 2. — Haies, buissons, C. C. — T. Bords du Touch, sous Pech-David, derrière la butte du Polygone, Lardenne, Saint-Simon. — Mai, août.
— systila. Bast. — Haies, buissons. C. — T. Saint-Simon, Lardenne. — Mai, juin.
— stylosa. Desv. — Fl. s.-p. 3. — Haies, buissons, C. — T. Pech-David, Balma, Saint-Simon, Lardenne. — Mai, juin.
— hybrida. Schleich. — Forêt de Bouconne, vers Brax. R. — Juin.
— arvina. Krock. — Autour de Bouconne. R. R. Le long du chemin qui de Léguevin conduit à la forêt, à Brax. — Juin.
— Gallica. L. — Fl. s.-p. 4. — Bois frais, bords des

champs, au pied des haies, sur les hauts plateaux de la vallée de la Garonne. C. Bouconne, Brax, Léguevin. — T. Larramet. — Juin.

— Jundzilliana. Bess. — Bois, buissons. C. Venerque, à Combescure. Espanès. Bouconne. — T. Larramet, Pech-David, Saint-Geniés. — Mai, juin.

Obs. Cette espèce, à folioles presque glabres en dessus, pubescentes en dessous, velue même sur les nervures, à dents chargées de glandes stipitées, a été prise pour le *Rosa trachyphylla*. Rau, dont les folioles sont tout-à-fait glabres, par l'auteur de la Monographie des Roses de la Flore de Toulouse (*Actes de la soc. Linn. de Bordeaux*).

— flexuosa. Rau? — Forêt de Bouconne. R. R. — Mai, juin.

Obs. Ce Rosier, par ses stipules supérieures plus petites, la nervation des feuilles plus saillante et leur villosité moindre, diffère du *R. flexuosa*. Rau, à laquelle M. le professeur Boreau l'a comparée, ainsi que la précédente, sur les exemplaires de son herbier. Les aiguillons semblent aussi plus droits et plus grêles. C'est le *Rosa terebinthacea* (non Rau), de l'auteur de la Monographie des Roses de la Flore de Toulouse *(Actes de la soc. Linn. de Bordeaux)*.

— canina. L. — Fl. s.-p. 5. — Buissons, haies. C. C. C. Les *Var. glaucescens* et *stipularis*, à Pech-David. C. — Mai, juin.

— aciphylla. Rau. — Buissons. R. R. — T. A gauche de la butte du Polygone. C. — Juin.

— platyphylla. Rau. — Haies, buissons. C. — T. Saint-Simon, Lardenne. — Mai, juin.

— Andegavensis. Bast. — Haies, buissons, R. — T.

Bords du Touch, au-dessus et au-dessous de Saint-Martin. — Mai, juin.

Obs. On a cité à Bouconne, sous le nom de *Rosa suavis.* Wild., un rosier auquel ont été attribués des folioles glabres, *simplement dentées en scie*, des pédoncules *hispides glanduleux*, et des aiguillons peu dilatés à la base, *coniques, grêles, courbés*. Ces caractères ne peuvent convenir à une espèce de laquelle Sprengel, *Syst. Pl.* 2, p. 549, a dit : R. germinibus oblongis glabris, pedunculis petiolisque *hispidulis*, foliolis subrotundis *duplicato-serratis glabriusculis*, aculeis ramorum confertissimis *rectis*, ramulorum duplicibus.

— collina. Jacq. — Bois des plateaux de la vallée de la Garonne. C. Bouconne, Colomiers.—T. Larramet. — Juin.
— Friedlænderiana. Bess. — Mêmes lieux et aussi fréquent que le précédent. — Juin.
— tomentella. Leman. — Haies, buissons. C. Portet, Pinsaguel. — T. Braqueville, Lardenne, Moulin de Grammont, Aufréri. — Juin, juillet.
— sepium. Thuil. — Buissons, haies, C. C. — T. Fontaine du Béarnais, Lalande, Lardenne. — Juin, juillet.
— umbellata. Leers. — Fl. s.-p. 6. ♂. — Bois, haies. C. Bouconne. — T. Larramet, Balma, Moulin de Grammont. — Juin, juillet.
— nemorosa. Libert. — Haies, buissons. C. Portet, Pinsaguel, Blagnac. — T. Lardenne, Saint-Simon, Balma. — Juin.
— rubiginosa. L. — Fl. s.-p. 6. — Bois, buissons, haies. C. C. — T. Larramet, Lardenne, Saint-Simon, Balma. — Juin.
— tomentosa. Smith. — Fl. s.-p. 7. — Buissons sur

les pentes des côteaux. R. R. R. Clermont, à la Côte. — Juin, juillet.

CRATÆGUS.
— oxyacantha. L. — Fl. s.-p. 2. — Bois, buissons, haies, principalement dans le lehm. C. Venerque, à Combescure. Bouconne. Brax. — T. Larramet. — Avril, mai.
— monogyna Jacq. — Fl. s.-p. 2, 6. — Bois; buissons, haies. C. C. C. C'est l'espèce cultivée ici et plantée en haies. — Mai.

MESPILUS.
— Germanica. L. — Fl. s.-p. 1. — Bois, haies. C. — T. Balma, Saint-Simon, Lardenne, Larramet. — Mai.

CYDONIA.
— vulgaris. Pers. — C'est le *Coignassier*, cultivé et planté pour borner les héritages. Naturalisé dans les haies. C. — Avril, mai.

PYRUS.
— communis-Pyraster. L. — Fl. s.-p. 1. — Bois, haies. C. — T. Balma, Aufréri, Pechbusque. — Avril, mai.

MALUS.
— communis. Poir. — Haies, çà et là; dans les lieux frais. — Avril, mai.
— acerba. Merat. — Pyrus. Fl. s.-p. 2. — Bois, haies. Çà et là. C. — Avril, mai.

SORBUS.
— Domestica. L. — Pyrus. Fl. s.-p. 5. — Bois des collines. C. Fréquemment cultivé, principalement dans les vignes. — Mai.

— torminalis. Crantz. — Pyrus. Fl. s.-p. 4. — Bois des collines. C. C. — T. Pechbusque, Balma. — Mai.
— Aria. Crantz. — Pyrus. Fl. s.-p. 3. — Bois. R. Bouconne, surtout vers Brax. C. — T. Larramet, le long du ruisseau. — Mai.

ONAGRARIÉES.

Epilobium.
— hirsutum. L. — Fl. s.-p. 1. — Bords des eaux. C. — T. Rives de la Garonne, fossés au Port-Garaud, à Bourrassol. — Juillet, septembre.
— parviflorum. Schreb. — Fl. s.-p. 2. — Bords des eaux, lieux frais. C. — T. Port-Garaud, sous Pech-David, rives de la Garonne. — Juin, août.
— montanum. L. — Fl. s.-p. 3. — Saussaies de l'Ariége, çà et là. R. R. Auterive, Venerque. — Juin, septembre.
— Lamyi. Schultz. — Lieux humides dans les sols de lehm. C. — T. Saint-Martin-de-Lasbordes, Saint-Agne, Castanet. — Juin, septembre.
— tetragonum. L. — Fl. s.-p. 4. — Lieux humides ou frais, bois, bords des fossés, champs. C. C. — T. Sous Pech-David, bords du Touch, rives de la Garonne. — Juin, septembre.

Œnothera.
— biennis. L. — Fl. s.-p. 1. — Lieux sablonneux et frais, le long de l'Ariége et de la Garonne, çà et là. — T. Saussaies à Braqueville et en face de Blagnac. — Juin, septembre.

Circæa.
— Lutetiana. L. — Fl. s.-p. 1. — Lieux frais et

couverts, bois, bords des ruisseaux. C. C. — T. Pouvourville, Pechbusque, Balma, bords du Touch. — Juin, septembre.

HOLORAGÉES.

MYRIOPHYLLUM.
— spicatum. L. — Fl. s.-p. 1. — Eaux tranquilles C. C. — T. Fossés au Port-Garaud, Canal du Midi. — Mai, août.
— verticillatum. L. — Fl. s.-p. 2. — Eaux tranquilles à fonds vaseux. R. Le Vernet. — T. Canal du Midi. — Juin, septembre.

HIPPURIDÉES.

HIPPURIS.
— vulgaris L. — Fl. s.-p. 1. — Eaux stagnantes à fonds bourbeux. R. Le Vernet. Pibrac, en allant au bois de Bouconne. — T. Fossé d'enceinte de Larramet. — Juin, août.

CALLITRICHE.
— stagnalis. Scop. — Fl. s.-p. 1, α. — Eaux vives, ruisseaux, fontaines, bords des rivières. C. C. — Mai, septembre.
— platycarpa. Kutzing. — Fl. s.-p. 1, ϐ. — Mêmes localités. C. — Mai, septembre.
— verna. Kutzing. — Fl. s.-p. 1, γ. — Mêmes localités. C. — Mai, septembre.
— pedunculata. D. C. — Fl. s.-p. 1, δ. — Mêmes localités. R. — Mai, septembre.

CÉRATOPHYLLÉES.

CERATOPHYLLUM.
— demersum. L. — Fl. s.-p. 1. — Eaux dormantes

ou peu rapides. C. C. — T. Canal du Midi, Canal de Brienne, fossés du Port-Garaud, la Garonne. — Juillet, septembre.
— submersum. L. — Fl. s.-p. 2. — Eaux dormantes. C. — T. Canal du Midi. — Juillet, septembre.

LYTHRARIÉES.

LYTHRUM.
— Salicaria. L. — Fl. s.-p. 1. — Lieux humides, bords des eaux. C. C. — T. Port-Garaud, rives de la Garonne. — Juillet, septembre.
— hyssopifolia. L. — Fl. s.-p. 2. — Lieux humides, lieux submergés en hiver, fossés, bords des chemins. C. — T. Lalande, Lardenne, Braqueville. — Juillet, septembre.

PEPLIS.
— Portula. L. — Fl. s.-p. 1. — Bords des eaux, lieux humides et inondés, mares, fossés. C. Bouconne. Plaine de la Garonne, Brax, Colomiers. — T. Lardenne, Saint-Simon, Lalande. — Juin, septembre.

TAMARISCINÉES.

MYRICARIA.
— Germanica. L. — Fl. s.-p. 1. — Sables et saussaies de l'Ariége, çà et là, R. Venerque, au Ramier. — Juillet.

Obs. Cette plante, très-rare dans la plaine, provient de graines descendues des Pyrénées.
On trouve, mais rarement, planté dans les haies, le *Tamarix Gallica. L.*, qui est fréquemment cultivé dans les jardins.

CUCURBITACÉES.

BRYONIA.
— dioica, JACQ. — FL. S.-P. 1. — Bords des bois, haies, buissons. C. C. — T. Sous Pech-David, bords du Touch, Balma. — Juin, juillet.

ECBALLIUM.
— Elaterium. RICH. — Momordica. L. FL. S.-P. 1. — Lieux incultes, bords des chemins, revers des fossés exposés au midi, décombres. C. — T. Autour de la ville, Calvinet, Terre-Cabade, Guilhemery. — Juillet, septembre.

    Obs. On cultive la *Citrouille* (*Cucurbita maxima.* DUCHÊNE), la *Gourde* (*Cucurbita Lagenaria.* L.), le *Melon* (*Cucumis melo.* L.) et le *Concombre* (*Cucumis sativus.* L.).

PORTULACÉES.

PORTULACA.
— oleracea. L. — FL. S.-P. 1. — Lieux cultivés, jardins potagers et leurs alentours, sables le long des rivières. C. — T. Autour de la ville. — Juin, octobre.

    Obs. Le pourpier doré, *Portulaca sativa.* HAW., est cultivé dans les potagers.

MONTIA.
— minor. GMEL. — FL. S.-P. 1. — Lieux humides, champs au fond des sillons dans les sols silico-argileux, mares desséchées. C. Bouconne. Plaine de la Garonne. — T. Perpan, autour du Cirque, moissons dans la vallée de l'Hers, derrière Calvinet. C. C. C. — Avril, septembre.

PARONYCHIÉES.

SCLERANTHUS.
— annuus. L. — Fl. s.-p. 1. — Champs, surtout des lieux sablonneux. C. C. — T. Plaine de la Garonne et de l'Hers. — Mai, octobre.

POLYCARPON.
— tetraphyllum. L. — Fl. s.-p. 1. — Lieux sablonneux ou caillouteux, champs, vignes, bords des routes. C. C. — T. Patte-d'Oie, Lalande, Lardenne. — Juillet, septembre.

HERNIARIA.
— hirsuta. L. — Fl. s.-p. 1. — Lieux sablonneux ou caillouteux. C. C. — T. Champs et vignes de la plaine de la Garonne, graviers. — Mai, septembre.

CORRIGIOLA.
— littoralis. L. — Fl. s.-p. 1 — Lieux sablonneux, bords des rivières. R. Rives du Tarn, à Buzet, à Bessières. — T. Près Braqueville. — Juin, octobre.

CRASSULACÉES.

TILLÆA.
— muscosa. L. — Fl. s.-p. 1. — Lieux sablonneux ou caillouteux. C. C. — T. Plaine de la Garonne. — Mai, juillet.

SEDUM.
— Telephium. L. — Fl. s.-p. 1. — Lieux couverts, bois, vallons ombragés, haies. C. — T. Pouvourville, Balma, bords du Touch. — Juillet, août.

— Cepæa. L. — Fl. s.-p. 2. — Lieux sablonneux ou pierreux, le long des haies, revers des chemins. C. — T. Autour du Polygone, Lardenne, Saint-Simon. — Juillet, septembre.
— dasyphyllum. L. — Fl. s.-p. 3. — T. Murs. R. Corniche du quai Saint-Pierre. — Juin, août.
— album. L. — Fl. s.-p. 4. — Lieux exposés, murs. C. — T. Pech-David, graviers le long de la Garonne, corniches des quais. — Juin, août.
— rubens. L. — Fl. s.-p. 5. — Lieux argilo-siliceux, champs, vignes, murs en terre. C. C. — T. Lalande, Patte-d'Oie, Busca. — Mai, juillet.
— acre. L. — Fl. s.-p. 6. — Lieux secs, graviers de la Garonne et de l'Ariége, murs, toits. — T. Braqueville, corniches des quais. — Juin, juillet.
— reflexum. L. — Fl. s.-p. 7. — Lieux secs, friches des collines, vignes. C. C. — T. Saint-Simon, Lardenne, Lalande, Pech-David. — Juillet, août.
— altissimum. Poir. — Fl. s.-p. 8. — Escarpements des côteaux, murs, toits. C. — T. Pech-David, murs. — Juillet, août.

Sempervivum.
— tectorum. L. — Fl. s.-p. 1. — Murs, toits. C. — T. Lalande, Lardenne, Saint-Simon, Patte-d'Oie, faubourgs de la ville. — Juillet, août.
Obs. C'est la seule espèce de *Joubarbe* qui croisse spontanément dans nos environs.

Umbilicus.
— pendulinus. D. C. — Cotyledon. L. — Fl. s.-p.

1. — Lieux exposés au nord, sous les haies, sur les murs. R. — T. Haies, Lardenne, Saint-Simon ; murs dans l'intérieur de la ville, églises du Calvaire et de Saint-Sernin ; puits du Capitole. — Mai, juin.

CACTÉES.

OPUNTIA.
— vulgaris. MILL. — Lieux secs et exposés au midi. R. R. Cornebarrieu, au-dessous de l'église. C. Tournefeuille, côteaux de Saint-Paü. C. T. assez fréquent sur les murs de clôture, où elle est plantée. — Mai, juin.

SAXIFRAGÉES.

SAXIFRAGA.
— granulata. L. — FL. S.-P. 1. — Lieux sableux ou caillouteux, pelouses, bois, revers des chemins. C. — T. Perpan, la Régine, le Miral, Lalande. — Mai, juin.
— tridactylites. L. — FL. S.-P. 2. — Lieux sablonneux ou graveleux, murs. C. C. — T. Corniches des quais, rives de la Garonne. — Mai, juin.

OMBELLIFÈRES.

HYDROCOTYLE.
— vulgaris. L. Lieux humides et herbeux. R. R. — T. Saint-Martin-de-Lasbordes, au bord du ruisseau, non loin de l'église. R. Bords du Canal du Midi, çà et là. — Juin, septembre.

SANICULA.
— Europæa. L. — FL. S.-P. 1. — Bois frais, lieux

couverts. C. C. — T. Vallons de Pech-David, de Balma, le long du Touch. — Mai, juin.

ERYNGIUM.
— campestre. L. — Fl. s.-p. 1. — Lieux incultes, friches, prés, bords des chemins. C. C. C. — T. Autour de la ville. — Août, septembre.

PETROSELINUM.
— sativum. HOFFM. — Cultivé sous le nom de *Persil*. Subspontané, çà et là, dans les cultures et sur les murs. C. — T. Corniches des quais. — Juin, août.
— segetum. KOCH. — Sison. L. FL. s.-p. 1. — Moissons et chaumes, vignes. C. C. — T. Pech-David, Calvinet, Juin, juillet.

APIUM.
— graveolens. L. — Fl. s.-p. 1. — Cultivé sous le nom de *Céleri*. Subspontané, dans les lieux humides, autour des jardins. C. — Juillet, septembre.

HELOSCIADIUM.
— nodiflorum. KOCH. — Sium. L. — Fl. s.-p. 3. — Ruisseaux, fossés, fontaines. C. C. — T. Port-Garaud, la Régine, bords du Canal du Midi. — Juillet, septembre.

PTYCHOTIS.
— Timbali. JORD. — Seseli. Fl. s.-p. 2, 6. — Friches escarpées des côteaux. R. Muret, Cintegabelle, Auterive, Venerque, Lacroix-Falgarde. — T. Pech-David. C. — Juillet, août.

Sison.
— Amomum. L. — Fl. s.-p. 2. — Lieux couverts et humides, haies, broussailles, bords des ruisseaux. R. Venerque, Clermont. — T. Balma, Saint-Geniés. — Juillet, septembre.

Ammi.
— majus. L. — Fl. s.-p. 1, α. — Champs, vignes, cultures, surtout dans les lieux sablonneux et caillouteux. C. — T. Plaine de la Garonne. — Juillet, août.
— intermedium. D. C. — Fl. s.-p. 1, 6. — Cultures, surtout dans les jeunes luzernières. R. — T. Autour de la ville. — Juillet, août.
— glaucifolium. L. — Fl. s.-p. 1, γ. — Cultures, vignes, lieux vagues. C. C. — T. Plaine de la Garonne, Embouchure, Lalande, Saint-Roch. — Juillet, août.
   Obs. J'avais précédemment réuni ces trois formes sous la dénomination spécifique d'*Ammi diversifolium.*
— Visnaga. L. — Fl. s.-p. 2. — Lieux secs, bords des champs, des chemins, autour des villages. C. Tout le haut Lauragais. Clermont, au Fort et au Ramier. — T. Lalande, Launaguet. — Juin, juillet.

Carum.
— verticillatum. Koch. — Sison. L. — Bois humides. R. Bouconne, vers Brax. — T. Larramet, parmi les bruyères où l'eau séjourne en hiver. C. — Juin, août.

Conopodium.
— denudatum. Koch. — Bunium. D. C. Fl. s.-p. 1.

—. Bois secs. R. Venerque, à Combescure, Bouconne, vers Léguevin. — T. Larramet. — Mai, juillet.

Pimpinella.
— magna. L. — Fl. s.-p. 1. — Lieux humides et couverts, fond des vallons, ruisseaux, buissons. C. — T. Pouvourville, Balma, Saint-Martin-du-Touch. — Juillet, septembre.
— saxifraga. L. — Fl. s.-p. 2. — Bois secs, pelouses, bords des chemins. C. C. — T. Larramet, bois le long du Touch. — Juillet, septembre.

Sium.
— latifolium. L. — Fl. s.-p. 2. — Eaux tranquilles. R. Le Vernet. — T. Bords du Touch, au-dessus de Saint-Martin. — Juillet, août.

Berula.
— angustifolia. Koch. — Sium. L. Fl. s.-p. 1. — Lieux aquatiques, ruisseaux, fossés, flaques. C. C. — T. Canal du Midi, Port-Garaud, la Régine. — Juillet, septembre.

Buplevrum.
— rotundifolium. L. — Fl. s.-p. 1. — Cultures et moissons, dans les sols argilo-calcaires. C. C. — T. Pech-David, Balma, Calvinet. — Juin, juillet.
— protractum. Link et Hoffm. — Fl. s.-p. et add. 1 bis. — Cultures, moissons, çà et là. R. R. — Juin, juillet.

    Obs. Cette plante nous semble accidentelle dans notre localité.

— tenuissimum. L. — Fl. s.-p. 2. — Pelouses sèches,

champs sablonneux ou graveleux. C. Plaine de l'Ariége et de la Garonne. C. C. Lapeyrouse, pelouses du parc. — T. Saint-Simon, Lardenne, Polygone, Lalande. — Juillet, septembre.

Œnanthe.
— fistulosa. L. — Fl. s.-p. 2. — Bords des eaux, fossés, mares. C. — T. Canal du Midi, fossés à Croix-Daurade, Lalande, Launaguet. — Juin, juillet.
— peucedanifolia. Pollich. — Fl. s.-p. 3, γ. — Lieux humides, bords des eaux. C. — T. Bords du Canal du Midi, prairies marécageuses de l'Hers. — Mai, juin.
— Lachenalii. Gmel. — Lieux humides, prés marécageux. — T. A l'entrée de Larramet, prairies du Touch, au-dessus de Tournefeuille. — Juillet, septembre.
— Pimpinelloides. L. — Fl. s.-p. 2. — Bois, prés secs. C. C. — T. Larramet; entre Saint-Martin et Blagnac, Balma. — Juin, juillet.

Æthusa.
— Cynapium. L. — Fl. s.-p. 1. — Lieux frais. R. R. R. T. Dans la prairie des Filtres, le long du mur du Cours-Dillon, où il ne s'est point maintenu. — Juin, juillet.
  Obs. C'est la *Petite Ciguë*, plante très-vénéneuse qu'il faut se garder de confondre avec le *Persil* et le *Cerfeuil*.

Fœniculum.
— officinale. All. — Anethum Fœniculum. L. Fl. s.-p. 1. — Lieux secs, escarpements des cô-

teaux. C. — T. Pech-David. C. C. Cultivé sous le nom de *Fenouil*. — Juillet, août.

SESELI.
— glaucescens. JORD. — S. montanum et S. glaucum. AUCT. GALL, non L. FL. S.-P. 1. — Lieux escarpés des collines. C. C. — T. Pech-David, chemin de Périole, Calvinet. — Juillet, octobre.

SILAUS.
— pratensis. BESSER. — Peucedanum Silaus. L. FL. S.-P. 1. — Prés et bois humides. C. Bouconne. — T. Prairies de l'Hers, Port-Garaud, bords du Canal. — Juin, septembre.

ANGELICA.
— sylvestris. L. — FL. S.-P. 1. — Lieux humides et couverts. C. Saussaies de l'Ariége et de la Garonne. — T. Bords du Touch, Braqueville, Blagnac. — Juillet, septembre.

PEUCEDANUM.
— Cervaria. LAPEYR. — Selinum. L. FL. S.-P. 1. — Bois, friches des collines. C. — T. Pech-David, Balma. — Juillet, octobre.
— Oreoselinum. MŒNCH. — Selinum. L. FL. S.-P. 2. — Lieux sablonneux ou caillouteux, bois, pâturages, friches. R. Graviers de l'Ariége, à Venerque. Bouconne, Colomiers. — T. Larramet. — Juillet, août.

PASTINACA.
— pratensis. JORD. — P. sylvestris *vel* opaca. AUCT. PLER. FL. S.-P. 1, 6. — Lieux incultes, pâturages, bords des rivières, des ruisseaux, saus-

saies. C. — T. Bords du Touch, de l'Hers, de la Garonne. — Juillet, septembre.

HERACLEUM.
— pratense. JORD. — H. Sphondyllium. AUCT. PLER. *ex parte.* FL. S.-P. 1. α. — Prés, pâturages et saussaies le long de l'Ariége et de la Garonne. C. — T. Iles du Moulin du Château, celle de l'ancienne poudrerie, ramiers de Braqueville, de Blagnac. — Juin, août.

> *Obs.* La forme du fruit de notre plante est un peu plus spatulée que dans les exemplaires types de Lyon.

TORDYLIUM.
— maximum. L. — FL. S.-P. 1. — Bois, broussailles, haies, surtout dans les lieux cailouteux. C. C. — T. Saint-Simon, Lardenne, Larramet, Saint-Martin-du-Touch. — Juillet, août.

DAUCUS.
— Carotta. L. — FL. S.-P. 1. — Prés, pâturages, prairies artificielles qu'il infeste, cultures. C. C. — T. Embouchure. — Juin, octobre.

ORLAYA.
— grandiflora. HOFFM. — Caucalis. L. FL. S.-P. 6. — Moissons, cultures dans les sols argilo-calcaires. C. C. — T. Pech-David, Balma, Calvinet. — Juin, août.
— platycarpos. KOCH. — Caucalis. L. FL. S.-P. 6, 6. Moissons, cultures. C. — T. Pech-David, Balma, Lapujade, plaine de la Garonne. — Juin, août.

CAUCALIS.
— Daucoides. L. — FL. S.-P. 4. — Moissons, cultu-

res. C. C. — T. Calvinet, Pech-David. — Mai, juillet.

Turgenia.
— latifolia. Hoffm. — Caucalis. L. Fl. s.-p. 3. — Moissons, cultures dans les sols argilo-calcaires. C. C. — T. Pech-David, Calvinet. — Juin, août.

Torilis.
— Anthriscus. Gmel. — Caucalis. Fl. s.-p. 2. — Bords des bois, des ruisseaux, buissons, haies. C. C. — T. Pouvourville, Balma, bords du Touch. — Juin, août.
— Helvetica. Gmel. — Caucalis. Fl. s.-p. 2, 6. — Moissons, chaumes, cultures, surtout dans les sols argilo-calcaires. C. C. — T. Pech-David, Calvinet. — Juillet, septembre.
— nodosa. Gærtn. — Caucalis. Fl. s.-p. 1. — Lieux secs et incultes, tertres, bords des champs, haies. C. C. — T. Perpan, Pech-David, Guilhemery. — Juin, juillet.

Scandix.
— Pecten Veneris. L. — Fl. s.-p. 1. — Moissons, cultures. C. C. — T. Embouchure, Calvinet, Pech-David. — Mai, septembre.

Anthriscus.
— vulgaris. Pers. — Fl. s.-p. 1. — Lieux incultes, décombres, haies. C. — T. Embouchure, Blagnac, Saint-Martin-du-Touch. — Avril, juin.
— sylvestris. Hoffm. — Chœrophyllum. L. — Fl. s.-p. 2. — Lieux couverts, prairies, bois, haies. C.

— T. Pechbusque, Ramonville, Aufréri, bords du Touch. — Mai, juin.

>*Obs.* On cultive dans les potagers, sous le nom de *Cerfeuil*, l'*Anthricus Cerefolium.* Hoffm.; cette plante se répand parfois au-dehors.

Chærophyllum.
— tcmulum. L. — Fl. s.-p. 1. — Bois, haies, buissons. C. — T. Vallons de Pouvourville, de Saint-Agne, de Balma. — Juin, juillet.

Conium.
— maculatum L. — Fl. s.-p. 1. — Lieux frais et gras, bords des champs, décombres, cimetières, C. C. — T. Autour de la ville. — Juin, août.

>*Obs.* C'est la *Grande Ciguë*, plante vénéneuse et officinale.

Smyrnium.
— Olusatrum. L. — Fl. s.-p. 1. — Lieux frais. R. — T. Fossé où se déversent les égouts, près le Canal de Brienne; Port-Garaud, le long des murs en allant au Calvaire. C. — Mai, juin.

Bifora.
— testiculata. Spreng. — Coriandrum. L. — Moissons dans les sols argilo-calcaires, sommet des collines. R. Clermont, à Marconat. — T. Pech-David. — Juin.

ARALIACÉES.

Hedera.
— Helix. L. — Fl. s.-p. 1. — Vieux murs, rochers, arbres, C. C. — T. Autour de la ville. — Octobre.

CORNÉES.

CORNUS.
— sanguinea. L. — Fl. s.-p. 1. — Bois, buissons, haies, friches des côteaux. C. C. — T. Pech-David, Balma, bords du Touch. — Mai, juin.

LORANTHACÉES.

VISCUM.
— album. L. — Fl. s.-p. 1. — Parasite sur différents arbres : Pommiers et Poiriers. C., Aubépine. R., Cormier, C. C, Erable. R., Chêne., R., à Bouconne ; Peuplier de la Caroline. R. — Mars, avril.

CAPRIFOLIACÉES.

SAMBUCUS.
— Ebulus. L. — Fl. s.-p. 1. — Champs, bords des chemins, surtout dans les sols argileux. C. C. — T. Sous Pech-David, Terre-Cabade, Calvinet. — Juin, août.
— nigra. L. — Fl. s.-p. 2. — Bois frais, haies, bords des ruisseaux. C. — T. Le long du Touch, sous Blagnac. — Juin, juillet.

VIBURNUM.
— Lantana. L. — Fl. s.-p. 1. — Bois, buissons, haies. C. C. — T. Pech-David, Balma, bords du Touch. — Avril, mai.
— Opulus. L. — Fl. s.-p. 2. — Bois humides, bords des eaux. R. Bouconne, le long du Riü-Tort. C. — T. Larramet, le long du ruisseau. — Mai, juin.

Obs. La variété à fleurs toutes stériles, disposées en corymbes globuleux, constitue la *Boule de neige* des jardins.

Lonicera.
— Etrusca. Santi. — Fl. s.-p. 2. — Bois, buissons, haies. C. C. — T. Pech-David, Pechbusque, Balma. — Mai, juillet.
— Periclymenum. L. — Fl. s.-p. 3. — Bois, buissons, haies. C. C. — T. Pech-David, Larramet. — Juin, septembre.

> Obs. Le *Chèvrefeuille des jardins*, *Lonicera caprifolium*. L., — Fl. s.-p. 1, — est fréquemment cultivé; on le rencontre rarement planté dans les haies.

— Xilosteum. L. — Fl. s.-p. 4. — Bois, buissons, haies. C. C. — T. Larramet, bords du Touch, au-dessus et au-dessous de Saint-Martin, Pech-David. — Mai, juin.

RUBIACÉES.

Rubia.
— peregrina. L. — Fl. s.-p. 1. — Lisières des bois secs, buissons, haies. C. — T. Calvinet, Pech-David, bords du Touch. — Mai, août.
— tinctorum. L. — Fl. s.-p. add. 2. — Çà et là, non loin des villages, le long des haies, des murs. R. — T. Au quartier Bayard. — Juin, juillet.

Galium.
— Cruciata. Scop. — Fl. s.-p. 1. — Lieux couverts, prés, bois, buissons. C. C. — T. Saint-Agne, le long du Touch. — Avril, juin.
— verum. L. — Fl. s.-p. 5. — Prés, bois, pelouses sèches. C. C. — T. Plaine de la Garonne, hauteur du Calvinet. — Juin, juillet.
— vero-mollugo. Wallr. — G. decolorans. Gren. et

Godr. — Pelouses sèches. R. R. — T. Lardenne, le long du chemin de Larramet. — Juin, juillet.
— papillosum. Lapeyr. — Rives de l'Ariége, çà et là. R. R. Le Vernet, au Ramier. — Juin.

>   *Obs.* Les semences de cette plante pyrénéenne sont apportées par les grandes eaux de l'Ariége.

— commutatum. Jord. — Fl. s.-p. 9. — Bois secs, C. C. Bouconne, Colomiers, Tournefeuille. — T. Larramet. — Juin, juillet.
— elatum. Thuil. — G. Mollugo. Auct. Pler. — Fl. s.-p. 6. — Bois, buissons, haies, chemins, graviers le long des rivières. C. C. — T. Sous Pech-David, Embouchure, Balma, bords de la Garonne. — Juillet, août.
— erectum. Huds. — Bois, buissons, haies, bords des fossés. C. Vallée de l'Hers. — T. Entre Lalande et Launaguet, autour de Larramet. — Mai, juin.
— palustre. L. — Fl. s.-p. 7. — Lieux fangeux, fossés, marais. C. C. — T. Banquettes submergées du Canal du Midi, fossés au Port-Garaud, prairies humides de l'Hers. — Mai, août.
— constrictum. Chaub. — Fl. s.-p. 7, γ. — Lieux fangeux, fossés, mares. R. — T. Fossés aquatiques à Croix-Daurade, autour de Larramet. — Mai, août.
— uliginosum. L. — Fl. s.-p. 8. — Lieux fangeux, prés, fossés, ravins dans les bois. C. Bouconne. — T. Prairies humides de l'Hers, de Bourrassol. — Mai, août.
— ruricolum. Jord. — G. Anglicum. Auct. Pler *ex parte*. — Fl. s.-p. 10, 6. — Lieux secs, champs,

vignes, bois. Plaine de l'Ariége et de la Garonne, collines. C. C. — T. Pech-David, Balma, Lalande, Lardenne, Larramet. — Juillet, septembre.
— Aparine. — L. — Fl. s.-p. 3. — Haies, buissons, cultures. C. C. — T. Autour de la ville. — Juin, septembre.
— tricorne. With. — Fl. s.-p. 4. — Cultures, moissons, jardins. C. — T. Pech-David, Calvinet. — Juin, septembre.
— glaucum. L. — Fl. s.-p. 11. — Asperula galioides. Bieb. — Côteaux, lieux secs, haies. C. — T. Pech-David. — Juin, juillet.

Asperula.
— odorata. L. — Fl. s.-p. 1. — Bois couverts. R. R. — T. Saint-Agne, lisière d'un petit bois au vallon de Niquet. — Mai, juin.
— arvensis. L. — Fl. s.-p. 2. — Moissons, cultures dans les sols argilo-calcaires. C. C. — T. Calvinet, Pech-David. — Mai, juillet.
— Cynanchica. L. — Fl. s.-p. 3. — Pelouses sèches, côteaux, graviers. C. C. — T. Pech-David, bords de la Garonne. — Juin, septembre.

Sherardia.
— arvensis. L. — Fl. s.-p. 1. — Moissons, cultures. C. C. — T. Calvinet, Pech-David, Embouchure. — Mai, octobre.

Crucianella.
— angustifolia. L. — Fl. s.-p. — Lieux secs, pelouses. R. — T. Pech-David, Larramet, à la lisière du bois du côté de Lardenne. C. — Juin, juillet.

VALÉRIANÉES.

VALERIANA.
— officinalis. L. — Fl. s.-p. 1. — Bois, buissons, ruisseaux dans les lieux humides. C. — T. Vallons de Pouvourville, de Pechbusque, de Balma, bords du Touch. — Juin, août.

CENTRANTHUS.
— ruber. D. C. — Valeriana rubra. L. — Cultivé dans les jardins, subspontané, sur les murs. — T. Çà et là. — Juin, septembre.
— calcitrapa. — Dufr. — Lieux arides. Murs. R. R. Revel. — T. Mur le long de la rue Montoulieu-Saint-Jacques. — Mai, juin.

VALERIANELLA.
— olitoria. Poll. — Fl. s.-p. 1. — Lieux cultivés, champs, vignes, jardins. C. C. — T. Patte-d'Oie, Lalande. — Avril, juin.
— carinata. Lois. — Fl. s.-p. add. 1 bis. — Mêmes lieux. C. C. — Avril, juin.
— auricula. D. C. — Fl. s.-p. add. 2 bis. — Moisson, cultures; dans les sols sablonneux. C. C. — T. Plaine de la Garonne, Braqueville, l'Embouchure, Lalande. — Mai, juillet.
— pumila. D. C. — Fl. s.-p. 2. — Mêmes lieux. C. C. — Mai, juin.
— Morissonii. D. C. — V. dentata. Soyer-Will. — Fl. s.-p. add. 3. — Moissons, cultures. C. C. — T. Pech-David, plaine de la Garonne. — Juillet, août.
— eriocarpa. Desv. — Fl. s.-p. add. 3 bis. — Moissons, cultures dans les sols graveleux ou sa-

bleux. C. C. — T. Patte-d'Oie, Lalande. — Avril, juin.

— hamata. Bast. — V. Coronata. D. C. Fl. Fr. non Prodr. — Fl. s.-p. add. 4. — Moissons, cultures dans tous les sols. C. — T. Pech-David, Calvinet, Embouchure. — Juin, août.

— discoidea. Lois. — Fl. s.-p. add. 5. — Moissons. R. R. Clermont. — T. Pech-David, Pouvourville. — Mai, juin.

    Obs. Les semences de cette plante, fort rare ici, sont sans doute mêlées aux blés du Bas-Languedoc ou du Roussillon que l'on y cultive. Il y a eu transposition de localités dans mes *Additions à la Flore du bassin sous-pyrénéen*, pour ce qui concerne ces deux dernières espèces.

DIPSACÉES.

Dipsacus.

— sylvestris. Mill. — Fl. s.-p. 1. — Lieux secs et incultes, bords des champs, des chemins. C. C. — T. Sous Pech-David, vallée de l'Hers. — Juillet, septembre.

— laciniatus. L. — Fl. s.-p. 2. — Mêmes lieux, mais moins commun. Vallées de la Hyse, d'Aureville, du Girou, de l'Hers. — T. Croix-Daurade, Saint-Geniés. — Juillet, août.

— pilosus. L. — Saussaies de l'Ariége. R. R. Venerque, Le Vernet, Clermont. — Juin, septembre.

    Obs. Cette plante est commune le long de l'Ariége dans les Pyrénées.

    On cultive, sous le nom de *Chardon à bonnetier*, le *D. fullonum.* Mill.

Knautia.

— arvensis. Coult. — Scabiosa. Fl. s.-p. 1, α. —

Champs cultivés, moissons, cultures. C. C. — T. Pech-David, Calvinet, Balma. — Juin, septembre.

Obs. Il faut rapporter à cette espèce, comme simple variation, le *Knautia Jordaniana*. TIMBAL, cité dans notre première édition.

— dipsacifolia. HOST. — Scabiosa sylvatica. L. — FL. S.-P. 1, γ. — Lieux couverts, saussaies le long des grandes rivières. R. Auterive, Venerque, aux bords de l'Ariége. — T. Rives de la Garonne; Braqueville, moulin de Bourrassol, ramier de Beauzelle. — Juin, septembre.

SCABIOSA.

— succisa. L. — FL. S.-P. 2. — Lieux herbeux et frais, bois, prés, pâturages. C. C. — T. Prairies du Port-Garaud, bords du Canal du Midi. — Août, octobre.

— pubescens. JORD. — S. Columbaria. AUCT. GALL. *ex parte*. — FL. S.-P. 3. — Pelouses sèches, bois, côteaux, graviers. C. — T. Larramet, Lardenne, Pech-David, graviers de la Garonne. — Juin, octobre.

Obs. Dans notre plante, la tige est souvent moins pubescente que dans les exemplaires des Pyrénées qui ont servi de type à M. Jordan.

— pratensis. JORD. — Prairies. C. Bords de l'Aussonelle; sous Bouconne. — T. Miral, Renéri. — Mai, juin.

— calyptocarpa. ST-AM. — S. maritima. AUCT. PLER. — FL. S.-P. 4. — Lieux secs, bords des champs, des chemins. C. C. — T. Autour de la ville. — Juin, octobre.

SYNANTHÉRÉES.

1. Corymbifères.

EUPATORIUM.
— Cannabinum. L. — FL. S.-P. 1. — Lieux humides, bords des eaux, bois. C. C. — T. Rives de la Garonne, du Touch. — Juillet, septembre.

NARDOSMIA.
— fragrans. REICH. — Cultivé dans les jardins sous le nom d'*Héliotrope d'hiver*. Subspontané çà et là. — T. Au pied du troisième côteau de Pech-David. Croix-Daurade, au bord du chemin, près Raynal. — Décembre, mars.

TUSSILAGO.
— Farfara. L. — FL. S.-P. 1. — Lieux frais et découverts. C. C. — T. Champs et vignes sous Pech-David, rives de l'Hers, du Touch. — Février, avril.

ERIGERON.
— Canadensis. L. — FL. S.-P. 2. — Lieux cultivés et incultes, surtout dans les sols sablonneux ou graveleux, murs. C. C. — T. Autour de la ville. — Juillet, octobre.
— acris. L. — FL. S.-P. 3. — Lieux secs, pelouses, friches, graviers. C. C. — T. Pech-David, rives de la Garonne. — Juin, octobre.

CONYSA.
— ambigua. D. C. — Erigeron. FL. S.-P. 1. — Lieux incultes, décombres, murs. R. — T. Autour de la ville. C. C. — Juillet, octobre.

Bellis.
— perennis. L. — Fl. s.-p. 1. — Prés, pelouses, champs. C. C. C. — Mars, octobre.

Solidago.
— Virga aurea. L. — Fl. s.-p. 1. — Bois, saussaies. R. Bouconne, bois à Colomiers. — Juillet, octobre.

Linosyris.
— vulgaris. Cass. — Chrysocoma Linosyris. L. — Fl. s.-p. 1. — Friches arides des collines, bords des bois. C. — T. Pech-David, Aufréri. — Septembre, octobre.

Pallenis.
— spinosa. Cass. — Buphthalmum spinosum. L. — Fl. s.-p. 4. — Lieux secs, friches, pelouses. C. C. — T. Terre-Cabade, Calvinet, berge droite du Canal de Brienne. — Juin, août.

Inula.
— Helenium. L. — Lieux frais et couverts. R. Saussaies de l'Ariége, au Vernet, le long du Canal de fuite du Moulin. — Juillet, août.
— Conysa. D. C. — Conysa squarrosa. L. — Fl. s.-p. 1. — Lieux secs, friches, bois, chemins. C. C. — T. Pech-David, Balma, le long du Touch, Larramet. — Juillet, octobre.
— salicina. L. — Fl. s.-p. 1. — Bois secs. R. Montesquieu-sur-le-Canal, Bouconne, Colomiers, Tournefeuille. — T. Larramet. — Juin, septembre.
— graveolens. Desf. — Erigeron graveolens. L. — Fl. s.-p. 4. — Champs, dans les lieux humides

et découverts. C. — T. Plaine de la Garonne, rives de l'Hers. — Août, octobre.
— Pulicaria. — Fl. s.-p. 3. — Lieux ou l'eau a séjourné en hiver, fossés desséchés. C. C. — T. Plaine de la Garonne. — Juillet, septembre.
— dysenterica. L. — Fl. s.-p. 2. — Bords des eaux, lieux humides. C. C. C. — T. Canal du Midi, Port-Garaud, rives de la Garonne. — Juillet, octobre.

Helianthus.
— tuberosus. L. — Originaire de l'Amérique méridionale, cultivé sous le nom de *Topinambour*. Subspontané, çà et là. Rives de l'Ariége; Venerque, à Loupsaut. — Septembre, octobre.
— annuus. L. — Cultivé sous le nom de *Soleil*. Subspontané, çà et là, dans les cultures. — Juillet, septembre.

Bidens.
— tripartita. L. — Fl. s.-p. 1. — Bords des eaux, lieux humides. C. C. — T. Le long de la Garonne, Port-Garaud. — Juillet, septembre.
— cernua. L. — Fl. s.-p. 2. — Bords des eaux, lieux marécageux. C. C. — T. Sables humides des bords de la Garonne, Braqueville, Blagnac. — Août, septembre.

Anthemis.
— altissima. L. — Fl. s.-p. 1. — Lieux cultivés, moissons. C. C. — T. Pech-David, Calvinet, plaine de l'Hers. — Mai, août.
— mixta. L. — Fl. s.-p. 2. — Terrains sablonneux ou caillouteux, champs, vignes. C. C. — T.

Plaine de la Garonne, Lalande, Lardenne, Saint-Simon. — Juin, septembre.

— nobilis. L. — Fl. s.-p. 3. — Pelouses sèches, clairières des bois. R. Plaines de l'Ariége et de la Garonne. C. Bouconne, Colomiers. — T. Saint-Simon, Lardenne, Larramet. — Juin, septembre.

— Cotula. L. — Fl. s.-p. 4. — Champs cultivés, moissons, bords des chemins. C. C. C. — T. Autour de la ville. — Juin, septembre.

— arvensis. L. — Fl. s.-p. 5. — Champs cultivés dans les lieux sablonneux. C. — T. Rives de la Garonne, prairie des filtres, Embouchure. — Juin, septembre.

Achillea.
— Millefolium. L. — Fl. s.-p. 1. — Lieux incultes, prés, bois, bords des chemins. C. C. — T. Autour de la ville. — Juin, septembre.

— Ptarmica. L. — Fl. s.-p. 2. — Lieux humides, bois, fossés le long des routes. R. Plaine de la Garonne. C. Bouconne, Pujaudran, Léguevin, Brax, Colomiers. — T. Larramet. — Juillet, septembre.

Leucanthemum.
— vulgare. Lam. — Chrysanthemum Leucanthemum. L. — Fl. s.-p. 2. — Prés, lieux herbeux, bois. C. C. — T. Bords du Canal, Port-Garaud. — Mai, septembre.

— montanum. D. C. — Chrysanthemum montanum. L. — Fl. s.-p. 3. — Lieux herbeux, friches, graviers, le long de l'Ariége et de la Garonne.

C. — T. Braqueville, Blagnac, Beauzelle. — Juillet, août.
— maximum. D. C. — Mêmes lieux. R. Venerque, au Ramier, Lacroix-Falgarde. — Juillet, août.

> Obs. Les deux dernières espèces ne quittent pas les rives de l'Ariége et de la Garonne; les semences descendent des montagnes de Foix, où ces plantes abondent.

MATRICARIA.
— Chamomilla. L. — Fl. s.-p. 1. — Terres sablonneuses, moissons. C. C. — T. Champs le long de la Garonne. — Mai, juillet.
— inodora. L. — Chrysanthemum inodorum. L. Fl. s.-p. 5. — Lieux cultivés et incultes, alentour des habitations, sables des rivières. C. C. — T. Saint-Martin-du-Touch, Blagnac, Embouchure. — Juin, octobre.

PYRETHRUM.
— corymbosum. Willd. — Chrysanthemum corymbosum L. — Fl. s.-p. 4. — Bois secs des collines, côteaux. C. — T. Pech-David, Balma. — Juin, juillet.
— Parthenium. Smith. — Matricaria Parthenium. L. — Cultivée dans les jardins sous le nom de *Matricaire*. Subspontané, çà et là, et sur les murs. — T. Balma, Calvinet, Guilheméry, Lalande, rue des Récollets. — Juin, août.

CHRYSANTHEMUM.
— segetum. L. — Fl. s.-p. 1. — T. A. Guilheméry, vis-à-vis les greniers du faubourg Saint-Etienne, où il se maintient. — Juin, octobre.

Obs. Le *Chrysanthemum coronarium*. L., communément cultivé dans les jardins sous le nom de *Marguerite dorée*, se rencontre subspontané, çà et là, autour de Toulouse.

ARTEMISIA.

— Absinthium. L. — Fl. s.-p. 1. — Lieux secs et incultes, surtout aux alentours des villages C. Haut Lauraguais jusqu'à Montgiscard. Caraman, Verfeil. Rives de la Hyse à Venerque. Rives de la Garonne à Toulouse, au ramier de Braqueville. — Juillet, août.

Obs. Cette plante est cultivée sous le nom de *Grande Absinthe.*

— campestris. L. — Fl. s.-p. 2. — Côteaux, alluvions, graviers des rivières. C. C. — T. Pech-David, bords de la Garonne. — Août, octobre.

— vulgaris. L. — Fl. s.-p. 3. — Lieux incultes, haies, chemins. C. C. — T. Autour de la ville. — Juillet, octobre.

TANACETUM.

— vulgare. L. — Lieux incultes, tertres, bords des chemins, près des habitations rurales. R. Subspontané, çà et là. Cultivé sous le nom de *Tanaisie.* — Juillet, août.

HELICHRYSUM.

— Stœchas. L. — Gnaphalium Stœchas. L. — Fl. s.-p. et add. 1. — Friches arides des côteaux, graviers le long des rivières. C. — T. Pech-David, rives de la Garonne, à Braqueville, à Blagnac. — Juin, septembre.

Obs. On cultive sous le nom d'*Eternelle*, d'*Eternelle Jaune*, l'*Helichrysum orientale*. D. C.

Gnaphalium.
— luteo-album. L. — Fl. s.-p. 1. — Lieux sableux, humides, submergés en hiver. C. C. — T. Rives de la Garonne. — Juillet, septembre.
— uliginosum. L. — Fl. s.-p. 2. — Lieux humides, submergés en hiver, bords des eaux. C. — T. Plaine de la Garonne, les sables de ses rives. — Juin, octobre.

Filago.
— canescens. Jord. — F. germanica. Auct. ex parte. — Gnaphalium. Fl. s.-p. 3. — Lieux secs, principalement dans les sols sablonneux ou caillouteux. C. C. — T. Moissons et chaumes de la plaine. — Juillet, août.
— spathulata. Presl. — Moissons, surtout dans les sols argilo-calcaires. C. — T. Pech-David, Calvinet. — Juillet, août.
— minima. Fries. — F. montana. Auct. Pler. — Fl. s.-p. 5. — Moissons et chaumes, dans les sols sablonneux ou caillouteux. C. — T. Saint-Simon, Lardenne, autour de Larramet. — Juin, septembre.
— Gallica. L. — Gnaphalium Gallicum. Lam. — Fl. s.-p. 4. — Moissons dans les sols sablonneux ou argilo-siliceux, pelouses. C. C. — T. Plaine de la Garonne. — Juillet, septembre.

Senecio.
— vulgaris. L. — Fl. s.-p. 1. — Lieux cultivés ou incultes. C. C. C. — En toutes saisons.
— sylvaticus. L. — Bois et champs sablonneux. C. Forêt de Buzet, rives du Tarn, Buzet, Bessières. — Juin, septembre.

— Jacobæa. L. — Fl. s.-p. 3. — Lieux secs, prés, bois, bords des chemins. C. C. — T. Bords du Touch, rives de la Garonne. — Juin, août.

— nemorosus. Jord. — Bois. C. Forêt de Buzet. Bouconne. — T. A Larramet. — Juillet, août.

— crucifolius L. — Fl. s.-p. 4. — Bois, haies humides. C. C. — T. Rives de la Garonne, sous Pech-David, Braqueville, Blagnac. — Juillet, septembre.

— aquaticus. Huds. — Fl. s.-p. 5. *ex parte*. — Prés et bois humides. R. R. — T. Bords du Touch entre Saint-Martin et Blagnac. Ramier de Braqueville. R. — Juin, août.

— erraticus. Bertol. — Fl. s.-p. 5. *ex parte*. — Bords des eaux, fossés, bois humides, le long des ruisseaux. C. — T. Vallons de Pouvourville, de Pechbusque, de Balma ; rives du Touch, au-dessus et au-dessous de Saint-Martin. C. — Juillet, août.

CALENDULA.

— arvensis. L. — Fl. s.-p. 1. — Lieux cultivés et incultes, champs, vignes, friches. C. C. — T. Pech-David, berge droite du Canal de Brienne, Lalande, Lardenne, Saint-Simon. — Avril, octobre.

Obs. On cultive dans les jardins, sous le nom de *Souci*, le *Calendula officinalis*. L.

2. Cynarocéphales.

ECHINOPS.

— Ritro. L. — Fl. s.-p. 1. — Lieux arides, bords des chemins. Vallée du Tarn. C. Buzet, Bessières. — Juillet, août.

Xeranthemum.
— cylindraceum. Smith. — Fl. s.-p. 1. — Lieux secs, champs, friches. C. C. — Toulouse, Pech-David, Calvinet, Embouchure. — Juin, août.

Carlina.
— vulgaris. L. — Fl. s.-p. 1. — Lieux secs, friches des côteaux et de la plaine, bords des chemins. C. C. — T. Pech-David, Calvinet, Lardenne. — Juillet, septembre.
— corymbosa. L. — Fl. s.-p. 2. — Lieux secs, friches, pelouses, bords des chemins. C. — T. Pech-David, Saint-Agne, Ramonville. — Juillet, septembre.

Centaurea.
— Jacea. L. — Fl. s.-p. 1. — Prés, champs des collines. C. — T. Pech-David, prairies de l'Hers, du Touch. — Mai, septembre.
— amara. L. — Lieux secs, friches des collines, côteaux. C. — T. Pech-David. — Août, septembre.
— pratensis. Thuil. — C. nigrescens. Auct. Pler. — Fl. s.-p. 2. — Prés, bois. C. C. — T. Prairies du Béarnais, du Touch, de l'Hers. — Mai, août.
— serotina. Boreau. — Friches, tertres des collines. C. Graviers. C. C. — T. Pech-David, Balma, rives de la Garonne. — Août, octobre.
— Debeauxii. Godr. et Gren. — Fl. s.-p. 3, 6. — Bois des collines, surtout dans les pentes ombragées. Le Lauragais. C. C. Bouconne. — T. Pechbusque, Aufréri, Saint-Geniés. — Août, septembre.

— Nigra. L. — Les prés, en s'approchant des Pyrénées. C.; très-rare autour de Toulouse : Prairie ombragée de Borde-Haute, à Espanès. C. — Juillet, septembre.

— Cyanus. L. — Fl. s.-p. 7. — Cultures, moissons, surtout dans les terrains sablonneux ou caillouteux. C. C. — T. Autour de la ville. — Mai, juillet.

— Scabiosa. L. — Fl. s.-p. 5. — Cultures et moissons des terrains argilo-calcaires. C. — T. Pech-David, Balma. — Juin, septembre.

— paniculata. L. — Fl. s.-p. 6. — Graviers de la Garonne. R. — T. Entre Portet et Braqueville. C.; rive opposée de la Garonne sous Pech-David. — Juillet, septembre.

— aspera. L. — Fl. s.-p. 8. — Lieux secs, cailloux ou pierreux. Vallée du Tarn. C. A Buzet et au-dessous. Vallée de la Garonne. R. R. Portet. Toulouse, çà et là; à Gounon, près du Polygone. — Juin, septembre.

Obs. Sur les rives du Tarn, on trouve fréquemment, mêlée au type, la forme que M. de Martrin-Donos a décrite sous le nom de *Centaurea prætermissa*.

— solstitialis. L. — Fl. s.-p. 9. — Cultures, moissons, sables et graviers le long des rivières. C. C. — T. Pech-David, Calvinet, Embouchure. — Juillet, septembre.

— Calcitrapa. L. — Fl. s.-p. 10. — Lieux stériles, pelouses, bords des chemins. C. C. — T. Autour de la ville. — Juillet, septembre.

Obs. Le *Centaurea myacantha*. D. C. dont une seule touffe avait été trouvée à l'Embou-

chure, près de Toulouse, ne s'y est pas perpétué.

Kentrophyllum.
— luteum. Cass. — Fl. s.-p. 1. — K. lanatum. Duby. — Lieux secs et incultes. C. C. — T. Bords des chemins, sous Pech-David, plaine de la Garonne. — Juillet, octobre.

Silybum.
— Marianum. Gœrtn. — Carduus Marianus. — L. Fl. s.-p. 1. — Lieux incultes, fossés, chemins. C. C. — T. Autour de la ville. — Juin, août.

Galactites.
— tomentosa. Mœnch. — Fl. s.-p. 1. — Lieux incultes, tertres, chemins. C. C. — T. Sous Pech-David, autour de la ville. — Juillet, septembre.

Onopordum.
— Acanthium. L. — Fl. s.-p. 1. — Lieux incultes, chemins. C. C. — T. Autour de la ville. — Juillet, octobre.

Cynara.
— Cardunculus L. — Fl. s.-p. 1. — Friches escarpées à l'exposition du Midi. R. Côteaux du Pech à Venerque; ceux de Clermont. Verfeil, à la côte du Colombier. — T. Balma, sur les hauteurs. — Juillet, août.

Carduus.
— tenuiflorus. L. — Fl. s.-p. 5. — Lieux incultes, bords des chemins, décombres. C. C. — T. Autour de la ville. — Juin, juillet.
— acanthoides. L. — Fl. s.-p. 3. — Lieux incultes, bords des chemins. Vallée de la Lèze, jus-

qu'à Labarthe. C. Collines au-delà de Bouconne. C. C. — T. Rives de la Garonne, çà et là. — Juillet, août.

— cirsioides. Vill. — Fl. s.-p. 4. — T. Rives de la Garonne. R. R. Au-dessus de Braqueville. — Juillet.

— nutans. L. — Fl. s.-p. 2. — Bords des champs, chemins, graviers. C. C. — T. Plaine de la Garonne. — Juin, octobre.

Obs. Le *C. pycnocephalus*. Jacq., trouvé à Portet, non loin de la rive droite de la Garonne, ne s'y est pas maintenu.

Cirsium.

— palustre. Scop. — Fl. s.-p. 1. — Lieux aquatiques, bois, prés, sources, ruisseaux. C. C. — T. Prairies du Port-Garaud, de Bourrassol, bords du Touch. — Juin, septembre.

— lanceolatum. Scop. — Fl. s.-p. 2. — Lieux incultes, bords des chemins. C. C. — T. Autour de la ville. — Juin, octobre.

— eriophorum. Scop. — Fl. s.-p. 4. — Lieux incultes, bords des chemins, des ruisseaux. C. — T. Bords de la Garonne, sous Pech-David, vallons de Saint-Agne, de Pouvourville, rives de l'Hers. — Juillet, septembre.

— acaule. All. — Fl. s.-p. 6. — Pelouses, bois secs et découverts. Le Lauragais, C. Grépiac, Venerque, Saint-Félix, Caraman. — T. Balma, Saint-Geniès. — Juillet, septembre.

— bulbosum. D. C. — C. tuberosum. All. — Fl. s.-p. 5. — Prés et bois humides. C. Prairie communale de Portet. — T. Prairies de l'Hers. — Juillet, août.

— arvense. Lam. — Fl. s.-p. 3. — Cultures, moissons, lieux incultes. C. C. — T. Autour de la ville. — Juin, septembre.
— Monspessulanum. All. — Bords des eaux. R. Le long de la Garonne, près de Toulouse, Portet, dans le parc de Clairfont, Braqueville, Blagnac, Bauzelle. — Juillet, août.

Obs. Les graines descendent des Pyrénées.

Lappa.
— minor. D. C. — Arctium Lappa, α. L. Fl. s.-p. 1, α. — Lieux incultes, bords des chemins. C. C. — T. Autour de la ville. — Juin, septembre.
— major. Gærtn. — Arctium Lappa. Willd. — Fl. s.-p. 1, 6. — Lieux incultes, bords des chemins. R. Vallée de la Garonne depuis Cazères jusqu'à Muret. Rives de l'Ariége, çà et là. — Juillet, septembre.

Serratula.
— tinctoria. L. — Fl. s.-p. 1. — Bois, bruyères. C. C. — T. Larramet, le long du Touch, Balma. — Juillet, octobre.

3. Chicoracées.

Scolymus.
— Hispanicus. L. — Fl. s.-p. 1. — Lieux secs et incultes, bord des champs, des chemins. C. — T. Plaine de la Garonne, près des abattoirs, Blagnac. — Juillet, août.

Lampsana.
— communis. L. — Fl. s.-p. 1. — Lieux cultivés, haies, décombres. C. — T. Autour de la ville. — Juin, septembre.

Rhagadiolus.
— stellatus. Gærtn. — Fl. s.-p. 1. — Champs des collines, cultures, moissons. C. — T. Pech-David, Calvinet. — Juin, juillet.

Arnoseris.
— pusilla. Gærtn. — Fl. s.-p. 1. — Champs sablonneux et argilo-siliceux. C. — T. Plaine de la Garonne, Braqueville, Lardenne, Embouchure, Lalande. — Mai, août.

Catananche.
— cærulea. L. — Fl. s.-p. 1. — Friches des collines, escarpements des côteaux exposés au Midi. Le Lauragais, Avignonnet, Saint-Félix, Caraman, Auriac. C. — T. Vieille-Toulouse, Pechbusque. R. R. — Juin, septembre.

Cichorium.
— Intybus. L. — Fl. s.-p. 1. — Lieux incultes, pelouses, bords des chemins. C. C. — T. Autour de la ville, le long de la Garonne. — Juillet, septembre.

    Obs. La *Chicorée frisée* et l'*Escarole*, cultivées dans les jardins, reviennent au *Cichorium Endivia. L.*, originaire de l'Inde.

Hyoseris.
— scabra. L. — Fl. s.-p. 1. — Environs de Toulouse. R. R. Aux environs du Béarnais, en 1826, où elle n'a pas été retrouvée. — Juin.

Hedypnois.
— Cretica. Willd. — H. polymorpha. D. C. *ex parte*. — Hyoseris. L. Fl. s.-p. 2. — Lieux secs et stériles, friches sèches. R. — T. Berge droite du

Canal de Brienne, celle du Canal du Midi, du Béarnais, aux ponts de l'Embouchure. C. — Mai, juin.

Obs. Notre plante se rapporte à la forme à pédoncules renflés et fistuleux sous la calathide et à folioles de l'involucre muriquées au sommet seulement.

THRINCIA.
— hirta. ROTH. — FL. S.-P. 1. — Lieux incultes, bords des chemins et des cours d'eau. C. C. — T. Autour de la ville, rives de la Garonne, Embouchure. — Juin, octobre.

LEONTODON.
— Autumnalis. L. — FL. S.-P. 1. — Lieux incultes, pâturages, chaumes après la moisson. C. — T. Pech-David, Calvinet, Guilheméry, Balma. — Juillet, septembre.
— hispidus. L. — FL. S.-P. 2. — Prairies, pâturages, bois, friches. C. C. — T. Bords du Canal du Midi, de l'Hers, du Touch, rives de la Garonne, Pech-David. — Juin, septembre.

PICRIS.
— Hieracioides. L. — FL. S.-P. 1. — Bords des champs, des chemins, lieux cailloutoux. C. C. — T. Pech-David, Calvinet, rives de la Garonne. — Juillet, septembre.

HELMINTHIA.
— Echioides. GÆRTN. — FL. S.-P. 1. — Lieux frais, bords des champs, des chemins, fossés. C. C. — T. Fossés du Port-Garaud, de Bourrassol, Canal du Midi. — Juillet, septembre.

UROSPERMUM.
— Dalechampii. DESF. — Prés, pâturages, friches, champs, vignes. C. C. — T. Berges des Canaux du Midi et de Brienne, Calvinet, Pech-David. — Juin, juillet.

TRAGOPOGON.
— major. JACQ. — FL. S.-P. 1. — Prés, champs, vignes, escarpement des côteaux. C. — T. Pech-David. — Juin, août.
— pratensis. L. — FL. S.-P. 1, 6. — Prés, champs, vignes, pâturages. C. — T. Prairies de l'Hers et du Touch, Pech-David, rives de la Garonne. — Mai, septembre.
— orientalis. L. — Prés, pâturages, lieux herbeux le long des ruisseaux. C. Venerque, au fond des vallons. Rives de l'Ariège, à Lacroix-Falgarde. — T. Vieille-Toulouse, vallons de Pechbusque, de Balma, prairies de l'Hers. — Mai, septembre.
— porrifolius. L. — FL. S.-P. 2. — Cultivé dans les potagers sous le nom de *Salsifis*. Subspontané, çà et là, dans les prés et les fourrages artificiels. R. — T. Terre-Cabade, Bourrassol, Embouchure. — Juin, juillet.

> *Obs.* Cette plante a été prise pour le *Tragopogon australis*. JORD., plante du Midi, que j'ai pu étudier sur des échantillons déterminés par M. Jordan, et qui n'a pas encore été trouvée dans le rayon de notre Flore.

— crocifolius. L. — FL. S.-P. 3. — Friches des côteaux exposées au midi. R. R. Venerque, au Pech. — T. Côteau de Pechbusque. — Mai, juillet.

PODOSPERMUM.
— laciniatum. D. C. — Fl. s.-p. 1. — Bords des champs, tertres, escarpements des côteaux. C. C. — T. Berge droite du Canal de Brienne, celles du Canal du Midi vers l'Embouchure. Pech-David, Calvinet. — Juin, août.
— decumbens. Boreau. — Fl. s.-p. 2. — Mêmes localités que le précédent. C. — T. Pech-David. — Juin, août.

    Obs. La *Scorzonère*, *Scorzonera Hispanica*. L. est fréquemment cultivée dans les potagers.

HYPOCHŒRIS.
— radicata. L. — Fl. s.-p. 1. — Prés, bois, bords des chemins. C. C. — T. Port-Garaud, bords du Canal du Midi. — Mai, septembre.
— glabra. L. — Lieux sablonneux ou graveleux, champs secs. C. — T. Plaine de la Garonne, Saint-Simon, Lardenne, Larramet, bois d'Aufréri. — Juin, septembre.

TARAXACUM.
— Dens-leonis. Desf. — Fl. s.-p. 1. — Prairies, pâturages, champs, jardins, décombres. C. C. C. — T. Autour de la ville. — En toutes saisons.
— lævigatum. D. C. — Fl. s.-p. 1, 6. — Pelouses sèches, bois découverts, chemins. C.— T. Embouchure le long de la Garonne, prés secs au-dessus de Saint-Martin-du-Touch, Larramet. — Avril, juin et septembre.
— palustre. D. C. — Fl. s.-p. 1, ♂. — Lieux humides et herbeux, prés, bois. C. Bouconne. — T. Prairie de l'Hers, bois d'Aufréri, Larramet. — Juin, septembre.

5

Chondrilla.
— juncea. L. — Fl. s.-p. 1. — Lieux secs, champs, vignes, cultures. C. C. — T. Pech-David, Calvinet, plaine de la Garonne. — Juin, septembre.

Obs. Le *Chondrilla muralis.* Lam., trouvé autrefois sur un mur humide derrière le Moulin-du-Château, ne s'y est point maintenu.

Lactuca.
— virosa. L. — Fl. s.-p. 1. — Lieux incultes, bords des champs, haies, lisières des bois. C. — T. Pech-David, Lasbordes, Balma, Saint-Martin-du-Touch. — Juin, septembre.
— flavida. Jord. — Lieux couverts, le long de la Garonne, à Blagnac et au-dessous. C. — Juin, septembre.
— scariola. L. — Fl. s.-p. 2. — Lieux incultes, bords des chemins, tertres. C. — T. Pech-David, Calvinet. — Juin, septembre.
— Saligna. L. — Fl. s.-p. 3. — Lieux secs et arides, champs, tertres. C. — T. Pech-David, Calvinet, plaine de la Garonne. — Juillet, septembre.

Obs. La *Laitue* cultivée dans les potagers et ses variétés reviennent au *Lactuca sativa.* L.

Sonchus.
— oleraceus. L. — Fl. s.-p. 1. — Lieux cultivés et incultes. C. C. — T. Partout. — Juin, octobre.
— asper. Vill. — Fl. s.-p. 1, 6. — Mêmes lieux. C. — Juin, octobre.

— tenerrimus. L. — Fl. s.-p. 2. — A Toulouse, autour de la ville, sur les murs. C. C. — Juin, octobre.

Tolpis.
— barbata. Willd. — Drepania. Desf. — Fl. s.-p. 1. — Lieux secs, sablonneux ou caillouteux. C. — T. Plaine de la Garonne, Gounon, Braqueville, Saint-Simon, Lardenne, Lalande. — Mai, août.

Pterotheca.
— Nemausensis. Cass. — Fl. s.-p. 1. — Champs, cultures, prairies artificielles qu'elle infeste, les vieilles luzernières surtout. C. C. C. — T. Autour de la ville. — Avril, juin.

Andryala.
— sinuata. L. — Fl. s.-p. 1. — Lieux secs et cailloux, vignes, bords des champs, des chemins. C. C. — T. Patte-d'Oie, Lardenne, Saint-Roch, Lalande. — Juillet, septembre.

Crepis.
— fœtida. L. — Fl. s.-p. 2. — Terrains secs ou sablonneux, lieux incultes, bords des champs. C. — T. Calvinet, Pech-David, rives de la Garonne. — Juin, septembre.
— taraxacifolia. Thuil. — Fl. s.-p. 3. — Prés, fourrages artificiels, bords des champs. C. C. — T. Autour de la ville. — Mai, juin.
— setosa. Hall. Fil. — Champs, parmi les récoltes. R. Dans les tréflières, les esparcetières et surtout dans les vieilles luzernières. C. C. — T.

Embouchure, Gounon, Braqueville, Saint-Agne.
— Juin, août.

Obs. Cette plante, très-rare il y a quelques années, est aujourd'hui très-répandue autour de Toulouse ; elle suit la rapide extension que l'on y donne à la culture de la luzerne. En été elle se montre aussi abondante dans certaines vieilles luzernières que le *Pterotheca Nemausensis* au printemps. Elle envahit peu à peu les autres prairies artificielles.

— virens. D. C. — Fl. s.-p. et add. 5. *ex parte.* — Prairies, lieux herbeux, champs, rives de la Garonne. C. — T. Embouchure, Béarnais. — Juin, septembre.

— diffusa. D. C. — Fl. s.-p. et add. 5, *ex parte.* — Pelouses, bords des chemins, sables de la Garonne. C. — T. Patte-d'Oie, Blagnac, Embouchure. — Juin, septembre.

— Nicæensis. Bald. — Lieux secs. R. R. Collines, de Venerque à Corronsac. — T. Balma, à Aufréri. — Mai, juillet.

— pulchra. L. — Prenanthes. Fl. s.-p. 1. — Terrains vagues des collines, cultures, moissons, vignes, bords des champs, tertres. C. C. — T. Pech-David, Guilheméry, Calvinet. — **Mai**, juillet.

HIERACIUM.
— grandidentatum. Jord., *in* Bor., *Flore du Centre.* — Bois des collines, à Espanès, à Venerque. C. C. — T. Pechbusque, — Août, septembre.

— subhirsutum. Jord., *in* Bor., *l. c.* — Bois des collines, avec le précédent. C. — Août, septembre.

— indolatum. Jord., *in* Bor., *l. c.* — Bois des collines, avec les précédents. R. — Août, septembre.

Obs. Les trois formes de cette section se rapportent à l'*Hieracium sabaudum* des auteurs.

— umbelliforme. Jord., *in* Bor., *l. c.* — Clairières des bois secs ; Venerque, à la Trinité. — T. A Larramet. — Août, septembre.
— umbellatum. L. — Bois et bruyères des collines et de la plaine. C. — T. Aufréri, Balma, Larramet. — Août, octobre.

Obs. Ces deux formes se rapportent à l'*Hieracium umbellatum* des auteurs.

— præstabile. Jord., *ex* Bor., *in litt.* — Les bois des collines. — Toulouse (M. Jordan) ; Saint-Geniès (M. Boreau, d'après un exemplaire qui lui a été communiqué sans dénomination par M. Timbal). — Mai, juin.
— finitimum. Jord., *in* Bor., *Flore du Centre.* — Bois des collines. Venerque, à Bezegnagues, aux Maurices. — Juin.
— nemophilum. Jord., *in* Bor., *l. c.* — Forêt de Bouconne, du côté de Léguevin. — Mai, juin.
— approximatum. Jord., *in* Bor., *l. c.* — Les murs à l'ombre, à l'entrée du château d'Espanès. C. — Mai, juillet.
— commixtum. Jord., *in* Bor., *l. c.* — Bois des collines. Venerque, à Bezegnagues, aux Maurices, à Combescure. — Juin.

Obs. Les cinq formes de cette section représentent l'*Hieracium sylvaticum* des auteurs.

— fallens. Jord., *in* Bor., *l. c.* — Bois des collines, à l'ombre. Venerque. C. — Mai, juin.
— rarinævum. Jord., *in* Bor., *l. c.* — Bois des collines, dans les escarpements, sur les pentes

abruptes. T. Pechbusque, Vieille-Toulouse. — Mai, juin.

— furcillatum. Jord., *in* Bor., *l. c.* — Bois. Forêt de Bouconne, du côté de Léguevin. — Mai, juin.

— scabripes. Jord., *in* Bor., *l. c.* — Bois des collines. Venerque. C. — Mai, juin.

— acutum. Jord., *ex* Bor., *in litt.* — Bois des collines ; tout le Lauragais. Venerque, aux Maurices, à Combescure. — T. A Pechbusque, à Vieille-Toulouse. — Mai, juin.

— exotericum. Jord., *in* Bor., *Flore du Centre.* — Bois des collines, à l'ombre et le long des escarpements. Venerque, au vallon de l'Oument. C. — Mai, juin.

Obs. Les six formes de cette division se rapportent à l'*Hieracium murorum* des auteurs.

Je dois à l'obligeance de M. Boreau la détermination des seize formes ci-dessus énumérées. Nos exemplaires de Toulouse ont été comparés par le savant professeur d'Angers à ceux qui lui ont été adressés par M. A. Jordan. L'éminent réformateur de la botanique descriptive en France prépare une monographie de ce genre difficile. Nous ne doutons pas que la liste des formes des *Hieracium* propres au pays toulousain ne doive s'augmenter encore. Les botanistes pourront donc rencontrer des types qui ont échappé à nos recherches ; aussi ne devront-ils pas se contenter du tableau dichotomique que nous avons dressé, en nous aidant beaucoup de celui de M. Boreau, mais c'est à l'excellente *Flore du Centre* de cet auteur, troisième édition, Paris, 1857, in-8º, où un grand nombre de formes sont décrites avec un très-grand soin, qu'ils devront avoir recours.

— pilosella. L. — Fl. s.-p. 1. — Lieux secs, prés, pâturages, pelouses, bois. C. C. — T. Pech-David, berges du Canal du Midi. — Mai, septembre.

— auricula. L. — Fl. s.-p. 2. — Prés, pâturages, bois humides. R. — Bouconne, le long des sentiers qui retiennent l'eau. C. Rives de l'Aussonnelle. C. — T. Au-dessus de Saint-Martin-du-Touch. — Mai, juillet.

AMBROSIACÉES.

Xanthium.

— strumarium. L. — Fl. s.-p. 1. — Lieux incultes, chemins, bords des rivières. C. C. — T. Sous Pech-David, au pied du Calvinet, Port-Garaud, Embouchure. — Août, septembre.

— macrocarpum. D. C. — Lieux incultes, chemins, bords des rivières. R. Venerque, le long du chemin d'Espanès; vallée de la Hyse. Portet, aux bords de la Garonne. — T. Braqueville. — Août, septembre.

— spinosum. L. — Fl. s.-p. 2. — Lieux incultes, bords des champs, des chemins, tertres, décombres. C. C. — T. Autour de la ville. — Août, septembre.

CAMPANULACÉES.

Jasione.

— montana. L. — Fl. s.-p. 1. — Lieux secs, sablonneux ou caillouteux. C. C. Plaines de l'Ariége et de la Garonne, chemins, vignes, bords des champs. — T. Lalande, Launaguet, Lardenne Larramet, Saint-Simon. — Juin, octobre.

Phyteuma.
— spicatum. L. — Fl. s.-p. 1. — Bois, surtout ceux des collines. C. C. Bouconne. — T. Pech-David, Balma, Aufréri, Saint-Geniès. — Mai, juillet.

Campanula.
— glomerata, L. — Fl. s.-p. 1. — Pelouses et bois secs. C. — T. Pech-David, Balma. — Mai, septembre.
— Trachelium. L. — Fl. s.-p. 2. — Bois, buissons, lieux couverts, bords des ruisseaux. C. C. — T. Vallons de Pech-David, Balma, Aufréri. — Juin, septembre.
— persicifolia. L. *Var.* lasiocalix. Gren. et Godr. — Fl. s.-p. 3. — Côteaux boisés, bois des collines ; de Pech-David à Venerque, çà et là. — T. Sous la côte de Vieille-Toulouse. — Mai, juillet.

> *Obs.* Nous n'avons encore trouvé aux environ de Toulouse que la forme ayant le calice hérissé de poils blancs, raides et comprimés, variété du type Linnéen dont le calice est glabre.

— Rapunculus. L. — Fl. s.-p. 4. — Lieux secs et graveleux, bois, haies, buissons. C. — T. Le long des vignes à Saint-Simon, à Lardenne, Larramet, bois du Touch. — Mai, septembre.
— patula. L. — Fl. s.-p. 5. — Bois, buissons, lieux couverts, bords des ruisseaux. C. C. — Vallons de Pech-David, de Balma, Aufréri. — Mai, août.
— rotundifolia. L. — Fl. s.-p. 6. — Lieux cailloutoux aux bords de l'Ariége et de la Garonne. Çà et là. R. R. — Juin, septembre.

Roncelia.
— Erinus. Dumort. — Erinia. Fl. s.-p. 1 et add. — Lieux sablonneux ou caillouteux, champs, vignes, murs. C. C. — Plaine de la Garonne, Braqueville, Embouchure, corniches des quais. — Juin, août.

Specularia.
— Speculum. Al. D. C. — Prismatocarpus. Fl. s.-p. 1. — Cultures, moissons, C. C. — T. Pech-David, Calvinet, Embouchure. — Mai, juillet.
— hybrida. Al. D. C.—Prismatocarpus. Fl. s.-p. 2. — Cultures, moissons. C. — T. Pech-David, Balma, Lalande. — Mai, juillet.

ÉRICACÉES.

Calluna.
— vulgaris. Salisb. — Erica. Fl. s.-p. 1. — Bois, bruyères, friches des terrains secs et siliceux. C. C. Bouconne, Colomiers, à la Menude. — T. Larramet. — Juillet, septembre.

Erica.
— cinerea. L. — Fl. s.-p. 2. — Bois secs, bruyères, en allant de Garidech aux rives du Tarn. C. C. (Semble manquer ailleurs dans le rayon de notre Flore). Garidech, Beaupuy, forêt de Buzet, de Fronton. — Juillet, octobre.
— scoparia. L. — Fl. s.-p. 3. — Bois, bruyères, friches arides. G. C. Bouconne. — T. Larramet, Pech-David. — Mai, juin.
— vagans. L. — Fl. s.-p. 4. — Bois secs, bruyères. R. Bouconne. C. Colomiers, au bois de Sauve-

garde, à gauche de la route. C. — T. Larramet. R. — Juin, septembre.

MONOTROPÉES.

Hypopitys.
— multiflora. Scop. — Fl. s.-p. 1. — Parasite, au pied des arbres dans les lieux couverts. R. Bouconne, au pied des chênes ; le long de l'Aussonnelle, au pied des peupliers. — Mai, juillet.

COROLLIFLORES.

OLÉACÉES.

Ligustrum.
— vulgare. L. — Fl. s.-p. 1. — Bois, buissons, haies. C. C. — T. Pech-David, Calvinet, bords du Touch. — Juin, juillet.

Fraxinus.
— excelsior. L. — Fl. s.-p. 1. — Bois frais, bords des ruisseaux. R. Fréquemment planté. — Mars, Avril.

>   *Obs.* On trouve le lond du ruisseau de Larramet, le *Fraxinus oxyphylla*. Bieb., *Var. Obtusata*. Gren. et Godr., qui y a été originairement planté.

Syringa.
— vulgaris. L. — Cultivé sous le nom de *Lilas*. Subspontané dans les haies, sur les vieux murs, dans les escarpements des côteaux. — Avril, mai.

JASMINÉES.

Jasminum.
— fruticans. L. — Cultivé et planté çà et là dans les

haies des jardins. — T. Saint-Simon, Lardenne, Saint-Martin-du-Touch. — Mai, juillet.

ASCLÉPIADÉES.

VINCETOXICUM.
— officinale. MŒNCH. — Asclepias Vincetoxicum. L. — FL. S.-P. 1. — Lieux secs et caillouteux, bois, broussailles, pelouses. C. C. — T. Larramet, bords du Touch. — Juin, septembre.

APOCYNÉES.

VINCA.
— major. L. — FL. S.-P. 1. — Lieux couverts, bois, haies. C. — T. Sous Pech-David, au pied du Calvinet, Lardenne vers Larramet. — Mars, mai.
— minor. L. — FL. S.-P. 2. — Lieux couverts et humides, bois, buissons, bords des ruisseaux. C, — T. Vallons de Pouvourville, de Ramonville, bords du Touch. — Mars, mai.

GENTIANÉES.

CHLORA.
— perfoliata. L. — FL. S.-P. 1. — Bois secs, friches. C. C. — T. Pech-David, Balma, Larramet, graviers de la Garonne. — Juin, août.

GENTIANA.
— Pneumonanthe. L. — FL. S.-P. 1. — Bois humides ou marécageux. R. Muret. Bouconne. C. Colomiers. Corronsac. — T. Larramet. — Juillet, octobre.

ERYTHRÆA.
— Centaurium. PERS. — FL. S.-P. 1. — Bois, pâtu-

rages, friches. C. C. — T. Larramet, bords du Touch, Pech-David, graviers de la Garonne. — Juin, septembre.
— pulchella. Horn. — E. ramosissima. Pers. — Fl. s.-p. 1, γ. — Lieux herbeux humides, bords des eaux. C. — T. Sables humides au bord de la Garonne, autour des flaques. — Juin, septembre.

Cicendia.
— filiformis. Delab. — Exacum. Willd. — Fl. s.-p. 1. — Clairières humides des bois. R. R. Bouconne. C. — Juin, septembre.
— pusilla. Griseb. — Exacum Vaillantii. Schm. — Fl. s.-p. 2. — Mêmes lieux. R. R. Bouconne. C. — Juin, septembre.

CONVOLVULACÉES.

Convolvulus.
— sepium. L. — Fl. s.-p. 1. — Haies, buissons, saussaies, dans les lieux frais. C. — T. Port-Garaud, rives de la Garonne. — Juin, octobre.
— arvensis. L. — Fl. s.-p. 2. — Lieux cultivés, champs, vignes, lieux incultes, bords des chemins, haies. C. C. — T. Autour de la ville. — Mai, octobre.
— Cantabrica. L. — Fl. s.-p. 3. — Bords des rivières. Ceux du Tarn. C. Buzet et au-dessous; ceux de l'Ariége, au ramier du Vernet. R. — Juin, juillet.

Cuscuta.
— major. D. C. — C. Europæa. α. L. — Fl. s.-p. 1. — Parasite sur l'*Urtica dioica*. L. R. R. — T. Sous le Calvaire, au Port-Garaud. R. — Juin, août.

Obs. Cette plante est fréquente dans les Pyrénées.

— minor. D. C. — C. Europæa. γ. Epithymum. L. — Fl. s.-p. 2. — Sur les collines sèches, les escarpements des côteaux ; parasite sur le *Thymus Serpyllum*, le *Teucrium Chamædrys*, l'*Artemisia campestris*. — T. Pech-David, Balma, Saint-Geniès. — Juin, septembre.

— trifolii. Babingt. — Parasite sur le trèfle cultivé en praires artificielles, qu'il dévaste. C. C. — T. Autour de la ville et dans un rayon malheureusement fort étendu, cette plante menaçant de devenir un fléau depuis un petit nombre d'années. — Juillet, août.

— suaveolens. Seringe. — Parasite sur la luzerne cultivée (*Medicago sativa*). C. C. — T. Les luzernes autour de la ville et dans un rayon fort étendu. Cette plante devient de jour en jour plus préjudiciable. — Juillet, septembre.

Obs. La dénomination spécifique donnée à cette Cuscute par M. le professeur Seringe est caractéristique et sert à la faire distinguer facilement de ses congénères : les fleurs répandent, en effet, une odeur suave, comparable à celle de la Vanille et de l'Héliotrope.

— densiflora. Soy.-Will. — C. Epilinum. Weih. — Fl. s.-p. add. 3. — Parasite sur le *Linum usitatissimum*. R. R. Cette espèce fut abondante au Vernet, pendant que l'on y cultiva le Lin en grand. — Juin, juillet.

BORRAGINÉES.

Heliotropium.

— Europæum. L. — Fl. s.-p. 1. — Champs, cul-

tures, chemins, décombres. C. C. — T. Pech-
David, Calvinet, autour de la ville. — Juin,
septembre.

ECHIUM.
— vulgare. L. — FL. S.-P. 1. — Lieux incultes,
bords des chemins. C. — T. Plaine de la Garonne. — Mai, août.
— pustulatum. SIBTH. et SM. — Lieux incultes, prés,
friches des bords des rives de l'Ariége et de la
Garonne. C. C. — T. Prairie communale de
Portet, Braqueville, Blagnac. — Mai, juillet.
— Italicum. L. — E. asperrimum. LAM. — FL. S.-P. 2.
— Lieux incultes, pelouses sèches, bords des
chemins. C. C. — T. Plaine de la Garonne, Lardenne, vallée de l'Hers. — Mai, août.
— plantagineum. L. — FL. S.-P. 3. — Lieux incultes,
bords des champs, des chemins, des plaines de
l'Ariége et de la Garonne. C. C. — T. Lardenne,
Larramet, Lalande. — Juin, août.

LITHOSPERMUM.
— purpureo-cœruleum. L. — FL. S.-P. 1. — Bois, buissons, haies. C. C. — T. Pech-David, Balma, le
long du Touch. — Avril, juin.
— officinale. L. — FL. S.-P. 2. — Lieux incultes, bords
des bois, haies, C. C. — T. Balma, Saint-Geniés.
Mai, juillet.
— arvense. L. — FL. S.-P. 3. — Champs, cultures,
moissons. C. C. — T. Pech-David, Calvinet. —
Avril, septembre.

PULMONARIA.
— affinis. JORD. — P. saccharata. AUCT. PLER. non
MILL. — FL. S.-P. 1. — Bois, buissons dans les

lieux couverts. C. C. — T. Vallons de Pouvourville, de Pechbusque, de Balma. — Mars, mai.
— tuberosa. Schrank. — P. angustifolia. Auct. Pler. non L. — Fl. s.-p. 1, γ. — Bois dans les lieux couverts, buissons de la plaine. C. Bouconne, le long du Riü-Tort, Colomiers. — T. Bords du Touch, Larramet. — Mars, mai.

Symphitum.
— tuberosum. L. — Fl. s.-p. 1. — Bois et prés couverts, bords des ruisseaux. C. C. — T. Vallons de Pech-David, de Balma, le long du Touch. — Avril, juin.
— officinale. L. — Cultivé dans les jardins ruraux. Subspontané dans les lieux humides, çà et là. — Mai, juin.

Anchusa.
— arvensis. Bieb. — Lycopsis arvensis. L. — Fl. s.-p. 1. — Champs, lieux incultes, chemins, décombres, sables le long des rivières. C. C. — T. Rives de la Garonne, de l'Hers, Embouchure. — Mai, septembre.
— Italica. Retz. — Fl. s.-p. 2. — Champs et récoltes des terrains argilo-calcaires, tertres. C. — T. Le long des côteaux de Pech-David, Saint-Agne, Guilhemèry, Calvinet. — Mai, août.

Asperugo.
— procumbens. L. — Fl. s.-p. 1. — T. Autour des jardins potagers à Matabiau, à Pouvourville. R. — Mai, juillet.

Borrago.
— officinalis. L. — Cultivé dans les jardins. Subs-

pontané dans les cultures et les lieux incultes, décombres. C. — T. Autour de la ville. — Mai, octobre.

Echinospermum.

— Lappula. Lehm. — Myosotis Lappula. L. — Fl. s.-p. 1. — Lieux incultes ; champs, vignes des terrains caillouteux ou sablonneux. C. — T. Plaine de la Garonne, Patte-d'Oie, Lalande. — Juin, août.

Myosotis.

— stricta. Link. — Fl. s.-p. et add. 1. — Lieux sablonneux cultivés ou incultes. C. — T. Patte-d'Oie, Embouchure, Lalande. — Avril, mai.

— versicolor. Pers. — Fl. s.-p. add. 1 bis. — Lieux sablonneux, champs, vignes. C. — T. Saint-Simon, Lardenne, Lalande, Patte-d'Oie, Embouchure. — Mai, juin.

— hispida. Schlecht. — Lieux incultes, champs en jachère, pelouses, surtout dans les terrains sablonneux. C. C. — T. Autour de la ville. — Mai, juin.

— intermedia. Link. — Fl. s.-p. et add. 3. — Lieux incultes, avec le précédent. C. — T. Autour de la ville. — Avril, septembre.

— palustris. Wither. — Fl. s.-p. 5. — Le long des eaux, ruisseaux, fossés, marais. C. Bouconne, au bord du Riü-Tort. — T. Lârramet, le long du ruisseau, bords du Touch au-dessous de Saint-Martin. — Mai, septembre.

— strigulosa. Reich. — Fl. s.-p. 5, 6. — Prés humides, lieux vaseux. C. — T. Bords du Canal,

parmi les joncs, prairies de l'Hers au pont d'Aiga. — Mai, septembre.
— sylvatica. Hoffm. — Fl. s.-p. 4. — Lieux humides des bois, prairies tourbeuses. C. Bouconne. — T. Larramet, Pechbusque, Renéri. — Mai, juillet.

Cynoglossum.
— officinale. L. — Fl. s.-p. 1. — Lieux caillouteux et incultes, bord des chemins, aux bords de l'Ariége et de la Garonne, çà et là. R. — T. De Blagnac à Beauzelle et, sur la rive opposée, de Fenouillet à Gagnac. C. — Mai, juillet.
— pictum. Ait. — Fl. s.-p. 2. — Bords des champs, des chemins, graviers, décombres. C. C. — T. Plaine de la Garonne, autour de la ville. — Mai, juillet.

SOLANÉES.

Lycium.
— barbarum. L. — Cultivé comme arbrisseau d'ornement. Subspontané çà et là, dans les haies, parmi les buissons. — T. Perpan. — Juin, octobre.

Solanum.
— Dulcamara. L. — L. Fl. s.-p. 1. — Lieux humides et ombragés, haies, buissons. C. C. — T. Port-Garaud, saussaies. — Juin, septembre.
— nigrum. L. — Fl. s.-p. 2. — Lieux cultivés, potagers, décombres, pied des murs. C. C. — T. Autour de la ville, Port-Garaud. — Juin, octobre.
— miniatum. Wild. — Fl. s.-p. 3. — Lieux incul-

tes ou cultivés, potagers, dans les terrains
cailloureux surtout, graviers. C. — T. Autour
de la ville, Lalande. — Juillet, octobre.

— villosum. Lam. — Fl. s.-p. 4. — Lieux cultivés,
cultures, potagers. R. — T. Patte-d'Oie, Lalande. — Juillet, octobre.

— tuberosum. L. — Cultivé sous le nom de *Pomme
de terre*. Subspontané, çà et là. — Juin, juillet.

Physalis.
— Alkekengi. L. — Fl. s.-p. 1. — Vignes, çà et là.
Venerque, Clermont. — T. Côteau de Pouvour-
ville, de Vieille-Toulouse. — Juin, septembre.

Nicandra.
— Physaloides. Gaertn. — Originaire du Pérou, assez fréquemment cultivé dans les jardins. Subspontané autour de Toulouse; près du Moulin de
l'écluse des Minimes et ailleurs. — Juillet, septembre.

Datura.
— Stramonium. L. — Fl. s.-p. 1. — Lieux vagues,
autour des habitations, décombres, fumiers,
rives des cours d'eau. C. — T. Autour de la
ville, Port-Garaud, quartier de Lancefoc. —
Juillet, septembre.

Hyoscyamus.
— niger. L. — Fl. s.-p. 1. — Lieux vagues autour
des habitations, décombres, pied des murs. C.
C. — T. Autour de la ville, Port-Garaud, quartier de Lancefoc. — Mai, juillet.

VERBASCÉES.

VERBASCUM.
— Blattaria. L. — Fl. s.-p. 1. — Lieux incultes, bords des chemins, des fossés. C.C. — T. Sous Pech-David, au pied du Calvinet. — Juin, octobre.

— virgatum. With. — V. blattarioides. Lam. — Lieux incultes, bords des chemins, fossés. C. — T. Au-dessous des abattoirs, près le pont de Blagnac. — Juillet, septembre.

— Thapsus. L. — V. Schraderi. Mey. — Fl. s.-p. add. 2. bis. — Lieux incultes, bords des chemins, tertres. R. Venerque. — T. Au pied du Calvinet. — Juin, septembre.

— Thapsiforme. Schrad. — Fl. s.-p. 2. *ex parte.* — Lieux incultes, sablonneux ou caillouteux. C. — T. Rives de la Garonne. — Juin, septembre.

— Phlomoides. L. — Fl. s.-p. add. 2 bis. — Lieux incultes, sablonneux ou caillouteux. C. — T. rives de la Garonne. — Juin, août.

— sinuatum. L. — Fl. s.-p. 3. — Lieux incultes, bords des chemins, pelouses, surtout dans les lieux sablonneux. C. C. — T. Plaine de la Garonne et bords des rivières. — Juillet, septembre.

— Lychnitis. L. — Fl. s.-p. 4. — Lieux incultes, bords des champs, des chemins. C. — T. Sous Pech-David, bords du Touch, de l'Hers. — Juin, août.

— pulverulentum. Vill. — Fl. s.-p. 5. — Lieux incultes, bords des chemins, pelouses des sols sablonneux ou caillouteux. C. — T. Plaine de

la Garonne, Lardenne, Saint-Simon, Embouchure. — Juin, septembre.
— nigrum. L. — Fl. s.-p. 6. — Rives de l'Ariége et de la Garonne. R. Venerque, Clermont, Lacroix-Falgarde. — T. Braqueville. — Juillet, septembre.

Obs. Les espèces du genre *Verbascum* donnent naissance à une foule d'hybrides. J'en avais nommé et décrit quelques-unes, dans ma Flore du bassin sous-pyrénéen. Je pense aujourd'hui que, dans l'impuissance où nous nous trouvons de caractériser convenablement ces formes variables et passagères, il faut se contenter d'avertir les botanistes de leur existence; c'est à leur sagacité de faire le reste.

SCROPHULARIÉES.

GRATIOLA.
— officinalis. L. — Fl. s.-p. 1. — Lieux aquatiques ou marécageux. R. Bouconne. Colomiers, fossés de la Menude. — T. Au bord du ruisseau de Larramet et dans les parties humides du bois. C. — Juin, août.

DIGITALIS.
— purpurea. L. — Fl. s.-p. 1. — Rives de la Garonne. R. R. Muret. — T. Braqueville. — Juin, août.

Obs. Cette plante, commune dans les Pyrénées, ne se montre qu'à de rares intervalles le long de la Garonne et sans s'y perpétuer.

ANARRHINUM.
— bellidifolium. Desf. — Fl. s.-p. 1. — Bords sa-

blonneux ou graveleux du Tarn, à Buzet et au-dessous. C. — Juin, août.

Obs. Cette plante abonde sur les rochers de Saint-Juéry, au-dessus d'Albi, d'où les semences sont apportées au loin par les débordements du Tarn.

Antirrhinum.
— majus. L. — Fl. s.-p. 1. — Escarpements des côteaux, graviers des grands cours d'eau, murs. C. — T. Pech-David, rives de la Garonne, vieilles murailles. — Juin, septembre.
— Orontium. L. — Fl. s.-p. 2. — Terrains sablonneux ou caillouteux, champs, vignes. C. C. — T. Saint-Simon, Lardenne, Patte-d'Oie, Lalande. — Juin, octobre.

Linaria.
— minor. Desf. — Fl. s.-p. 1. — Terrains sablonneux ou caillouteux, champs, vignes. C. C. — T. Embouchure, Lalande, Lardenne. — Juin, octobre.
— origanifolia. D. C. — Fl. s.-p. 2. — Graviers de l'Ariége et de la Garonne. C. — T. Portet, Braqueville, Blagnac, Fenouillet. — Avril, juillet.
— Cymbalaria. Mill. Fl. s.-p. 3. — Vieux murs humides, tertres à l'ombre. R. — T. Au bord des pépinières, le long du chemin, avant le pont des Demoiselles; remparts des Hauts-Murats, Cours de l'Hôtel-de-Ville; rue Chaude, etc. — Juin, octobre.
— Elatine. Mill. — Fl. s.-p. 4. — Lieux cultivés, champs, vignes, dans les lieux caillouteux. C. C. — T. Plaine de la Garonne. — Juin, octobre.

— commutata. Bernh. — L. Græca. Auct. Pler. non Chav. ex Boreau. — Lieux sablo-caillouteux, champs, vignes. R. — T. Saint-Simon, autour de Larramet. R. — Juin, août.

— spuria. Mill. — Fl. s.-p. 5. — Lieux cultivés dans les terrains argilo-calcaires. C. C. — T. Pech-David, Balma. — Juin, octobre.

— supina. Desf. — Fl. s.-p. 6. — Lieux secs, graviers. C. C. — T. Pech-David, Calvinet, bords de la Garonne. — Juin, septembre.

— Peliseriana. D. C. — Fl. s.-p. 7. — Lieux secs, sablonneux ou graveleux, champs, vignes, pelouses, bois. C. C. — Lalande, Lardenne, Larramet. — Mai, septembre.

— vulgaris. Mill. — Fl. s.-p. 8. — Lieux secs, champs, vignes, bords des chemins. C. — T. Sous Pech-David, rives de la Garonne, Gounon, Braqueville, Embouchure. — Juillet, septembre.

— striata. D. C. — Fl. s.-p. 9 — Lieux sablonneux ou caillouteux, champs, tertres, graviers. C. — T. Sous Pech-David, rives de la Garonne, de l'Hers. — Juin, septembre.

Scrophularia.

— Balbisii. Horn. — S. aquatica. L. ex parte. — Fl. s.-p. et ad. 1. — Le long des eaux. C. C. — T. Port-Garaud, Canal du Midi, Bourrassol. — Mai, septembre.

— nodosa. L. — Fl. s.-p. 2. — Lieux humides et couverts, bois, sources, ruisseaux. C. Bouconne. — T. Larramet, au bord du ruisseau, Renéry. — Mai, septembre.

— canina. L. — Fl. s.-p. 3. — Lieux sablonneux ou pierreux. C. C. — T. Plaine de la Garonne,

rives de cette rivière, Braqueville, Embouchure, au-dessous du pont de Blagnac. — Mai, juillet.

Veronica.
— hederæfolia. L. — Fl. s.-p. 1. — Lieux cultivés, champs, vignes, jardins. C. C. — T. Autour de la ville. — Mars, juillet; refleurit en automne.
— agrestis. L. — V. pulchella. Bast. — Fl. s.-p. et add. 2, 6. — Lieux cultivés et incultes. R. — T. Madron; autour de la ville, çà et là; entre l'ancien cimetière Saint-Aubin et le Canal du Midi; pelouses à l'entrée de la rue Bayard, vers l'écluse de ce nom. C.
— didyma. Tenor. — V. polita. Fries. — Fl. s.-p. 1 et add. — Lieux cultivés, champs, vignes, jardins. C. C. — T. Partout. — Mars, octobre.
— persica. Poir. — V. Buxbaumii. Tenor. — Fl. s.-p. 3 et add. — Lieux cultivés et incultes. C. — T. Potagers autour de la ville. — Mars, mai; refleurit en automne.
— arvensis. L. — Fl. s.-p. 4. — Lieux cultivés, champs, vignes. C. C. — T. Autour de la ville, Calvinet. — Mars, juin.
— acinifolia. L. — Fl. s.-p. 5. — Lieux sablonneux, champs, vignes, C. — T. La plaine de la Garonne, Embouchure. — Avril, mai.
— triphyllos. L. — Fl. s.-p. 6. — Champs sablonneux, moissons. C. — T. Plaine de la Garonne, Braqueville, Embouchure, Perpan. — Mars, mai.
— serpyllifolia. L. — Fl. s.-p. 7. — Prés, pâturages, champs en jachère, pelouses humides. C.

C. — T. Braqueville, plaine de l'Hers. — Avril, octobre.
— officinalis. L. — Fl. s.-p. 8. — Bois, pâturages secs. C. Bouconne. — T. Larramet, bois du Touch, de Balma. — Mai, juillet.
— Chamædrys. L. — Fl. s.-p. 9. — Bois, buissons, haies, prés. C. C. — T. Sous Pech-David, le long du Touch. — Mai, juin.
— Teucrium. L. — Fl. s.-p. 10. — Lieux secs et herbeux, prés, lisières et clairières des bois, escarpements des côteaux. C. C. — T. Pech-David, bois du Touch, rives de la Garonne. — Var. *decipiens*. Noulet. V. *prostrata*. Auct. Pler. non L., sur les pelouses sèches, les clairières des bois. C. — Mai, juin.
— montana. L. — Fl. s.-p. 11. — Bois frais et couverts. C. C. — T. Pech-David, Balma, Aufréri, bords du Touch. — Mai, juillet.
— scutellata. L. — Fl. s.-p. 12. — Lieux marécageux, fossés, mares. C. Plaine et plateaux de la vallée de la Garonne, Bouconne, Brax, Léguevin. — T. Lalande, Launaguet, Larramet. — Mai, septembre.
— Anagallis. L. — Fl. s.-p. 13. — Bords des eaux, rivières, ruisseaux, fossés, fontaines. C. C. Port-Garaud, la Régine. — Mai, septembre.
— Beccabunga. L. — Fl. s.-p. 14. — Lieux humides, bords des eaux, ruisseaux, fossés, fontaines. C. C. — T. La Régine, Bourrassol, sous le Cirque de Perpan. — Mai, octobre.

Melampyrum.
— cristatum. L. — Fl. s.-p. 1. — Bois dans les clairières. C. Bouconne. Bois des collines. — T.

Pechbusque, Balma, Larramet. — Mai, août.
— pratense. L. — Fl. s.-p. 2. — Bois, buissons, prés secs. C. C. Bouconne. — T. Larramet, bois du Touch. — Juin, septembre.

Pedicularis.
— sylvatica. L. — Fl. s.-p. 1. — Bois humides, bruyères. R. Bouconne, dans les endroits marécageux et aux bords des mares. — Avril, juin.

Rhinanthus.
— major. Ehrh. — Fl. s.-p. 1. — Prés, pâturages. C. C. — T. Prairies du Port-Garaud, du Touch, de l'Hers. — Mai, juin.
— minor. Ehrh. — Fl. s.-p. 2. — Prés secs et pelouses aux bords de l'Ariége, de la Garonne, de l'Hers. C. — T. Iles du Moulin-du-Château, au-dessous du pont de Blagnac, à Périole. — Mai, juin.

Eufragia.
— viscosa. Benth. — Bartsia viscosa. L. — Fl. s.-p. 1. — Prés, champs sablonneux et marécageux, fossés. R. — T. Le long de l'Hers au pont d'Aiga; bords du chemin de Balma, avant d'arriver à la mairie. — Mai, août.
— latifolia. Griseb. — Bartsia purpurea. Dub. — Fl. s.-p. 2. — Pelouses et graviers de l'Ariége. C. Venerque, Le Vernet, Clermont, Lacroix-Falgarde. — T. Les bords de la Garonne, au-dessous de Blagnac, à Fenouillet. — Avril, mai.

Euphrasia.
— officinalis. L. — Fl. s.-p. 1, *ex parte*. — Prés,

pelouses aux bords des rivières. R. Venerque, le long de l'Ariége. — T. Braqueville, Blagnac. — Juin, septembre.

— cricetorum. Jord. — Fl. s.-p. 1, *ex parte*. — Pelouses sèches, bois découverts, dans les terrains sablonneux ou caillouteux, graviers. C. C. — T. Larramet, bords du Touch, Balma, rives de la Garonne. — Août, septembre.

— verna. Bell. — Odontites verna. Reich. — Fl. s.-p. 2, ♂. — Champs, parmi les cultures. C. — T. Sous Pech-David, Calvinet, bords de l'Hers, vallon de Balma. — Juin, juillet.

— divergens. Jord. — E. Serotina. Auct. Pler. non Lam. — Fl. s.-p. 2. — Champs, prés, bois, pelouses. C. C. — T. Les chaumes après la moisson, Pech-David, Calvinet, Balma, graviers de la Garonne. — Septembre.

— lutea. L. — Odontites lutea. Reich. — Fl. s.-p. 3. — Friches arides des collines, graviers le long des rivières. C. C. — T. Pech-David, Pouvourville, bords de la Garonne. — Juillet, septembre.

OROBANCHÉES.

Phelipæa.

— ramosa. C. A. Meyer. — Orobanche ramosa. L. — Fl. s.-p. 8. — Parasite sur les racines du *Cannabis sativa*. C. Sur celles de plusieurs autres plantes. R. — Juillet, août.

— Muteli. Reut. — Orobanche Muteli. Schulz. — Parasite sur les racines de l'*Asperula arvensis*, dans les champs. R. Côteaux de Pujaudran, au-

delà de Bouconne. — T. Balma, au-dessous d'Aufréri. C. — Mai.

Obs. L'époque de la floraison est constante pour ces deux espèces voisines, mais distinctes.

— arenaria. WALP. — Orobanche arenaria. BORKH. — FL. s.-p. 7. — Parasite sur les racines de l'*Artemisia campestris*, escarpements des côteaux, sables des rivières, rives de l'Ariége et de la Garonne. C. — T. Pech-David, Pouvourville, Fenouillet. — Mai, juillet.

OROBANCHE.

— rapum. THUIL. — O. Lobelii. NOUL. — FL. s.-p. 1. — Parasite sur les racines des *Sarothamnus scoparius* et *Ulex Europœus*. C. C. — T. Les bois, Larramet, Aufréri. — Mai, juin.

— Galii. DUBY. — FL. s.-p. 2. — Parasite sur les racines du *Galium elatum*. R. Sur celles du *Galium glaucum*. C. C. — T. Pech-David, Pouvourville. — Juin, juillet.

— vulgaris. POIR. — O. cruenta. BERTOL. — FL. s.-p. 3. — Parasite sur les racines des *Genista tinctoria*, *G. sagittalis*, *Lotus corniculatus*. — T. Les bois, Larramet, Aufréri. — Mai, juin.

— Picridis. SCHULTZ. — Parasite sur les racines des *Galactites tomentosa*, *Barkauzia fœtida*, *Hypochœris radicata*. C. — T. Sous Pech-David, bord droit du Canal latéral à l'embouchure, Guilheméry. — Juin.

— loricata. REICH. — O. Artemisiæ campestris. GAUD. — FL. s.-p. 5. — Parasite sur les racines de

l'*Artemisia campestris*. C. C. Sur celles du *Dipsacus sylvestris*. R. — T. Pech-David, bords de la Garonne. — Juin.

— Hederæ. Duby. — O. Vaucherii. Noul. Fl. s.-p. 6. — Parasite sur les racines de l'*Hedera helix*. C. — T. La Gravette. Au-dessous de Blagnac, de Beauzelle, chemin de Niquet en montant à Pouvourville. C. C. — Juin, juillet.

— minor. Sutton. — Fl. s.-p. 4. — Parasite sur les racines du *Trifolium pratense*, C. C. C., des *Trifolium repens, Lupulina aurata, Chondrilla juncea*, dans les champs; de l'*Heliotropium peruvianum*, dans les jardins; du *Budleia globosa*, au Jardin des plantes. — Juin, août.

— amethystea. Thuil. — O. Eryngii. Dub. — Parasite sur les racines de l'*Eryngium Campestre*. R. Venerque, dans les escarpemens des coteaux du Pech, bords de l'Ariége. — Juin, juillet.

Clandestina.

— rectiflora. Lam. — Lathræa clandestina. L'. — Fl. s.-p. 1. — Lieux sablonneux aux bords des eaux, au pied des saules et des peupliers. C. C. — T. Le long de la Garonne, du Touch, de l'Hers. — Mars, mai.

LABIÉES.

Lavandula.

— latifolia. Vill. — Graviers de l'Ariége et de la Garonne. R. Venerque, le Vernet. — T. Entre Portet et Braqueville. — Juin, août.

MENTHA.

— sylvestris. L. — FL. S.-P. 1. — Lieux humides, fossés, bords des rivières. R.—T. Pechbusque, Ramiers de Blagnac, de Beauzelle, Pouvourville. — Juillet, septembre.

    Obs. La Menthe que M. Timbal a proposée sous le nom de *Mentha Nouletiana*, ne nous paraît être qu'une simple variation du *Mentha sylvestris.*

— rotundifolia. L. — FL. S.-P. 2. — Lieux humides ou inondés en hiver, fossés. C. C. — T. Autour de la ville. — Juillet, septembre.

— piperita. L. — Cultivé dans les jardins ruraux sous le nom de *Menthe poivrée*. Subspontané, çà et là. — Juillet, août.

— aquatica. L. — FL. S.-P. 3. — Lieux humides, bords des eaux, fossés, ruisseaux. C. C. — T. Bords du Canal du Midi, Port-Garaud, rives de la Garonne, du Touch. — Juillet, septembre.

— arvensis. L. — FL. S.-P. 4. — Champs humides, après la moisson. C. C. — T. Plaine de la Garonne, vallée de l'Hers. — Juillet, septembre.

— gentilis. L. — FL. S.-P. 4, 6. — Lieux humides, bords des eaux. C. — T. Rives de la Garonne, ruisseaux à Balma, à Saint-Martin-de-Lasbordes. — Juillet, septembre.

— Pulegium. L. — Pulegium vulgare. MILL. — FL. S.-P. 1. — Lieux humides ou submergés en hiver, fossés, champs, pâturages. C. C. — T. Autour de la ville, rives de la Garonne. — Juillet, septembre.

Lycopus.

— Europæus. L. — Fl. s.-p. 1. — Lieux humides et bords des eaux. C. C. — T. Port-Garaud, le long des fossés, rives de la Garonne. — Juillet, septembre.

Salvia.

— Sclarea. L. — Fl. s.-p. 1. — Lieux secs, bords des chemins, graviers de l'Ariége et de la Garonne. R. Venerque, le Vernet, Lacroix-Falgarde, Portet. — T. Chemin de Lardenne vers Larramet, de Blagnac à Beauzelle. — Juillet, août.

— pratensis. L. — Fl. s.-p. 2. — Prés secs, pâturages, graviers herbeux le long de l'Ariége et de la Garonne. C. — T. Bords du Canal du Midi et du Canal latéral, ramiers de Braqueville, de Blagnac, de Beauzelle. — Mai, juillet.

— pallidiflora. St-Am. — S. clandestina. an L. — Fl. s.-p. add. 3. — Prés, pâturages, bords des chemins. C. C. — T. Bords du Canal du Midi, du Canal de Brienne, prairie des Filtres. — Mai, août.

— horminoides. Pourr. — S. Verbenaca. Auct. an L.? — Fl. s.-p. add. 4. — Prés, pâturages, bords des chemins. C. C. — T. Avec la précédente. — Mai, août.

    Obs. Des formes embarrassantes me semblent représenter des cas d'hybridité dus aux *Salvia pratensis*, *pallidiflora* et *horminoïdes*.

— officinalis. L. — Fl. s.-p. 6. — Lieux secs, fri-

ches, le haut Lauraguais. C. Escarpements des côteaux à Venerque, à Clermont. — Mai, juillet.

Rosmarinus.
— officinalis. L. — Fl. s.-p. 1. — Le haut Lauraguais. C. Les graviers de l'Ariége et de la Garonne, où il est accidentel. R. R. Cultivé dans les jardins ruraux, sous le nom de *Romarin*. — Mars, avril.

Origanum.
— vulgare. L. — Fl. s.-p. 1. — Lieux secs, friches, lisières des bois, bords des chemins. C. C. — T. Pech-David, Guilleméry. — Juillet, septembre.

Thymus.
— vulgaris. L. — Fl. s.-p. 1. — Friches sèches. C. Rives de l'Ariége et de la Garonne, murs. C. — T. Graviers au-dessus et au-dessous de la ville. — Mai, juin.
— Serpyllum. L. — Fl. s.-p. 2. *ex parte*. — Lieux secs et stériles, friches, bois. C. — T. Autour de la ville, tertres, pelouses. — Juillet, septembre.
— Chamædrys. Fries. — Fl. s.-p. 2. *ex parte*. — Lieux secs et sablonneux. C. C. — T. Pech-David, rives de la Garonne. — Juin, septembre.

Satureia.
— hortensis. L. — Fl. s.-p. 1. — Graviers de l'Ariége et de la Garonne. C. Venerque. Le Vernet, Lacroix-Falgarde. — T. Braqueville. Cultivé

dans les potagers sous le nom de *Sarriette*. — Juin, septembre.

CALAMINTHA.

— Acinos. CLAIRV. — Acinos thymoides MŒNCH. — FL. S.-P. 1. — Champs, lieux incultes, graviers, murs. C. C. — T. Rives de la Garonne, Pech-David, Calvinet, Embouchure. — Mai, août.

Obs. La forme dressée, dure, hérissée de poils blanchâtres (*Acinos villosus*. PERS.), croît abondamment sur les friches graveleuses des bords de l'Ariége et de la Garonne.

— ascendens. JORD. — C. menthæfolia. HOST. *ex* BOREAU. — C. officinalis. AUCT. PLER. non MŒNCH. — Acinos calaminthus. NOUL. — FL. S.-P. 2. — Bois, haies à l'ombre, saussaies. — T. Lieux sablonneux, le long de la Garonne, Braqueville, Gounon, Blagnac, îles du Moulin-du-Château. — Juillet, septembre.

— Nepeta. CLAIRV. — Acinos calaminthus. 6. FL. S.-P. 2. — Lieux secs, friches, bords des chemins, graviers. C. C. — T. Pech-David, Calvinet, rives de la Garonne, chemins à Lardenne, à Saint-Simon. — Juillet, septembre.

Obs. Le *Calamintha officinalis*. MŒNCH. est souvent confondu avec le *C. ascendens*. JORD. Je n'ai eu le premier que des bords de la Garonne et de l'Ariége, à l'entrée des Pyrénées, où il abonde.

CLINOPODIUM.

— vulgare. L. — FL. S.-P. 1. — Lieux secs et incultes, bords des bois, des chemins. C. C. — T.

Pech-David, Calvinet, Balma. — Juillet, octobre.

Melissa.
— officinalis. L. — Fl. s.-p. 1. — Lieux frais et ombragés, bords des ruisseaux, sous les haies. C. C. — T. Bords du Touch, vallons de Pech-David, de Balma. — Juin, septembre.

Nepeta.
— Cataria. L. — Fl. s.-p. 1. — Le long de l'Ariége et de la Garonne, çà et là. Lacroix-Falgarde, sous les haies, entre le village et le ramier. C. — Juillet, septembre.

Glechoma.
— hederacea. L. — Fl. s.-p. 1. — Lieux couverts, prés, bois, bords des ruisseaux. C. C. — T. Vallons de Pech-David, bords du Touch, Balma. — Mars, mai.

Melitis.
— melissophyllum. L. — Fl. s.-p. 1. — Bois à l'ombre. R. R. Bouconne, dans toutes les parties de la forêt. C. — Mai, juin.

Lamium.
— maculatum. L. — Fl. s.-p. 1. — Lieux frais et couverts, bois, broussailles, haies, saussaies. C. — T. Bords du Touch, vallons de Pech-David, saussaies le long de la Garonne. — Avril, octobre.
— purpureum. L. — Fl. s.-p. 2. — Lieux cultivés, champs, vignes, potagers, décombres. C. C. — T. Autour de la ville. — Mars, octobre.

— hybridum. Vill. — Fl. s.-p. 3. — Lieux cultivés, champs, vignes, surtout dans les terrains caillouteux, murs. R. R. — T. Patte-d'Oie, Perpan, Pech-David. — Avril, juin.

— amplexicaule. L. — Fl. s.-p. 4. — Lieux cultivés, surtout dans les sols sablonneux, murs. C. — T. Autour de la ville, Lalande, Lardenne, Saint-Simon. — Mars, octobre.

GALEOBDOLON.

— luteum. Huds. — Fl. s.-p. 1. — Lieux couverts et humides, vallons dans les bois, bords des ruisseaux. C. — T. Vallons de Pech-David, de Balma, d'Aufréri. — Avril, juin.

GALEOPSIS.

— Tetrahit. L. — Fl. s.-p. 1. — Lieux frais, atterrissements de l'Ariége et de la Garonne. R. R. Cintegabelle, Venerque. — T. Ramier de Beauzelle. — Juillet, septembre.

— arvatica. Jordan. — Les chaumes, après la moisson. Le haut Lauraguais. C. Gardouch, Lagarde, Caignac. — Août, septembre.

— angustifolia. Ehr. — G. Ladanum. Auct. Pler. an L.? — Fl. s.-p. 2. — Champs dans les cultures, les moissons, chaumes. C. C. — T. Pech-David, Guilhemery, Calvinet, Balma. — Juillet, octobre.

STACHYS.

— sylvatica. L. — Fl. s.-p. 1. — Lieux humides et couverts, bois, haies, pied des murailles. C. C. — T. Pech-David, Calvaire, bords du Touch. — Mai, août.

— alpina. L. — Fl. s.-p. 2. — Bois des collines,

dans les escarpements à l'ombre. R. Clermont, vallons de Notre-Dame et de l'Infernet; Goyrans et Clermont, au vallon de Riü-Gautier. C. — Juin, août.

— Germanica. L. — Fl. s.-p. 3. — Lieux incultes. surtout dans les sols caillouteux. C. — T. Plaine de la Garonne, au-dessous des Abattoirs, Blagnac, Perpan. — Juillet, août.

— palustris. L. — Fl. s.-p. 4. — Lieux humides et bords des eaux. C. C. — T. Bords du Canal du Midi, fossés au Port-Garaud, rives de la Garonne. — Juin, septembre.

— ambigua. Smith. — Lieux humides, bords des eaux avec le précédent. R. — T. Fossés du ramier de Beauzelle. — Juillet, septembre.

— recta. L. — Fl. s.-p. 5. — Lieux arides, bords des chemins, champs sablonneux ou caillouteux. C. C. — T. Champs le long de la Garonne, du Touch, de l'Hers, Pech-David. — Juin, septembre.

— annua. L. — Fl. s.-p. 6. — Champs cultivés, surtout dans les sols sablonneux. C. C. — T. Bords de la Garonne, revers du Calvinet, le long de l'Hers. — Juillet, octobre.

— arvensis. L. — Fl. s.-p. 7. — Lieux sablonneux ou caillouteux, champs, vignes. C. — T. Lalande, Lardenne, Saint-Simon. — Juillet, octobre.

BETONICA.

— officinalis. L. — Fl. s.-p. 1. — Bois, prés, pâturages. C. C. — T. Le long du Touch, de l'Hers, du Canal du Midi. — Juin, septembre.

Marrubium.
— vulgare. L. — Fl. s.-p. 1. — Lieux incultes, revers des fossés, décombres. C. C. — T. Autour de la ville. — Juin, septembre.

Ballota.
— fœtida. Lam. — Fl. s.-p. 1. — Lieux incultes, haies, pied des murs, décombres. C. C. — T. Autour de la ville. — Juin, septembre.

Leonurus.
— Cardiaca. L. — Haies, pied des murs, décombres. R. — T. Le long du chemin de ronde autour de l'Ecole Vétérinaire. — Juin, septembre.

Scutellaria.
— galericulata. L. — Fl. s.-p. 1. — Bords des eaux. C. — T. Canal du Midi et Canal de Brienne, Port-Garaud. — Juin, septembre.
— minor. L. — Fl. s.-p. 2. — Lieux humides ou marécageux dans les bois. R. Bouconne, au bord des mares. C. C. — T. Bois de Saint-Pierre à Tournefeuille. — Juillet, septembre.

Brunella.
— vulgaris. Mœnch. — Fl. s.-p. 1. — Lieux herbeux, prés, pâturages, bois. C. C. — T. Port-Garaud, bords des canaux. — Juin, octobre.
— alba. Pall. — B. laciniata. Lam. — Fl. s.-p. 2. — Lieux secs, pelouses des bois, friches des collines. C. — T. Bois le long du Touch, Larramet, Pech-David, Balma. — Juin, août.
— grandiflora. Mœnch. — Fl. s.-p. 3. — Bois ombragés, au pied des atterrissements surtout. C.

— Bouconne. Bois des collines. C. C. — T. Pech-David, Balma. — Juillet, octobre.

AJUGA.
— Chamæpitys. SCHREB. — FL. S.-P. 1. — Champs secs, surtout des collines. C. C. — T. Pech-David, Guilhemery, Calvinet. — Mai, septembre.
— reptans. L. — FL. S.-P. 2. — Lieux herbeux et humides, prés, bois, pâturages. C. C. — T. Port-Garaud, bords des canaux. — Mai, juillet.
— Genevensis. L. — FL. S.-P. 3, 6. — Rives du Tarn, à Buzet et au-dessous. C. — Mai, juillet.

> *Obs.* La station naturelle de cette plante est sur les côteaux de l'Albigeois, où elle est commune, et d'où les graines sont apportées par les eaux et délaissées sur les bords du Tarn.

TEUCRIUM.
— Scorodonia. L. — FL. S.-P. 1. — Bois, broussailles, haies. C. C. — T. Larramet, Pech-David, Saint-Martin-de-Lasbordes. — Juin, octobre.
— Botrys. L. — FL. S.-P. 2. — Terrains caillouteux ou sablonneux, champs argilo-calcaires des collines. C. — T. Pech-David, graviers et sables aux bords de la Garonne. — Juillet, octobre.
— Chamædrys. L. — FL. S.-P. 3. — Lieux secs et exposés au midi, escarpements des côteaux, tertres, friches. C. C. — T. Pech-David, Calvinet, Balma. — Juillet, septembre.
— Scordium. L. — FL. S.-P. 4. — Prés humides et marécageux, fossés. R. — Bords de La Save, près Grenade. — T. Prairies des Ramiers entre Bla-

gnac et Beauzelle, fossés à Croix-Daurade. — Juin, septembre.

— montanum. L. — Fl. s.-p. 5. — Lieux secs des collines calcaires. C. C. Haut Lauraguais, Caraman, Auriac, Saint-Julia. C. — Juin, septembre.

— Polium. Lam. — Fl. s.-p. 6. — Collines calcaires du haut Lauraguais; à Saint-Félix de Caraman. C. Graviers de l'Ariége, çà et là; Auterive, Venerque, le Vernet. — Juin, septembre.

VERBÉNACÉES.

Verbena.

— officinalis. L. — Fl. s.-p. 1. — Lieux incultes, bords des chemins. C. C. — T. Autour de la ville. — Juin, octobre.

LENTIBULARIÉES.

Utricularia.

— vulgaris. L. — Fl. s.-p. 1. — Eaux stagnantes. R. Bouconne. Marais d'Ondes, le long de la Garonne. — T. Au-dessus de Braqueville. — Juin, août.

PRIMULACÉES.

Lysimachia.

— vulgaris. L. — Fl. s.-p. 1. — Lieux humides, bords des eaux. C. C. — T. Canal du Midi, fossés au Port-Garaud, bords de la Garonne. — Juin, septembre.

— nummularia. L. — Fl. s.-p. 2. — Lieux humides, bois, prés, fossés. C. — T. Prairies de l'Hers, du Touch, Port-Garaud, Aufréri. — Juin, août.

— nemorum. L. — Fl. s.-p. 3. — Lieux humides et couverts, ravins dans les bois, le long des petits ruisseaux. R. Venerque, à Combescure. Bouconne. T. Tournefeuille, Balma. — Mai, juillet.

Anagallis.
— arvensis. L. — A. phœnicea. Lam. — Fl. s.-p. 1. — Lieux cultivés, champs, vignes, jardins. C. C. — T. Autour de la ville. — Juin, septembre.
— cœrulea. Schreb. — Fl. s.-p. 1, 6. — Lieux cultivés, surtout dans les terrains caillouteux. C. — T. Plaine de la Garonne, Lalande, Patte-d'Oie, Lardenne. — Juin, septembre.
— tenella. L. — Fl. s.-p. 2. — Prairies humides, le long des rigoles. R. — T. Bourrassol, Perpan. C. — Juin, août.

Centunculus.
— minimus. — L. Fl. s.-p. 1. — Lieux humides ou mouillés en hiver, dans les bois. R. Bouconne, le long des sentiers, au bord des mares. C. C. — Juin, septembre.

Primula.
— officinalis. Jacq. — Fl. s.-p. 1. — Prés, bois. C. Bouconne. Bois à Colomiers. Prairies de l'Aussonnelle. — T. Bords du Touch, vallon de Saint-Geniés. — Mars, mai.
— elatior. Jacq. — Fl. s.-p. 2. — Lieux couverts, bords des ruisseaux, bois. R. Bouconne, le long du Riü-Tort. C. — T. Saint-Geniés, à l'entrée du vallon et, en remontant, sur les berges

du ruisseau. C. C. Ruisseau de Larramet. R.
— Mars, mai.
— grandiflora. Lam. — P. acaulis. Jacq. — Fl. s.-p.
2, 6. — Bois, lieux couverts. R. R. Bords du
Tarn, à la Busquette; près de Villemur. C. Bessières. — Mars, avril.

Obs. Cette belle plante, dont diverses variétés sont cultivées dans les parterres, abonde sur les rochers de Saint-Juéry, aux rives du Tarn, d'où les semences descendent dans la plaine.

SAMOLUS.
— Valerandi. L. — Fl. s.-p. 1. — Lieux humides, bords des ruisseaux, près des sources. C. C.— T. Bords du Canal du Midi, vallons de Pech-David, de Balma. — Juin, août.

GLOBULARIÉES.

GLOBULARIA.
— vulgaris. L. — Fl. s.-p. 1. — Pelouses au midi, bois découverts, friches des côteaux. C. — T. Pech-David, Balma. — Mai, juin.

MONOCHLAMIDÉES.

PLANTAGINÉES.

PLANTAGO.
— major. L. — Fl. s.-p. 1. — Pelouses, près, bois, bords des chemins. C. C. — T. Bords des canaux. Port-Garaud. — Mai, septembre.
— intermedia. Gilib. — Fl. s.-p. 1, 6. — Pelouses fraiches, lieux inondés en hiver. Sables humides le long des rivières. C. — T. Rives de la Garonne. — Juin, septembre.

— media. L. — Fl. s.-p. 2. — Pelouses sèches, prés, bois, bords des chemins. C. C. — T. Larramet, bois du Touch, Balma. — Mai, août.

— lanceolata. L. —Fl. s.-p. 3. — Prés, pâturages, fourrages artificiels qu'il infeste à la fin. C. C. C. — T. Autour de la ville. — Avril, septembre.

— eriophora. Hoffm. et Link. — Champs argilo-siliceux et sablonneux de la plaine de la Garonne. R. Brax. — T. Braqueville, Gounon. C. — Avril, août.

— serpentina. Vill. — Fl. s.-p. 4. — Pelouses des collines calcaires, haut Lauraguais. C. Graviers des rivières. R. — T. Au-dessous de Blagnac, Beauzelle. — Juin, août.

— Coronopus. L. — Fl. s.-p. 5. — Lieux secs, pelouses, bords des chemins, surtout dans les sols sablonneux ou cailloutcux. C. C. — T. Autour de la ville, Patte-d'Oie, Lardenne, Lalande. — Mai, septembre.

— Cynops. L. —Fl. s.-p. 6. — Lieux secs, côteaux, graviers le long des rivières. C. C. — T. Pech-David, bords de la Garonne. — Juin, juillet.

AMARANTHACÉES.

Amaranthus.

— Blitum. L. — Fl. s.-p. 1. — Lieux cultivés, champs, jardins; lieux incultes, bords des chemins, décombres. C. C. — T. Sur les promenades, autour de la ville. — Juillet, octobre.

— deflexus. L. — A. prostratus. Balb. — Fl. s.-p. 2. — Lieux incultes, bords des chemins, pied

des murs. C. — T. Le long du Cours-Dillon, Embouchure, Esplanade. — Juillet, octobre.
— sylvestris. Desf. — Fl. s.-p. 3. — Lieux cultivés, champs, vignes, jardins, décombres. C. — T. Autour de la ville, Port-Garaud, quartier de Lancefoc. — Juillet, octobre.
— albus. L. — Fl. s.-p. 4. — Plaines de l'Ariége et de la Garonne, bords des champs, des chemins. C. Portet, Colomiers. — T. Lardenne, Saint-Simon, Lalande. — Juin, septembre.
— retroflexus. L. — Fl. s.-p. 5. — Lieux cultivés, décombres, bords des rivières. C. C. — T. Au pied du mur du Cours-Dillon, le long de la prairie des Filtres, Port-Garaud. — Juillet, septembre.

POLYCNEMUM.
— majus. Braun. — P. arvense. L. ex parte. — Fl. s.-p. 1. — Champs parmi les cultures, chaumes après la moisson. C. — T. Pech-David, Guilheméry, Calvinet. — Juin, septembre.

PHYTOLACCÉES.

PHYTOLACCA.
— decandra. L. — plante de l'Amérique septentrionale, cultivée dans quelques jardins, sous le nom de *Raisin d'Amérique*. Subspontanée çà et là, le long de l'Ariége, de la Garonne. — T. Autour de la ville, Saint-Simon, Lardenne, Embouchure. — Juillet, septembre.

CHÉNOPODÉES.

BETA.
— vulgaris. L. — On cultive la var. *Cicla* sous le

nom de *Poirée*, dans les potagers, et la var. *rapacea*, sous le nom de *Betterave*, dans les champs. La première variété subspontanée, çà et là. — Juillet, septembre.

CHENOPODIUM.
- polyspermum. L. — FL. s.-p. 1. — Lieux cultivés et humides, sols sableux. C. — T. Saint-Agne, bords de l'Hers, vallons de Balma. — Juillet, octobre.
- Vulvaria. L. — FL s.-p. 2. — Lieux incultes, décombres, fumiers, pied des murs. C. C. — T. Autour de la ville, Port-Garaud, quartier de Lancefoc. — Juillet, octobre.
- album. L. — C. triviale. NOUL. FL. s.-p. α. — Lieux cultivés, bords des rivières. C. Rives de l'Ariége et de la Garonne. — T. Iles du Moulin-du-Château, Embouchure. — Août, octobre.
- viride. L. — C. triviale. NOUL. FL. s.-p. 6. — Lieux cultivés, champs, vignes. C. C. — T. Autour de la ville, Lalande, Lardenne. — Août, octobre.
- Opulifolium. SCHRAD. — FL. s.-p. add. 5 bis. — Lieux cultivés et incultes, champs, vignes, jardins, pied des murs, décombres. C. C. — T. Autour de la ville, Port-Garaud. — Juillet, septembre.
- murale. L. — FL. s.-p. 6. — Lieux incultes, décombres, pied des murs. C. C. — T. Autour de la ville, Lalande, Saint-Simon, Lardenne. — Juillet, octobre.
- intermedium. MERT. et KOCH. — FL. s.-p. 7. — Autour des villages, pied des murs, décombres,

fumiers. C. — T. Saint-Martin-du-Touch, Saint-Martin-de-Lasbordes. — Août, octobre.

— ambrosioides. L. — Fl. s.-p. 3. — Plante originaire de l'Amérique méridionale. Naturalisée, çà et là, surtout dans les endroits sablonneux. Rives de l'Ariége, Auterive, Venerque, Lacroix-Falgarde; rives du Tarn, Buzet, Bessières. — T. Lalande, vers l'Hers; grande île du Moulin-du-Château, Terre-Cabade. — Juillet, octobre.

— Botrys. L. — Fl. s.-p. 4. — Lieux sablonneux, bord de nos grandes rivières. C. C. — T. Rives de la Garonne. — Juillet, octobre.

BLITUM.

— virgatum. L. — Décombres, pied des murs, çà et là. — T. Le long du chemin de fer, depuis le faubourg Bonnefoy jusqu'au delà de l'embarcadère. R. — Juillet, septembre.

ATRIPLEX.

— laciniata. L. — Fl. s.-p. 1. *ex parte.* — Lieux incultes, décombres, murs. R. — Toulouse. C. Le long des promenades, atterrissements contre le mur de ville, après la porte Saint-Cyprien; corniches des quais. — Juillet, septembre.

— rosea. L. — Fl. s.-p. add. 1. *ex parte.* — Lieux incultes, décombres, aux alentours des villes et des villages. C. Le haut Lauraguais, Caignac, Nailloux, Noueilles, Saint-Félix. Auterive, aux bords de l'Ariége. Clermont, au Fort. — Juillet, septembre.

Obs. Les *Atriplex laciniata* et *rosea* sont très-rapprochés et peuvent être facilement confondus. Tous les exemplaires de Toulouse,

que nous avons étudiés, appartiennent exclusivement à l'*Atriplex laciniata;* ceux qui proviennent des autres localités citées, reviennent au contraire à l'*Atriplex rosea.*

— hastata. L. — A. latifolia. WAHLENB. — FL. S.-P. 2. — Lieux gras et frais, champs, haies, fossés. C. C. — T. Port-Garaud, quartier de Lancefoc. — Juillet, octobre.
— patula. L. — FL. S.-P. 3 et 4. — Bords des champs, surtout dans les sols caillouteux ou sablonneux, pieds des murs. C. — T. Rives de la Garonne; sous Pech-David, Embouchure. — Juillet, octobre.
— hortensis. L. — Cultivé dans les jardins potagers, sous le nom de *Bonne-Dame.* Subspontané, çà et là. — Juillet, octobre.

> *Obs.* On trouve dans les potagers le *Spinacia spinosa.* MŒNCH, *Epinard d'hiver,* et le *Spinacia inermis.* MŒNCH, *gros Epinard.*

POLYGONÉES.

RUMEX.
— pulcher. L. — FL. S.-P. 2. — Lieux incultes et secs, fossés, bords des chemins. C. C. — T. Autour de la ville, Patte-d'Oie, le long des murs de l'Arsenal. — Juin, septembre.
— obtusifolius. L. — FL. S.-P. 3. — Lieux cultivés et incultes, frais, jardins potagers. C. C. — T. Autour de la ville, Port-Garaud, Terre-Cabade. — Juin, septembre.
— conglomeratus. MURR. — R. acutus. SMITH. — FL. S.-P. 4. — Lieux humides, bords des eaux, bois. C. Combescure, à Venerque. Bouconne. — T. Bords des canaux, rives du Touch, de la Ga-

ronne, ruisseau de Larramet. — Juillet, septembre.

— nemorosus. Schrad. — R. nemolopathum. Auct. Pler. — Fl. s.-p. 5. — Bois frais. C. Saussaies. R. Bouconne, le long du Riü-Tort. — T. Larramet, aux bords du ruisseau. C. — Juin, août.

— crispus. L. — Fl. s.-p. 6. — Lieux humides, prairies, fossés. C. C. — T. Port-Garaud, rives de la Garonne. — Juillet, septembre.

— hydrolapathum. Huds. — Fl. s.-p. 7. — Bords des eaux. R. — T. Le long du Canal du Midi, çà et là, vers Castanet. — Juillet, août.

— scutatus. L. — Graviers de l'Ariége, çà et là. Auterive, Grépiac, Venerque. — Mai, août.

Obs. Cette plante abonde dans les Pyrénées, le long des routes de la vallée de l'Ariége.

— Acetosa. L. — Fl. s.-p. 8. — Lieux humides, prés, bois, vignes. C. C. — T. Port-Garaud, prairies du Touch, de l'Hers. — Mai, juin.

— Acetosella. L. — Fl. s.-p. 9. — Lieux secs, sols argilo-siliceux ou caillouteux, champs, vignes, bords des chemins. C. C. — T. Lalande, Lardenne, Saint-Simon. — Avril, juin.

Polygonum.

— Fagopyrum. L. — Fl. s.-p. 1. — Cultivé, surtout dans les Pyrénées, sous le nom de *Sarrazin*, *Blé noir*. Subspontané, çà et là, dans les alluvions récentes de la Garonne et de l'Ariége. — Juin, août.

— dumetorum. L. — Fl. s.-p. 2. — Haies, buissons. R. R. Plaine de l'Ariége, au-dessus d'Auterive.

C. Saussaies, à Venerque. — T. Bords de la Garonne, à Braqueville. — Juillet, septembre.
— Convolvulus. L. — Fl. s.-p. 3. Lieux cultivés, champs, vignes, jardins, haies, buissons. C. — T. Autour de la ville, Port-Garaud, Embouchure. — Juin, septembre.
— amphibium. L. — Fl. s.-p. 4. — La var. *aquaticum*. Mœnch. Les marais, les fossés, les rivières. C. — T. Canal du Midi, flaques le long de la Garonne, le Touch. — La var. *terrestre*. Mœnch. Lieux inondés en hiver, prairies marécageuses, bords des eaux. C. — T. Canal du Midi, rives de la Garonne, prairies de l'Hers. — Juin, août.
— lapathifolium. L. — Fl. s.-p. 5. — Lieux humides, fossés et mares desséchés, bords sableux des rivières. C. — T. Rives de la Garonne. — Juillet, septembre.
— nodosum. Pers. — Bords des eaux, fossés, sables humides des rivières. C. — T. Avec le précédent. — Juillet, septembre.
— Persicaria. L. — Fl. s.-p. 6. — Lieux frais, champs, fossés, bords des rivières. C. C. — T. Plaine de la Garonne. — Juillet, octobre.
— minus. Huds. Fl. s.-p. add. 7, 6. — Fossés des plaines de l'Ariége et de la Garonne. — C. Muret, Ox, Labarthe. — T. Gounon, Braqueville. — Juillet, octobre.
— mite. Schrank. — Fl. s.-p. 7 et add. — Fossés, lieux inondés en hiver. C. — T. Au-dessus du Port-Garaud, autour du Polygone, Gounon. — Juillet, octobre.
— Hydropiper. L. — Fl. s.-p. 8. — Lieux humides, bords des eaux, fossés. C. C. — T. Port-Ga-

raud, Fontaine Sainte-Marie, au faubourg Saint-Cyprien. — Juillet, octobre.

>*Obs.* Les espèces qui croissent pêle-mêle, dans les lieux aquatiques, donnent souvent lieu à des produits hybrides nombreux et variés.

— aviculare. L. — Fl. s.-p. 9. — Lieux incultes et champs après les récoltes. C. C. — T. Autour de la ville. — Juillet, octobre.
— Bellardi. All. — Fl. s.-p. 9, ♂. — Plaine de la Garonne, en face de Castelnau-d'Estretefonds, Ondes, dans les cultures. C. — Juin, juillet.

THYMÉLÉES.

Passerina.
— annua. Wickst. — Stellera passerina. L. — Fl. s.-p. 1. — Champs des terrains argilo-calcaires. C. — T. Pech-David, Calvinet. — Juillet, septembre.

Daphne.
— Laureola. L. — Fl. s.-p. 1. — Bois montueux du haut Lauraguais. Cintegabelle, au-dessus de Boulbonne. — T. Drémil, au bois du château de Restes. — Février, mars.

SANTALACÉES.

Thesium.
— humifusum. D. C. — Fl. s.-p. 1. — Pelouses sèches, clairières des bois, graviers. C. Bouconne. — T. Larramet, rives de la Garonne. — Juin, septembre.

Osyris.
— alba. L. — Fl. s.-p. 1. — Lieux incultes, friches

des collines, escarpements des côteaux. C. — T. Pech-David. — Mai, juillet.

ARISTOLOCHIÉES.

ARISTOLOCHIA.
— rotunda. L. — FL. S.-P. 1. — Lieux herbeux et humides, endroits ombragés, bois. C. — T. Le long du Touch, Balma, saussaies de la Garonne. — Mai, août.
— Clematis. L. — FL. S.-P. 2. — Vignes, haies, champs. C. Plaine du Tarn. C. C. — T. Autour de Larramet, vignes à Lardenne, à Saint-Simon, à Lalande. — Mai, août.

EUPHORBIACÉES.

EUPHORBIA.
— Chamæsyce. L. — FL. S.-P. 1. — Naturalisée à Toulouse, dans le Jardin des Plantes, où elle est commune. — T. Autour du Buscà, jardins vers Saint-Roch. — Juin, septembre.
— exigua. — FL. S.-P. 2 et add. — Champs, chaumes après la moisson. C. C. — T. Pech-David, Calvinet, sols sablonneux le long de la Garonne. — Mai, septembre.
— Peplus. L. — FL. S.-P. 3. — Lieux cultivés, jardins, décombres. R. — T. Autour de la ville, Port-Garaud, quartier des Minimes. C. — Juin, octobre.
— falcata. L. — FL. S.-P. 4. — Champs, récoltes, moissons et chaumes. C. C. — T. Pech-David, Guilheméry, Calvinet. — Juillet, octobre.
— Helioscopia. L. — FL. S.-P. 5. — Lieux cultivés, champs, vignes, jardins. C. C. — T. Autour de la ville. — Juin, octobre.

— Lathyris. L. — Fl. s.-p. 7. — Cultivé dans les jardins ruraux sous le nom d'*Epurge*. Subspontané, çà et là. — Juin, septembre.

— Cyparissias. L. — Fl. s.-p. 10. — Lieux sablonneux, bords des champs, chemins, le long des rivières. C. C. — T. Rives de la Garonne, Embouchure. — Avril, juin, et en automne.

— amygdaloïdes. L. — C. sylvatica. Auct., *non* L. — Fl. s.-p. 11. — Bois, broussailles, saussaies. C. C. — T. Pech-David, Balma, bords du Touch. — Mai, juin.

— Esula. L. — Fl. s.-p. et add. 12. — Rives du Tarn. C. Buzet et au-dessous. — Mai, juillet et en automne.

— pilosa. L. — Fl. s.-p. 13. — Bois couverts. R. Bouconne. C. C. — T. Larramet, le long du ruisseau. C. — Mai, juin.

— verrucosa. L. — Fl. s.-p. 14. — Prairies, pâturages, bords des chemins. C. C. — T. Bords du Touch et de l'Hers, Port-Garaud. — Avril, juin et en automne.

— platyphyllos. L. — Fl. s.-p. 15. — Lieux humides, champs, haies, revers des fossés, bords des ruisseaux. C. — T. Croix-Daurade, rives de l'Hers, Saint-Martin-de-Lasbordes, le long du Touch. — Juillet, octobre.

— stricta. L. — Bords des champs couverts, fossés aquatiques, au ramier de Fenouillet. C. — T. Sous Pouvourville, le long de la Garonne. — Mai, septembre.

— dulcis. L. — Fl. s.-p. 16. — Bois couverts. C. Bouconne. Le Lauraguais. — T. Pechbusque, Balma, Aufréri. — Avril, juin.

— Hiberna. L. — Fl. s.-p. add. 17. — Bois des

collines. R. R. — Venerque, au bois des Maurices, sur les pentes au nord. R. — Avril, juin.

MERCURIALIS.
— annua. L. — FL. S.-P. 1. — Lieux cultivés, champs, vignes, potagers. C. C. — T. Autour de la ville. — Juin, octobre.
— perennis. L. — FL. S.-P. 2. — Lieux couverts et frais, bois, fond des vallons. C. Bouconne. — T. Rives du Touch, vallons de Pech-David, de Balma. — Mars, juin.

URTICÉES.

URTICA.
— dioica. L. — FL. S.-P. 1. — Lieux incultes, bords des chemins, pied des murs, décombres. C. C. — T. Autour de la ville, Port-Garaud. — Juin, octobre.
— urens. L. — FL. S.-P. 2. — Lieux cultivés et incultes, décombres. C. — T. Autour de la ville, Port-Garaud. — Juin, octobre.
— membranacea. POIRET. — T. Au pied des murs qui séparent les cours de l'Arsenal, à l'intérieur. C. (M. le capitaine Bosquet). — Avril, mai.
   Obs. Cette plante est particulière à la région méditerranéenne. Ses semences ont été, sans doute, apportées à Toulouse avec le matériel d'artillerie.
— pilulifera. L. — FL. S.-P. 3. — Lieux incultes, décombres, pied des murs, autour de Toulouse. C. Busca, Port-Garaud, Minimes. — Juin, octobre.

PARIETARIA.
— diffusa. MERT. et KOCH. — FL. S.-P. 1. — Murs,

rochers, principalement à l'ombre. C. — T. Intérieur de la ville, église du Calvaire, de Saint-Sernin, corniches des quais. — Juillet, octobre.

CANNABINÉES.

Humulus.

— Lupulus. L. — Fl. s.-p. 1. — Lieux frais, buissons le long des ruisseaux, saussaies. C. — T. Bords de la Garonne, sous Pech-David. — Juillet, août.

Obs. On cultive fréquemment le *Chanvre*, *Cannabis sativa. L.*, originaire de l'Inde.

MORÉES.

Ficus.

— Carica. L. — Le *Figuier* est communément cultivé. Subspontané, çà et là, sur les escarpements des côteaux. — Juillet, août.

Obs. Le *Morus alba. L. Mûrier blanc*, originaire de l'Orient, est cultivé pour nourrir les vers à soie. On cultive aussi le *Mûrier noir*, *Morus nigra L.*, originaire de l'Asie, pour ses fruits ou Mûres.

ULMACÉES.

Ulmus.

— campestris. L. — Fl. s.-p. 1. — Bois, bords des champs, des chemins. C. C. — T. Terrains gras le long des rivières. — Mars, avril.
— suberosa. Willd. — Fl. s.-p. 1, 6. — Bois, haies, escarpements des côteaux. C. — T. Pech-David, Balma. — Mars, avril.

Obs. L'*Ulmus major*. Smith., vulgairement

Orme de Hollande, ou *à larges feuilles*, est l'orme si fréquemment planté dans le sud-ouest.

BÉTULINÉES.

ALNUS.
— glutinosa. GAERTN. — FL. s.-p. 1. — Lieux humides, bords des eaux. C. — T. Rives du Touch, de la Garonne. — Février, mars.

SALICINÉES.

SALIX.
— alba. L. — FL. s.-p. 1. — Bords des eaux. C. C. — T. Saussaies le long de la Garonne. Planté le long des prés. — Avril, mai.
— triandra. L. — C. amygdalina. L. FL. s.-p. 2. — Le long des rivières. C. Bords du Tarn, de l'Ariége et de la Garonne. C. — T. Au-dessus et au-dessous de la ville. — Avril, mai.
— incana. SCHRANK. — S. Lavandulæfolia. LAPEYR. — FL. s.-p. 3. — Rives du Tarn, de l'Ariége et de la Garonne. C. — T. Au-dessus et au-dessous de la ville. — Avril, mai.
— purpurea. L. — S. monandra. HOFFM. — FL. s.-p. 4. — Rives du Tarn, de l'Ariége et de la Garonne. C. C. — T. Au-dessus et au-dessous de la ville. — Mars, avril.
— Capræa. L. — FL. s.-p. 5. — Bois humides. C. Bouconne. — T. Vallons de Pouvourville, de Pechbusque, bords du Touch. — Mars, avril.
— cinerea. L. — FL. s.-p. 6. — Bois humides. C. C. Bouconne, aux bords du Riü-Tort. Rives de l'Ariége et de la Garonne. — T. Braqueville, Balma, Aufréri, Saint-Geniés. — Mars, avril.

Obs. On cultive pour la vannerie le *Salix vitellina.* L. sous le nom d'*Osier jaune*, et, comme arbre d'agrément, le *Salix Babylonica.* L., *Saule pleureur*, originaire d'Orient.

POPULUS.
— tremula. L. — FL. S.-P. 1. — Bois humides. C. Bouconne. Bois de Colomiers. — T. Pech-David, Balma, Saint-Martin-de-Lasbordes. — Mars, avril.
— alba. L. — Cultivé sous le nom de *Peuplier blanc.* Subspontané, çà et là, se multipliant très-facilement par ses racines drageonnantes. — Mars, avril.
— nigra. L. — FL. S.-P. 2. — Lieux humides, bords des eaux. C. C. — T. Le long des rivières, les Ramiers de la Garonne. — Mars, avril.

Obs. On cultive communément le *Peuplier pyramidal*, *Populus pyramidalis.* ROSIER, *Populus fastigiata.* POIR., que l'on appelle plus communément *Peuplier d'Italie*, dont nous n'avons que des individus à fleurs staminifères.
Le peuplier de *Virginie* ou de la *Caroline*, *Populus Virginiana.* DESF., est aussi fréquemment planté.

QUERCINÉES.

FAGUS.
— sylvatica. L. — FL. S.-P. 1. — Les bois, dans le lehm. R. R. Çà et là. — Avril, mai.

CASTANEA.
— vulgaris. LAM. — FL. S.-P. 1. — Au pied des Pyrénées. C. Rarement cultivé autour de Toulouse; il prospère dans le lehm. Naturalisé dans les

bois à Esperce, à Venerque, à Espanés. — Mai, juin.

Quercus.
— pedunculata. Ehrh. — Fl. s.-p. 1. — Bois, bordures des champs. C. C. — Avril, mai.
— sessiliflora. Smith. — Fl. s.-p. 2. — Bois, bordures des champs. C. C. — Avril, mai.
— pubescens. Willd. — Bois, bordures des champs. C. C. — Avril, mai.
— Suber. L. — Les bois. R. R. Bouconne. Bois de Colomiers. C. — Mai.
— Ilex. L. — Côteaux boisés de Marconat, à Clermont, où il aura été semé. R. — Mai.

Corylus.
— Avellana. L. — Fl. s.-p. 1. — Bois des collines. C. C. — T. Pech-David, Balma, Aufréri. — Février, mars.

Carpinus.
— Betulus. L. — L. Fl. s.-p. 1. — Bois. C. Bouconne, le long du Riü-Tort. Venerque. Espanès. — T. Pechbusque, Aufréri. On en forme des haies et des berceaux sous le nom de *Charmilles*. — Avril, mai.

> Obs. Le *Noyer* (*Juglans regia. L.*) de la famille des Juglandées, qui trouverait sa place ici, est fréquemment cultivé.

CONIFÈRES.

Juniperus.
— communis. L. — Fl. s.-p. 1. — Bois, bruyères, friches. C. — T. Larramet, Balma, Aufréri. — Avril, mai.

PLANTES ENDOGÈNES

ou

MONOCOTYLÉDONÉES.

PHANÉROGAMES.

HYDROCHARIDÉES.

VALLISNERIA.
— spiralis. L. — FL. s.-p. 1. — Eaux tranquilles. — T. Canal du Midi, Canal de Brienne et Canal latéral. C. C. — Août, octobre.

ALISMACÉES.

ALISMA.
— ranunculoides. L. — FL. s.-p. 1. — Lieux marécageux, fossés aquatiques. R. Le long des fossés à Plaisance. — T. Banquettes submergées du Canal du Midi, çà et là. — Mai, septembre.
— Plantago. L. — FL. s.-p. 2. — Bords des eaux tranquilles, fossés, mares. C. C. — T. Canal du Midi, Port-Garaud. — Juin, septembre.
— lanceolatum. WITH. — Bords des eaux, fossés, mares. C. — T. La Cipière, le Miral. — Juin, septembre.
— Damasonium. L. — Damasonium stellatum. RICH. — FL. s.-p. 3. — Lieux marécageux, fossés aquatiques, mares. R. Plaine de la Garonne. C. Brax, Léguevin, Colomiers. — T. Autour de Larramet, Lardenne, Patte-d'Oie, Lalande. C. C. — Mai, septembre.

SAGITTARIA.
— sagittæfolia. L. — Fl. s.-p. 1. — Bords des eaux stagnantes. R. Marais à Ondes et sur la rive opposée de la Garonne, au-dessous de Grenade. C. — T. Bords du Canal du Midi çà et là. — Juin, août.

BUTOMUS.
— umbellatus. L. — Fl. s.-p. 1. — Lieux marécageux, bords des eaux stagnantes. R. Portet. Fenouillet. — T. Bords du Canal au-dessus du Petit-Espinet, au pont des Minimes, fossés du Port-Garaud. — Juin, août.

POTAMÉES.

POTAMOGETON.
— natans. L. — Fl. s.-p. 1. — Eaux dormantes. C. C. — T. Flaques à Braqueville, Canal du Midi. — Juillet, août.
— lucens. L. — Fl. s.-p. 2. — Eaux courantes et stagnantes. C. — T. Canaux du Midi et de Brienne. — Juillet, août.
— perfoliatus. L. — Fl. s.-p. 3. — Eaux courantes et stagnantes. C. — T. Le Touch, la Garonne, canaux du Midi et de Brienne. — Juin, septembre.
— crispus. L. — Fl. s.-p. 4. — Eaux courantes et stagnantes. C. — T. La Garonne, le Touch, fossés au Port-Garaud, Canal du Midi. — Mai, juillet.
— densus. L. — Fl. s.-p. 5. — Eaux courantes et stagnantes, ruisseaux. C. C. — T. Pouvourville, Balma; banquettes du Canal du Midi, fontaine au-delà de Bourrassol. — Juillet, septembre.

— pusillus. L. — Fl. s.-p. 6. — Eaux courantes et stagnantes. C. — T. Flaques aux bords de la Garonne, fossés, Canal du Midi. — Juin, août.

— pectinatus. L. — Fl. s.-p. 7. — Eaux courantes et stagnantes. C. — T. Canaux du Midi et de Brienne. Juillet, septembre.

ZANICHELLIA.

— repens, Bonningh. — Z. palustris. Auct. Pler. — Fl. s.-p. 1. — Eaux courantes et stagnantes. C. — T. Bords de la Garonne, ruisseaux, canaux du Midi et de Brienne sur les banquettes submergées. Mai, juillet.

NAIAS.

— minor. Roth. — Caulinia fragilis. Willd. — Fl. s.-p. 2. — Eaux courantes et stagnantes. C. — T. Rives de la Garonne, flaques à Braqueville. Canal de Brienne. — Juillet, septembre.

LEMNACÉES.

LEMNA.

— minor. L. — Fl. s.-p. 1. — Eaux dormantes, dont elle recouvre souvent la surface. C. C. — T. Autour de la ville. — Avril, juin.

— trisulca. L. — Fl. s.-p. 2. — Eaux vives et tranquilles. C. Portet, dans le parc de Clairfont. — T. Sources à Braqueville, plaine de Casselardit, au bord de la Garonne, dans les fontaines et les fossés d'écoulement. — Avril, juin.

— gibba. L. — Surface des eaux dormantes, çà et là. T. Bassins du Jardin des plantes (M. le professeur Clos). Fossés au-dessous des Minimes. C. (M. Timbal). — Avril, juin.

— polyrhyza. L. — Eaux stagnantes, marais, flaques. R. Ondes, marais au bord de la Garonne. — T. Braqueville.

AROIDÉES.

ARUM.

— Italicum. MILL. — FL. s.-p. 1. — Lieux couverts et humides, bois, broussailles, haies. C. C. — T. Vallons de Pech-David, de Balma, rives du Touch. — Avril, mai.

TYPHACÉES.

TYPHA.

— latifolia. L. — FL. s.-p. 1. — Lieux aquatiques et marécageux, fossés profonds. C. — T. Port-Garaud, Béarnais, Braqueville. — Juin, juillet.
— angustifolia. L. — FL. s.-p. 2. — Eaux stagnantes, fossés profonds. R. — T. Récollets, près de la Tuilerie, Béarnais, Bourrassol. — Juin, juillet.

SPARGANIUM.

— ramosum. HUDS. — FL. s.-p. 1. — Bords des eaux, marais, fossés. C. C. — T. Port-Garaud, Bourrassol, bords du Touch. — Juin, août.

ORCHIDÉES.

ORCHIS.

— purpurea, HUDS. — O. fusca. JACQ. — O. militaris δ. et γ. L. — FL. s.-p. 11. — Prés, bois, côteaux buissonneux. C. Bouconne. T. Vallons de Pech-David, de Balma, prairies le long de la Garonne. — Mai, juin.

— Rivini. Gou. — O. militaris, α. L. — O. cinerea. Schrank. — O. galeata. Auct. Pler. — Fl. s.-p. 13. — Prairies, pâturages des collines. R. Lacroix-Falgarde, dans la grande prairie du château. — T. Sous Vieille-Toulouse, vallons de Pechbusque. — Mai, juin.

— Simia. Lam. — Fl. s.-p. 12. — Prairies, bois, friches buissonneuses des collines. C. Bouconne, Lacroix-Falgarde, grande prairie du château. — T. Sous Pech-David, Braqueville, Blagnac, bords du Touch. — Mai, juin.

— tridentata. Scop. — O. Tenoreana. Guss. — O. variegata. Auct. Pler. non Jacq. — Fl. s.-p. 10. — Prés, bois découverts. C. C. Grande prairie de Portet. — T. Larramet, le Miral, Renéry, la Cipière, Polygone, Bourrassol. — Mai, juin.

— ustulata. L. — Fl. s.-p. 14. — Prairies un peu humides. C. Rives de l'Aussonnelle. — T. Bords du Touch, de Blagnac à Beauzelle. — Avril, mai.

— coriophora. L. — Fl. s.-p. 15. — Prairies, pelouses le long de l'Ariége et de la Garonne. C. Bouconne. Bords de l'Aussonnelle. — T. Bords du Touch, de Blagnac à Beauzelle. — Mai, juin.

— fragans. Pollin. — Prairies, pâturages découverts, friches le long de l'Ariége et de la Garonne. C. — T. Braqueville, Blagnac, au-dessous du pont, rive droite de la Garonne. — Mai, juin,

— Morio. L. — Fl. s.-p. 8. — Prés, bois, pelouses. C. C. — T. Larramet, bords du Touch, Miral, la Cipière. — Avril, juin.

— mascula. L. — Fl. s.-p. 9. — Prés, bois, friches

herbeuses des côteaux. C. Bouconne. Bords du Touch à Plaisance. — T. Pech-David, Saint-Geniés. — Avril, juin.

— parvifolia. Chaub. — Fl. s.-p. 7. — Près de Toulouse, le long du Touch, au-dessus de Saint-Martin, dans une prairie marécageuse. R. R. — Mai.

    Obs. Cette plante, dont je n'ai rencontré que deux exemplaires, en 1826, n'a pas été retrouvée dans nos environs. Serait-elle un produit hybride?

— laxiflora. Lam. — Fl. s.-p. 6. — Prés et pâturages humides ou marécageux. C. C. Bords de l'Aussonnelle. — T. Prairies de l'Hers. — Mai, juin.

— papilionacea. L. — Fl. s.-p. 5. — Prairies, bois, friches buissonneuses des côteaux. R. Le long de l'Ariége et de la Garonne. R. Bouconne, à l'entrée de la forêt, du côté de Léguevin. — T. Grande prairie communale de Portet. C. Pente des côteaux en face. R. — Mai, juin.

— maculata. L. — Fl. s.-p. 3. — Bois, bruyères et prés humides. C. Bouconne. — T. Larramet, parmi les bruyères, Saint-Martin-de-Lasbordes, Balma. — Mai, Juin.

— incarnata. L. — O. latifolia. Auct. Pler. *non* L. — Fl. s.-p. 4. — Prés humides ou marécageux. Rives de l'Aussonnelle. — T. Prairies le long de l'Hers au-dessous du pont d'Aiga. C. C.

    Obs. Plusieurs espèces du genre *Orchis*, exerçant les unes sur les autres l'action hybridante, donnent naissance à une foule de formes intermédiaires.

ANACAMPTIS.
— pyramidalis. RICH. — Orchis pyramidalis. L. — FL. S.-P. 16. — Prés secs, bois découverts, friches des collines. C. — T. Bords du Touch, le Miral, le Polygone, Balma. — Mai, juin.

GYMNADENIA.
— Conopsea. R. BROWN. — Orchis conopsea. L. — FL. S.-P. 2. — Prés, bois. R. Bouconne. C. — Mai, juin.

HIMANTHOGLOSSUM.
— hircinum. SPRENGEL. — Orchis hircina. CRANTZ. — FL. S.-P. 18. — Friches, lisières des bois, C. — T. La Cipière, le Miral, Renéry, Pech-David, Balma, Ramier du Moulin-du-Château. — Juin, juillet.

CŒLOGLOSSUM.
— viride. HARTMAN. — Orchis viridis. ALL. — FL. S.-P. 1. — Prés et bois humides. C. Bouconne. — T. Prairies de Bourrassol, bords du Touch, bois à Balma, rives de la Garonne à Blagnac. — Mai, juin.

PLATANTHERA.
— bifolia. REICH. — Orchis bifolia. L. — FL. S.-P. 17. — Prairies couvertes, bois. C. Bouconne. — T. Larramet, Saint-Martin-de-Lasbordes. — Juin, juillet.
— chlorantha. CUSTOR. — Orchis montana. SCHMIDT. — Bois et lieux couverts. C. Bouconne. — T. Larramet, Aufréri, grande île du Moulin-du-Château. — Mai, juin.

Ophrys.

— fusca. Link. — Fl. s.-p. 3. — Prés secs, pelouses, bois. C. Bouconne. Pechbusque. Grande prairie communale de Portet.—T. Larramet, Polygone, la Cipière, le Miral, Menerie.—Avril, mai.

— lutea. Cav. — Fl. s.-p. add. 5. — Friches au midi. R. Venerque, à Combescure, à la Trinité. — T. Au-dessus de Tournefeuille, Pouvourville, sur le deuxième côteau. — Avril, mai.

— aranifera. Huds. — Fl. s.-p. 4. — Prés, pelouses, bois secs. C. C. — T. Bords du Touch, de l'Hers, Pech-David, graviers de la Garonne.— Avril, mai.

— pseudospeculum. D. C. — Pelouses sèches des collines, clairières des bois secs. R. Combescure, à Venerque. — T. Larramet, Pech-David, Polygone. — Avril.

— Scolopax. Cav. — Fl. s.-p. 5. *ex parte*. — Prés, pelouses sèches, bois, graviers de l'Ariége et de la Garonne. C. C. — T. Larramet, la Cipière, les bords de la Garonne. — Avril, mai.

— apifera. Huds. — Fl. s.-p. 5. *ex parte*. — Prairies, pelouses couvertes, bois. C. — T. Bords du Touch, Renéry, Polygone, îles du Moulin-du-Château, Ramier de Blagnac. — Mai, juillet.

> *Obs.* J'ai observé un nombre considérable de produits hybrides, très-variés, provenant des *Ophrys aranifera* et *Scolopax*, croissant pêle-mêle sur les pelouses le long de l'Ariége et de la Garonne.

ACERAS.
— Anthropophora. R. BROWN. — Ophrys anthropophora. L. — FL. S.-P. 1. — Prés secs, bords des bois et clairières. C. Bouconne. Friches le long de l'Ariége et de la Garonne. — T. Larramet, bords du Touch, Pech-David. — Mai, juin.

SERAPIAS.
— Lingua. L. — FL. S.-P. 1. — Prés secs, bois, pelouses. C. Bouconne. — T. Larramet, bords du Touch, au-dessus de Saint-Martin, îles du Moulin-du-Château, Balma. — Mai, juin.
— cordigera. L. — FL. S.-P. 2. — Bois, bruyères, C. Bouconne. — T. Larramet, Pechbusque, Balma. — Juin.
— longipetala. POLLIN. — S. pseudocordigera. SEB. et MAUR. — S. lancifera. ST.-AM. — FL. S.-P. et add. 3. — Bois, bruyères. C. Bouconne. — T. Larramet, bois le long du Touch, Renéry. — Juin.

LIMODORUM.
— abortivum. SWARTZ. — Orchis abortiva. L. — T. Bois du château de Lacroix-Falgarde, au bord droit de l'Ariége. C. (MM. Filhol et Timbal). — Mai, juin.
     Obs. Plante abondante dans les Pyrénées, d'où les graines seront venues.

CEPHALANTHERA.
— ensifolia. RICH. — Epipactis ensifolia. Sw. — FL. S.-P. 5. — Bordures des bois, à l'ombre. R. Venerque. Portet, au parc de Clairfont. —

T. Vallons entre Pouvourville et Vieille-Toulouse. Bois derrière la butte du Polygone, ruines de Saint-Michel. — Mai.
— grandiflora. Babg. — C. pallens. Rich. — Serapias grandiflora. L. — Lieux couverts. R. R. Corronsac, au Miey. Clermont, au vallon de l'Infernet. Fenouilhet, près du ruisseau de la Celine, en face de Beauzelle (M. le professeur Baillet). — Mai, juin.
— rubra. Rich. — Epipactis rubra. All. — Fl. s.-p. 6. — Saussaies aux bords de l'Ariége. R. R. Le long du canal de fuite du moulin du Vernet, Piboule de Clermont, Lacroix-Falgarde. — Juin, juillet.

Epipactis.
— latifolia. All. — Fl. s.-p. 3. — Saussaies le long de l'Ariége et de la Garonne. C. Venerque, Lacroix-Falgarde, Portet. — T. Blagnac. — Juillet, août.
— rubiginosa. Gaud. — E. atrorubens. Hoffm. — Rives de l'Ariége et de la Garonne. R. R. Le Vernet, le long du canal de fuite du moulin. — T. Ramier de Fenouillet. — Juin, juillet.

Listera.
— ovata. R. Brown. — Epipactis ovata. All. — Fl. s.-p. 2. — Bois, saussaies le long de l'Ariége et de la Garonne. R. Bouconne. Auterive, Venerque, Lacroix-Falgarde. — T. Sous Vieille-Toulouse, Braqueville. — Mai, juin.

> Obs. Les espèces des genres *Cephalanthera*, *Epipactis* et *Listera*, que nous venons de citer, ne se trouvent que çà et là, quoique quelques-unes soient assez répandues.

SPIRANTHES.
— autumnalis. RICH. — Neottia spiralis. Sw. — FL. S.-P. 1. — Prés secs, pelouses, friches, bois. C. C. — T. Larramet, bords du Touch, Polygone, la Cipière, de l'Embouchure au pont de Blagnac. — Août, octobre.

IRIDÉES.

CROCUS.
— sativus. ALL. — Cultivé sous le nom de *Safran*. Subspontané, le long de la route de Colomiers à Plaisance, à En-Signau, au bord d'une vigne. C. — Septembre, novembre.

GLADIOLUS.
— segetum. GAWL. — FL. S.-P. 1. — Champs, parmi les cultures, les moissons. C. C. — T. Pech-David, Guilleméry, Calvinet. — Juin.

IRIS.
— germanica. L. — FL. S.-P. 1. — Friches escarpées des côteaux, murs en terre. C. Escarpements à Venerque, Clermont, Lacroix-Falgarde. C. — T. Murs de clôture autour de la ville. — Avril, mai.
— pseudo-Acorus. L. — FL. S.-P. 2. — Lieux marécageux, fossés profonds. C. C. — T. Ruisseau de Larramet, Bourrassol, Canal du Midi, Port-Garaud. — Mai, juin.
— fœtidissima. L. — FL. S.-P. 3. — Lieux couverts et humides, bords des bois, le long des eaux. C. — T. Larramet, aux bords du ruisseau, au Touch, vallons de Pech-David, d'Aufréri. — Juin, juillet.

— graminea. L. — Fl. s.-p. 4. — Lieux couverts, bois, broussailles, prairies. R. — Bouconne. C. — T. Larramet, le long du ruisseau; bords du Touch. Bords du Lhers, au-devant du pont de Croix-Daurade. (M. Baillet). C. C. — Juin, juillet.

AMARYLLIDÉES.

Narcissus.

— pseudo-Narcissus. L. — Fl. s.-p. 1. — Bois. R. Bouconne, à l'entrée du Riü-Tort, dans la forêt. Petits bois le long de l'Aussonnelle, bois derrière le côteau de Saint-Pierre, à Tournefeuille. — Mars, avril.

— major. Curt. — Cultivé dans les jardins. Subspontané, çà et là, dans les prairies naturelles et artificielles. — T. Rives du Touch, de Tournefeuille à Saint-Martin. — Mars, avril.

— incomparabilis. Mill. — Fl. s.-p. 2. — Cultivé dans les jardins. Subspontané, çà et là. — T. Prairies le long du Touch, au-dessus du pont de Blagnac, autour du moulin de Tournefeuille, Ramier de Beauzelle. — Mars, avril.

— Tazetta. L. — Fl. s.-p. 4. — Cultivé dans les jardins. Subspontané, çà et là. R. R. — T. Prairies du Touch, entre Plaisance et Tournefeuille. A Saint-Martin, entre les deux moulins, sur la rive gauche. — Mars, avril.

— biflorus. Curt. — Cultivé dans les jardins. Subspontané, çà et là. R. R. Bois, à Nailloux. Pâturages couverts de Loupsaut, à Venerque, aux bords de l'Ariége. — Avril, mai.

— Jonquilla. L. — Cultivé dans les jardins sous le nom de *Jonquille*. Subspontané, çà et là. — T.

Le long du Touch, près de son embouchure dans la Garonne. R. — Mars, avril.

GALANTHUS.
— nivalis. L. — Fl. s.-p. 1. — Prés, bois humides. R. Petits bois aux bords du Lhers. Castelginest. Au-dessus et au dessous de Launaguet. C. C. — T. Petite île de l'ancienne poudrière. R. — Février, mars.

ASPARAGÉES.

ASPARAGUS.
— officinalis. L. — Fl. s.-p. 1. — Cultivé dans les potagers et en pleins champs le long de la Garonne, près de Toulouse. Subspontané, çà et là. — T. Ramiers de Blagnac, de Beauzelle. — Juin, juillet.
— acutifolius. L. — Fl. s.-p. 2. — Côteaux et escarpements buissonneux, bois montueux. R. Muret, Venerque, Clermont, Lacroix-Falgarde, Vieille-Toulouse. — T. Pech-David. — Juin, juillet.

CONVALLARIA.
— maialis. L. — Fl. s.-p. 1. — Bois. R. Bouconne, le long du Riü-Tort. C. — Mai.
— Polygonatum. L. — Polygonatum vulgare. Desf. — Fl. s.-p. 2. — Bois. R. Bouconne. C. C. — T. Larramet, à l'entrée du ruisseau dans le bois. — Mai, juin.
— multiflora. L. — Polygonatum multiflorum. Desf. — Bois frais. R. Bouconne, le long du Riü-Tort. C. — Mai, juin.

Ruscus.
— aculeatus. L. — Fl. s.-p. 1. — Bois, broussailles, lieux couverts. C. C. — T. Vallons de Pech-David, de Balma, bords du Touch. — Novembre, mai.

DIOSCORIDÉES.

Tamus.
— communis. L. — Fl. s.-p. 1. — Bois, buissons, bords couverts des ruisseaux. C. C. — T. Vallons de Pech-David, de Balma, rives du Touch. — Mai, juillet.

LILIACÉES.

Tulipa.
— sylvestris. L. — Fl. s.-p. 1. — Vignes et champs. R. Fronton. — T. Saint-Orens, Odars, Saint-Geniès, Rouffiac, Saint-Simon. — T. au Miral. C. — Avril.
— Clusiana. Vent. in Redout. — Fl. s.-p. 3. — Vignes autour de Toulouse, Miral, Saint-Simon, quartier de la Gravette, à la Patte-d'Oie, près de l'embouchure du Canal du Midi. C. — Avril.

> *Obs.* Il y a vingt-cinq ans que cette belle tulipe abondait au quartier de la Gravette, alors cultivé en vignes; elle tend à y disparaître depuis que ces terrains ont été en grande partie convertis en jardins potagers. Elle se maintient abondante dans les vignes, à l'Embouchure.

Fritillaria.
— Meleagris. L. — Fl. s.-p. 1. — Prairies. R. Rives de l'Aussonnelle; celles du Touch et de l'Hers. C. C. Castelginest, Launaguet. — T. Au-dessus

du pont d'Aiga, Saint-Martin-de-Lasbordes; Saint-Martin-du-Touch. — Avril.

ASPHODELUS.
— albus. L. — Fl. s.-p. 1. — Bois. R. Bouconne. C. C. Bois des rives de l'Aussonnelle, Colomiers, Pibrac, Cornebarrieu. C. — Mai, juin.

ANTHERICUM.
— Liliago. L. — Fl. s.-p. 1. — Friches herbeuses et escarpements des côteaux. C. — T. Pech-David. — Mai, juin.

ORNITHOGALUM.
— divergens. BOREAU. — Fl. s.-p. 1, *ex parte*. — Champs, vignes, jardins. C. C. — T. Pech-David, Guilheméry, Calvinet, Lalande, Lardenne. — Avril, mai.
— Angustifolium. BOREAU. — Fl. s.-p. 1, *ex parte*. — Lieux sablonneux et incultes, friches, bords des rivières. C. — T. Rives de la Garonne, Braqueville, l'Embouchure, Blagnac. — Mai, juin.
— affine. BOREAU. — Fl. s.-p. 1, *ex parte*. — Champs secs des collines. R. Venerque, à Rabe, à Bezegnagues. — Juin.

> *Obs.* Ces trois formes et celle à laquelle M. Boreau a conservé le nom spécifique d'*Ornithogalum umbellatum. L.*, avaient été jusqu'à ces dernières années confondues sous cette dernière dénomination. Nous n'avons pu constater d'une manière rigoureuse l'existence du type Linnéen dans le rayon de notre Flore.

— O. Pyrenaicum. L. — Fl. s.-p. 645. — Bois, prairies humides et couvertes. C. Bouconne. —

T. Larramet, le long du ruisseau, bords du Touch, à Saint-Martin, entre Blagnac et Beauzelle. — Juin, juillet.

SCILLA.
— autumnalis L. — FL. s.-p. 1. — Pelouses sèches, bois découverts, principalement dans les lieux sablonneux et caillouteux. C. Graviers de l'Ariége, à Venerque, au Vernet. — T. Larramet, Saint-Simon, Lardenne, dernier bois du Touch, sur la rive gauche, avant le pont de Blagnac. — Août, septembre.
— bifolia. L. — FL. s.-p. 2. — Bois. R. R. Bouconne, du côté de Brax, dans les bruyères découvertes. — Mars, avril.
— Lilio-Hyacinthus. L. — FL. s.-p. 3. — Bois montueux et couverts au pied des pentes, bords des ruisseaux ombragés. R. Bouconne, le long du Riü-Tort. C. Venerque, bois de Combescure. — T. Bois du château de Labastide. — Avril, mai.

ALLIUM.
— Polyanthum. ROM. et SCH. — A. Ampeloprasum. AUCT. non L. — FL. s.-p. 1. — Vignes, champs. C. C. — T. Pech-David, Saint-Simon, Lardenne, Lalande. — Juillet, août.
— sphærocephalum. L. — FL. s.-p. 2. — Vignes, champs. C. — T. Pech-David, Calvinet, Balma. — Juin, août.
— vineale. L. — FL. s.-p. 3. — Lieux secs, vignes, champs. C. C. — T. Pech-David, Lalande, Lardenne, Saint-Simon. — Juillet, août.
— pallens. L. — FL. s.-p. add. 4. — Vignes, champs, les jardins potagers surtout. C. — T. Lalande,

Lardenne, Saint-Simon, Saint-Martin-du-Touch,
Blagnac. — Juillet, août.
— intermedium. D. C. — Vignes, champs. C. — T.
Sous Pech-David, Lardenne, Saint-Simon. —
Juin, juillet.
— roseum. L. — Fl. s.-p. 5. — Vignes. R. Auterive, aux Escloupiés. C. — T. Lalande, audelà de l'église, Blagnac, à l'embouchure du Touch, dans la Garonne, au-dessus et au-dessous de la route. C. — Juin, juillet.

> *Obs.* On cultive pour les usages domestiques, l'*Ail*, *A. Sativum.* L.; le *Poireau*, *A. Porrum.* L.; l'*Echalotte*, *A. Ascalonicum.* L.; et l'*Ognon*, *A. Cepa.* L.

BELLEVALIA.
— appendiculata. LAPEYR. — B. romana. REICH. — Hyacinthus romanus. L. — Fl. s.-p. 1. — Prairies humides. C. — T. Bords du Touch, du Lhers, Port-Garaud, Bourrassol. — Avril, mai.

MUSCARI.
— racemosum. D. C. — Fl. s.-p. 1. — Lieux sablonneux, champs, vignes, jardins. C. C. — T. Embouchure, Patte-d'Oie. — Avril, mai.
— comosum. MILL. — Fl. s.-p. 2. — Champs, parmi les récoltes, vignes. C. C. Pech-David, Calvinet, vallée du Lhers. — Mai, juillet.

COLCHICACÉES.

COLCHICUM.
— autumnale. L. — Fl. s.-p. 1. — Prés humides. C. Venerque le long de la Hyse. Bords de l'Aus-

sonnelle, du Girou, du Touch. — T. Prairies du Lhers, à Balma, Croix-Daurade, Launaguet. — Août, octobre.

JONCÉES.

Juncus.
— conglomeratus. L. — Fl. s.-p. 1, α. — Lieux humides, fossés, parties marécageuses des bois, lieux inondés en hiver. C. — Bouconne. — T. Larramet, bords du Touch, Renéry. — Juin, juillet.
— effusus. L. — Fl. s.-p. 1, 6. — Lieux humides et aquatiques, bords des eaux, fossés. C. C. — T. Banquettes le long des canaux, rives de la Garonne. — Juin, juillet.
— glaucus. Ehr. — Fl. s.-p. 2. — Lieux humides, bords des eaux. C. C. — T. Banquettes le long des canaux. C. C. — Juin, septembre.
— capitatus. Weigel. — Fl. s.-p. 3. — Lieux sablonneux et submergés en hiver. R. R. Bois de la Marianne, à Grenade. C. — Mai, juillet.
— compressus. Jacq. — J. bulbosus. L. — Fl. s.-p. 4. — Lieux humides, pâturages, fossés. C. — T. Perpan, Menerie, fossés autour de Larramet, Saint-Simon. — Juin, septembre.
— bufonius. L. — Fl. s.-p. 5. — Lieux humides, bords des mares, des fossés, sables le long des rivières. C. C. — T. Larramet, rives du Touch, du Lhers, de la Garonne. — Juin, septembre.
— Tenageia. L. fil. — Fl. s.-p. add. 5 bis. — Lieux humides et submergés en hiver, mares, sentiers

dans les bois. R. Bouconne. C. — T. Larramet.
C. — T. Juin, septembre.

— lampocarpus. Ehr. — Fl. s.-p. 6. — Lieux humides ou marécageux, bords des eaux. C. C. — T. Banquettes des canaux, rives de la Garonne, du Touch, du Lhers. — Juin, septembre.

— acutiflorus. Ehr. — Fl. s.-p. 7. — Lieux humides, prés, bords des eaux. C. — T. Canaux, rives de la Garonne, Port-Garaud, prairies du Lhers au pont d'Aiga. — Juin, août.

— obtusiflorus. Ehr. — Fl. s.-p. 8. — Lieux humides ou marécageux, bords des fossés. C. — T. Canaux, sur les banquettes submergées. — Juin, août.

— subverticillatus. Vulf. *in* Jacq. — J. uliginosus α, Meyer. — Fl. s.-p. 9. — Lieux submergés en hiver, mares. R. Bouconne. C. — Juin, septembre.

Luzula.

— sylvatica. Gaud. — maxima. D. C. — Fl. s.-p. 1. Lieux humides et couverts, bois surtout dans les collines. C. Le Lauraguais, Venerque, Clermont, Lacroix-Falgarde. C. Bouconne, le long du Riü-Tort. C. C. — T. Balma, Aufréri, Pechbusque. — Avril, juin.

— Forsteri. D. C. — Fl. s.-p. 2. — Bois. C. C. Bouconne. — T. Le long du Touch, Pech-David, Balma, Aufréri. — Avril, juin.

— campestris. D. C. — Fl. s.-p. 3. — Lieux secs, bois, prés, pelouses. C. C. — T. Larramet, bords du Touch, Balma. — Mars, mai.

— multiflora. Lej. — Fl. s.-p. 4. — Bois, bruyères.

C. Bouconne. — T. Pechbusque, Saint-Geniés, Balma, Aufréri. — Mai, juin.

CYPÉRACÉES.

Cyperus.
— longus. L. — Fl. s.-p. 1. — Lieux aquatiques, bords des eaux. C. C. — T. Canaux, Port-Garaud, rives de la Garonne. — Juillet, septembre.
— badius. Desf. — T. Bords du Canal du Midi, au Béarnais (M. Timbal). — Juillet, août.

> Obs. Ce Souchet croît à Narbonne, d'où les semences auront été apportées par les barques qui fréquentent le canal.

— fuscus. L. — Fl. s.-p. 2. — Lieux marécageux ou humides, sables aux bords des rivières. C. — T. Banquettes submergées des canaux, rives de la Garonne. — Juillet, septembre.
— flavescens. L. — Fl. s.-p. 3. — Lieux marécageux ou humides, sables aux bords des rivières. C. — T. Rives de la Garonne, du Touch, du Lhers. — Juillet, septembre.

Scirpus.
— palustris. L. — Heleocharis. R. Brown. — Fl. s.-p. 1. — Lieux marécageux, fossés, bords des eaux. C. C. — T. Canaux, fossés autour de Larramet. — Mai, septembre.
— setaceus. L. — Fl. s.-p. 2. — Bords des eaux, lieux inondés ou mouillés en hiver, surtout dans les sols sablonneux et silico-argileux. C. Bouconne, sentiers humides, Braqueville, Patte-d'Oie, Lardenne, Lalande. — Juin, septembre.
— Savii. Sebast. — Marais le long de la Garonne,

à Ondes, en face de Grenade. C. — Mai, octobre.

— Holoschœnus. L. — Fl. s.-p. 3. — Prairies humides, bords sablonneux des rivières. C. C. — T. Rives de la Garonne, du Touch, du Lhers. — Juin, août.

— lacustris. L. — Fl. s.-p. 4. — Bords des eaux, marais, mares. C. — T. Braqueville, Ramier de Fenouillet. — Mai, juillet.

— maritimus. L. — Fl. s.-p. 5. — Marais, fossés aquatiques, bords des eaux. C. — T. Rives de la Garonne, fossés à Croix-Daurade, Lalande, Launaguet. — Juillet, septembre.

— sylvaticus. L. — Fl. s.-p. 6. — Lieux humides, bois, fossés, bords des mares. R. — T. Braqueville. — Mai, juillet.

Eriophorum.

— latifolium. Hoppe. — E. polystachyum. Auct. Pler. — Fl. s.-p. 1. — Lieux humides ou marécageux. R. R. Bouconne, les marais. R. — Avril, mai.

Carex.

— disticha. Huds. — Marais le long de la Garonne. R. Ondes, en face de Grenade. — Mai, juin.

— vulpina. L. — Fl. s.-p. 1. — Marais, fossés, bords des eaux. C. C. — T. Canaux, Port-Garaud. — Mai, juin.

— divisa. Huds. — Fl. s.-p. 2. — Lieux marécageux, prairies humides. C. C. — T. Canaux, bords du Touch, du Lhers. — Mai, juin.

— divulsa. Good. — Fl. s.-p. 3. — Prairies humides, bois couverts. C. Bouconne. — T. Larramet, prairies de Menerie, Aufréri. — Mai, juin.

— muricata. L. — Fl. s.-p. 4. — Bois, prés et pâturages humides, fossés aquatiques. C. — T. Canaux, prairies à Perpan. — Mai, juin.
— paniculata. L. — Fl. s.-p. 5. — Marais, prairies tourbeuses. R. — T. Menerie. C. Bords du Touch, du Lhers au pont d'Aiga. — Mai, juin.
— teretiuscula. Good. — Lieux marécageux, bords des eaux. R. — T. Banquettes du Canal du Midi. C. — Mai, juin.
— leporina. L. — C. ovalis. Good. Fl. s.-p. 6. — Lieux marécageux ou humides, mares, fossés. R. — T. Braqueville, fossés à Tournefeuille. — Mai, juillet.
— remota. L. — Fl. s.-p. 7. — Lieux humides et couverts, bois, bords des ruisseaux, fossés. C. Bouconne. — T. Larramet, bords du Touch. — Mai, juin.
— stricta. Good. — Fl. s.-p. 8. — Lieux marécageux, bords des eaux. R. — T. Bords du Touch, au-dessus et au-dessous de Saint-Martin. — Avril, mai.
— tomentosa. L. — Fl. s.-p. 9. — Lieux humides, prés, bois. C. — T. Prairies le long des petits fossés à Perpan, Bourrassol, bords du Touch, du Lhers. — Avril, juin.
— præcops. Jacq. — Fl. s.-p. 10. — Lieux herbeux secs, pâturage, prés, bois. C. C. — T. Larramet, bords du Touch, Polygone. — Avril, juin.
— umbrosa. Host. — Bois couverts. C. Bouconne. — T. Balma, Aufréri. — Avril, juin.
— longifolia. Host. — Bois montueux et couverts. C. Le Lauraguais. Venerque, à Combescure. — T. Aufréri. — Avril, juin.

— flava. L. — Prés humides ou marécageux. R. Vallée du Tarn, à Buzet. — T. Prairies du Lhers, au-dessous de Madron. — Mai, juillet.

— Hornschuchiana. Hoppe. — Pâturages marécageux, le long de la Garonne. R. Marais de Commères, près de Grisolles, Ondes, en face de Grenade. — Mai, juin.

— distans. L. — Fl. s.-p. 12. — Prés humides. C. — T. Bords des canaux, Menerie, le long du Touch, du Lhers. — Mai, juin.

— panicea. L. — Fl. s.-p. 13. — Prés et pâturages humides. C. — T. Menerie, prairies du Touch, du Lhers. — Mai, juin.

— pallescens. L. — Fl. s.-p. add. 13 bis. — Prairies humides et couvertes, bois. C. Bouconne, Bois de Colomiers, prairies de l'Aussonnelle. — T. Bords du Lhers, au-dessous du pont d'Aiga. — Mai, juin.

— sylvatica. Huds. — C. drymeia. Ehrh. in L. Fil. — Fl. s.-p. 14. — Bois et lieux couverts. C. Bouconne. — T. Larramet, aux bords des ruisseaux, Balma, Aufréri, Saint-Geniés. — Mai, juillet.

— strigosa. Huds. — Bois frais, ruisseaux. R. Venerque, à Combescure, Bouconne. — T. Larramet, aux bords du ruisseau, Aufréri. — Mai, juin.

— pseudo-Cyperus. L. — Fl. s.-p. 15. — Lieux humides, bords des fossés aquatiques. C. — T. La Cipière, Renéry, Menerie, Port-Garaud. — Juin, août.

— maxima. Scop. — C. agostachys. Ehrh. — Fl. s.-p. 16. — Bords des eaux, lieux ombragés et humides. C. C. Bouconne. — T. Larramet, aux bords

du ruisseau, bords du Touch., Blagnac, sous le château, rives du Lhers. — Mai, juillet.

— glauca. Scop. — Fl. s.-p. 17. — Prés et bois humides. C. C. Bouconne. — T. Larramet, Touch, Bourrassol, Port-Garaud. — Avril, juin.

— hirta. L. — Prés et bois marécageux, sables humides aux bords des rivières. C. C. — T. Larramet, Canal du Midi, Menerie, Port-Garaud, rives de la Garonne, à la prairie des Filtres. C. — Mai, juin.

— hirtæformis. Pers. — Lieux marécageux, bords des eaux. C. — T. Banquettes du Canal du Midi, prairies du Lhers. — Mai, juin.

— vesicaria, var. α. L. — Fl. s.-p. 19. — Lieux marécageux. R. — T. Prairies de l'Aussonnelle au-dessous du pont de Léguevin. Bois de Larramet, vers le Marquisat (M. Timbal). — Avril, juillet.

— riparia. Curt. — Fl. s.-p. add. 20. — Lieux marécageux, bords des cours d'eau. C. — T. Canal de Brienne et du Midi, Touch, Lhers. — Avril, juin.

— paludosa. Good. — Fl. s.-p. add. 21. — Lieux marécageux, fossés; cours d'eau. C. — T. Larramet, aux bords des ruisseaux, Canal de Brienne et Canal du Midi. — Mai, juin.

GRAMINÉES.

Andropogon.

— Ischæmum. L. — Fl. s.-p. 1. — Lieux secs, pelouses, bords des chemins. C. C. — T. Hauteurs du Calvinet, Embouchure, au bord de la Garonne. — Juin, octobre.

Sorghum.

— Halepense. Pers. — Holcus Alepensis. L. — Fl. s.-p. 1. — Rives sablonneuses de l'Ariége et de la Garonne. C. — T. Braqueville, Embouchure, Blagnac. — Juin, juillet.

Obs. On cultive communément en bordures, dans les champs de maïs, le *Sorghum vulgare*. Pers., sous le nom de *Millet à balais*.

Le *Sorghum saccharatum*, Sorgho sucré, originaire de la Chine, a été récemment essayé comme récolte champêtre.

Tragus.

— racemosus. Desf. — Fl. s.-p. 1. — Lieux sablonneux. C. — T. Les rives de la Garonne, Braqueville, Gounon, Embouchure. — Juin, août.

Digitaria.

— sanguinalis. Scop. — Fl. s.-p. 1. — Champs cultivés, vignes. C. — T. Au pied de Pech-David, du Calvinet, Embouchure. — Juillet, octobre.

— vaginatum. Sw. — D. Paspalodes. Auct. Pler. *non* Mich. — Fl. s.-p. 685. — Lieux humides, bords des eaux. R. R. — T. Banquettes submergées du Canal du Midi, depuis les ponts de l'Embouchure jusqu'à celui des Demoiselles, surtout entre les écluses Matabiau et Bayard, et au port Saint-Etienne. C. Champs et cultures, dans les endroits humides, derrière le Jardin des Plantes. — Juin, septembre.

Obs. Cette plante est originaire de l'Amérique septentrionale. MM. Grenier et Godron

ont fixé la synonymie de cette espèce dans leur excellente Flore de France.

Echinochloa.

— Crus-galli. P. Beauv. — Fl. s.-p. 1. — Lieux frais cultivés, bords des eaux. C. C. — T. Canal du Midi, Port-Garaud, pépinières et champs au-dessous du pont des Demoiselles. — Juillet, septembre.

Panicum.

— miliaceum. L. — Plante originaire de l'Inde, cultivée en grand dans les Pyrénées et au pied de ces montagnes, rarement plus bas, dans nos plaines, sous le nom de *Mil*, de *Millet*. Subspontané, çà et là, dans les alluvions récentes de l'Ariége et de la Garonne. — Juillet, août.

Setaria.

— verticillata. P. Beauv. — Fl. s.-p. 1. — Lieux cultivés, champs, vignes, jardins. C. C. — T. Autour de la ville. — Juillet, octobre.
— viridis. P. Beauv. — Fl. s.-p. 2. — Lieux cultivés, champs, vignes, jardins, dans les sols sablonneux. C. C. — T. Bords de la Garonne, Embouchure. — Juillet, octobre.
— glauca. P. Beauv. — Fl. s.-p. 3. — Lieux sablonneux, champs, vignes. C. — T. Braqueville, au-dessous du pont de Blagnac. — Juillet, septembre.

Obs. On cultive, mais rarement, le *Setaria Italica*. P. Beauv., originaire de l'Inde, sous le nom de *Millet des oiseaux*.

PHALARIS.
- arundinacea. L. — Lieux humides, fossés aquatiques, bords des eaux. C. C. — T. Rives de la Garonne, Port-Garaud, canaux. — Juin, juillet.
- paradoxa. L. — Champs cultivés, parmi les récoltes, le long du Lhers. C. — T. De Saint-Martin-de-Lasbordes au-delà de Périole (M. le professeur Baillet). — Juin, juillet.
- tenuis. Host. — Phleum tenue. Schrad. — Lieux herbeux, blés, chaumes après la moisson. R. — T. Croix-Daurade, au-dessous d'Aufréri. — Juin, août.
- brachystachys. Link. — Phalaris Canariensis. Auct. Pler. — Champs cultivés, luzernières, çà et là. R. — T. Luzernières de la plaine de la Garonne. Mai, juillet.

  Obs. Les semences de cette plante nous sont sans doute apportées du bas Languedoc, où elle croît spontanée, avec les graines du *Medicago sativa*.

  M. le professeur Baillet nous a communiqué des exemplaires du *Phalaris truncata*. Guss., provenant d'une touffe de cette plante découverte par lui à Toulouse, au port Saint-Etienne. Les semences devaient y avoir été apportées avec des blés étrangers.

ANTHOXANTHUM.
- odoratum. L. — Fl. s.-p. 1. — Prés, bois, pelouses. C. C. — T. Prairies du Port-Garaud, du Touch, du Lhers. — Mai, juin.

ALOPECURUS.
- pratensis. L. — Fl. s.-p. 1. — Prés frais et humi-

des. C. Prairies de l'Aussonnelle, du Touch, du Lhers, de Perpan. — Mai, juillet.
— agrestis. L. — Fl. s.-p. 2. — Lieux cultivés, champs, vignes. C. C. — T. Braqueville, Perpan. — Mai, octobre.
— bulbosus. L. — Fl. s.-p. 3. — Prairies humides. R. — T. Bords du Touch, vis-à-vis Tournefeuille, bords du Lhers, au-dessous du pont d'Aiga. — Mai, juin.
— geniculatus. L. — Fl. s.-p. 4. — Lieux humides, submergés en hiver. C. — T. Prairies du Touch, de l'Aussonnelle, du Lhers, bruyères au bois de Larramet, fossés à Perpan. — Mai, septembre.

Phleum.
— pratense. L. — Fl. s.-p. 1. — Prés, pelouses, friches des côteaux. C. — T. Prairies de l'Aussonnelle, du Touch, du Lhers, Pech-David. — Mai, juillet.
— intermedium. Jord. — P. nodosum. Auct. Pler. ex parte. — Pelouses sèches, bords des champs, des chemins, bois découverts. C. C. — T. Larramet, côteaux de Pech-David, de Balma. — Mai, juillet.
— Bœhmeri. Wibel. — Phalaris phleoides. L. — Fl. s.-p. 2. — Pelouses sèches, lisières des bois, friches des côteaux argilo-calcaires. C. C. — T. Pech-David, Balma, graviers de la Garonne. — Mai, juillet.
— asperum. Vill. — Fl. s.-p. add. 2. — Lieux secs, champs, murs. R. — T. Murs de clôture en terre, au Busca, à Terre-Cabade, à Périole. Champs de blé à Périole. — Mai, juillet.

CHAMAGROSTIS.
— minima. Bork. — Sturmia minima. Hoppe. *in* Sturm. — Fl. s.-p. 1. — Lieux sablonneux ou graveleux, plaines de l'Ariége et de la Garonne. C. C. — T. Champs, vignes à Saint-Simon, Lardenne, Braqueville, Patte-d'Oie, Lalande, Embouchure. — Mars, mai.

CYNODON.
— Dactylon. Pers. — Fl. s.-p. 1. — Lieux secs, particulièrement dans les sols sablonneux. C. C. — T. Rives de la Garonne. — Juillet, septembre.

LEERSIA.
— oryzoïdes. Soland. *in* Swartz. — Phalaris oryzoïdes. L. — Lieux aquatiques, bords des eaux. C. — T. Banquettes submergées des canaux, bords de la Garonne, fossés au Port-Garaud. — Août, septembre.

POLYPOGON.
— monspeliense. Desf. — Alopecurus monspeliensis. L. — Fl. s.-p. add. p. iv. — Lieux humides et sablonneux. R. R. — T. Ile de l'ancienne poudrière, champs au Béarnais. — Juin, août.

AGROSTIS.
— vulgaris. With. — Fl. s.-p. 2, α. — Champs et pâturages sablonneux et graveleux. C. C. — T. Pelouses le long des chemins, à Lalande, Lardenne, Saint-Simon, Braqueville, bords de la Garonne. — Juillet, septembre.
— alba. L. — Fl. s.-p. 2, 6. — Prés, champs, bords des eaux. C. C. La var. *stolonifera* dans les

lieux humides et sablonneux, aux bords des rivières. C. C. — T. Bords de la Garonne, du Touch, du Lhers. — Juin, septembre.
— verticillata. Vill. Bords du Canal du Midi. R. — T. Entre les écluses Bayard et Matabiau. C. — Juin, juillet.

> *Obs.* Les semences de cette plante doivent être venues du bas Languedoc à Toulouse par la voie du Canal du Midi.

— canina. L. — Fl. s.-p. 3. — Lieux humides, prés, bois, fossés. R. — Bouconne, dans les bruyères marécageuses. C. — T. Parties humides de Larramet, fossés au Polygone, à la Cipière. — Juin, août.
— interrupta. L. — Fl. s.-p. — Lieux sablonneux. R. R. — T. Entre Portet et Braqueville. R. — Juin, juillet.

CALAMAGROSTIS.
— Epigeios. Roth. — Fl. s.-p. add. 2. — Bois. R. R. Forêt de Bouconne, dans les endroits humides. — Juillet, août.

GASTRIDIUM.
— lendigerum. Gaud. — Fl. s.-p. 1. — Champs, surtout dans les terres siliceuses et argilo-siliceuses. C. C. — T. Chaumes après la moisson, sous Calvinet, Embouchure. — Juillet, septembre.

MILIUM.
— effusum. L. — Fl. s.-p. 1. — Bois couverts des collines. R. Bouconne, le long du Riü-Tort. Combescure à Venerque. — T. Aufréri, sur

les pentes ombragées des bois. C. — Mai, juillet.

PHRAGMITES.
— communis. TRIN. — Arundo Phragmites. L. — FL. S.-P. 1. — Lieux aquatiques, marais, fossés profonds. C. C. — Port-Garaud, Braqueville. — Août, septembre.

ARUNDO.
— Donax. L. — Fréquemment cultivé sous le nom de *Roseau*, aux bords des eaux et sur les pentes des côteaux, principalement auprès des sources ou dans les endroits humides. Il s'y naturalise, mais il y fleurit rarement. Clermont. C. — T. Rives de la Garonne, çà et là, escarpements à Pech-David. — Août, septembre.

ECHINARIA.
— capitata. DESF. — FL. S.-P. add. 1. — Dans un champ de blé, à Pech-David, où il n'a pas été retrouvé depuis longtemps. — Juin, juillet.

KŒLERIA.
— cristata. PERS. — FL. S.-P. 1. — Lieux secs, pelouses. C. C. — T. Larramet, bords du Touch, Pech-David, berges des canaux. — Var. *glabra*. D. C. K. Valesiaca. AUCT. PLER. *non* GAUD. — Pelouses aux bords de l'Ariége et de la Garonne. C. C. — T. Au-dessus de Braqueville, vers Portet, après le pont de Blagnac. — Mai, juillet.
— Phleoides. PERS. — FL. S.-P. 2. — Lieux secs, pe-

louses, bords des chemins, friches des côteaux, murs. C. C. — T. Pech-David, Saint-Roch, Calvinet. — Mai, juillet.

AIRA.
— cæspitosa. L. — Fl. s.-p. 1. — Lieux frais, bois humides, saussaies. C. Bouconne, le long du Riü-Tort et dans les parties marécageuses. — T. Larramet, aux bords du ruisseau et dans les bruyères marécageuses. C. Saussaies de la Garonne, à Braqueville, à Blagnac. — Juin, août.

> Obs. L'*Aira parviflora*. Thuil., qui a les fleurs de moitié plus petites que le type, est commun dans les saussaies de l'Ariége et de la Garonne.

— flexuosa. L. — Fl. s.-p. add. 3. — Bois sablonneux. R. Bouconne, forêts de Buzets, de Fronton. — Mai, juillet.
— caryophyllea. L. — Fl. s.-p. 2. — Lieux secs et sablonneux, pelouses, bois découverts. C. C. — T. Lalande, vers Launaguet, Larramet, Saint-Martin-du-Touch. — Mai, juin.
— aggregata. Timer. — Lieux secs, sablonneux ou silico-argileux, moissons, chaumes. C. C. — T. Lardenne, Saint-Simon, Braqueville, Polygone, Lalande, vers Launaguet. — Mai, juillet.

HOLCUS.
— lanatus. L. — Avena lanata. Kœl. — Fl. s.-p. 1. — Prés, bois, pâturages, bords des eaux. C. C. — T. Port-Garaud, berges du Canal du Midi, Prairie des Filtres, îles du Moulin du Château. — Juin, septembre.

— mollis. L. — Avena mollis. Kœl. — Fl. s.-p. 2.
— Prés secs, bois. R. Bouconne. — T. Larramet, Aufréri. — Juillet, septembre.

Arrhenatherum.
— elatius. Gaud. — Avena elatior. L. — Fl. s.-p. 3.
— Prairies, champs, buissons. C. C. — T. Port-Garaud, berges des canaux. — Juin, juillet.

Avena.
— sativa. L. — Fl. s.-p. 8. — Fréquemment cultivé. Subspontané, çà et là, parmi les récoltes. — Juin, juillet.
— Orientalis. Schreb. — Cultivée rarement sous le nom d'*Avoine de Hongrie*. Subspontané, çà et là. — Juillet, août.
— nuda. L. — Assez rarement cultivé. Subspontané, çà et là. — Juin, juillet.
— Ludoviciana. Durieu. — Fl. s.-p. 7, *ex parte*. — Cultures, les blés surtout. C. C. — T. à Calvinet, à Pech-David. — Juin, septembre.
— fatua. L. *pro parte*. — Champs cultivés, récoltes, moissons. C. — T. Pech-David, Calvinet. — Juin, juillet.
— Barbata. Brot. — A. hirsuta. Roth. — Fl. s.-p. add. 7 bis. — Cultures, prairies naturelles et artificielles, pâturages. C. C. — T. Autour de la ville, berges des canaux, bords de la Garonne. — Juin, juillet.
— pubescens. L. — Fl. s.-p. 6. — Lieux secs, prés, bois, pâturages. C. — T. Port-Garaud, Calvinet, bords du Lhers et du Touch. — Mai, juin.
— flavescens. L. — Fl. s.-p. 5. — Lieux secs, prés,

pelouses, bords des chemins. C. C. — T. Polygone, bords du Touch, du Lhers, Lalande. — Mai, juillet.

DANTHONIA.
— decumbens. D. C. — Triodia. PERS. — FL. S.-P. 1. — Bois, bruyères, pelouses. C. Bouconne. — T. Larramet, bois du Touch, Balma, devant le Château. — Mai, juillet.

MELICA.
— uniflora. RETZ. — FL. S.-P. 1. — Bois couverts. C. C. Bouconne. — T. Vallons de Pech-David, de Saint-Martin-de Lasbordes, de Balma, Aufréri. — Mai, juin.
— Magnolii. GODR. et GREN. — Melica ciliata. AUCT. — FL. S.-P. 2. — Lieux secs, escarpements des côteaux, tertres, friches pierreuses. C. C. — T. Côte de la Cipière, Pech-David, Guilheméry, aux bords escarpés de la route, chemin de Périole, Calvinet. — Mai, juillet.

BRIZA.
— media. L. — FL. S.-P. 1. — Prés, pâturages, bois. C. C. — T. Bords du Lhers, du Touch, Port-Garaud. — Mai, juillet.
— minor. L. — Champs sablonneux, parmi les moissons. C. — T. Bords du Touch, du Lhers, Braqueville, Gounon, Blagnac. — Mai, juillet.

POA.
— compressa. L. — FL. S.-P. 1. — Lieux secs, sables, murs. C. Plateau de Colomiers, sur les tertres. — T. Pech-David, rives de la Garonne,

îles du Moulin du Château, Polygone. — Juin, août.

— bulbosa L. et var. *vivipara*. — Fl. s.-p. 2. — Lieux secs, champs, friches, pelouses, murs. C. C. — T. Autour de la ville, Pech-David, Calvinet. — Avril, juin.

— trivialis. L. — Fl. s.-p. 3. — Prés, pâturages humides. C. C. — T. Port-Garaud, berges des canaux. — Mai, juillet.

— pratensis. L. et var. *angustifolia*. — Fl. s.-p. 4. Prés, pâturages, pelouses. C. C. — T. Port-Garaud, berges des canaux. — Mai, juin.

— nemoralis. L. — Fl. s.-p. 5. — Bois ombragés. C. Bouconne. — T. Larramet, aux bords du ruisseau, rives du Touch, bois d'Aufréri. — Mai, septembre.

— annua. L. — Fl. s.-p. 6. — Lieux cultivés et incultes, champs, jardins, pelouses, chemins, rues, cours. C. C. — T. Partout. — En toutes saisons.

— dura. Scop. — Cynosurus durus. L. — Fl. s.-p. add. 12. — Lieux secs, chemins. R. R. — T. Chemin de hallage, au bord gauche du Canal du Midi, au-dessous des Ponts-Jumeaux, où il s'est longtemps maintenu. — Mai, juin.

— megastachya. Kœl. — Fl. s.-p. 8. — Lieux cultivés, champs, vignes, dans les lieux sablonneux. C. — T. Rives de la Garonne, Gounon, Patte-d'Oie, Embouchure. — Juin, octobre.

— pilosa. L. — Fl. s.-p. 9. — Lieux sablonneux et mouillés en hiver, champs, vignes. C. C. — T. Saint-Simon, Lardenne, Lalande, sables au long de la Garonne. Juillet, septembre.

GLYCERIA.
— Spectabilis. MART. et KOCH. — Poa aquatica. L. — Lieux marécageux, bords des ruisseaux. C. — T. Renéri, le Miral. — Juillet, août.
— fluitans. R. BROWN. — Poa fluitans. KŒL. — FL. S.-P. 1. — Eaux paisibles, canaux, étangs, mares, fossés, ruisseaux. C. C. — T. Canaux, mares le long de la Garonne, Port-Garaud. — Mai, août.
— plicata. FRIES. — FL. S.-P. add. p. 38. — Eaux paisibles, ruisseaux peu rapides. C. Vallons du Lauraguais, Venerque, Clermont, Pechbusque. — T. Canal du Midi, ruisseaux à Balma, à Aufréri. — Mai, août.
— aquatica. PRESL. — Aira aquatica. L. — Poa airoides. KŒL. — FL. S.-P. 10. — Eaux stagnantes, marais, fossés, ruisseaux. C. — T. Larramet, le long du ruisseau, le Miral, Reneri, Polygone, derrière la butte, Bourrassol. — Mai, juillet.

DACTYLIS.
— glomerata L. — FL. S.-P. 1. — Prés, pelouses, friches, bois. C. C. — T. Port-Garaud, berges des canaux. — Juin, septembre.

CYNOSURUS.
— cristatus. L. — FL. S.-P. 1. — Prés secs, pelouses, bois découverts. C. — T. Larramet, prairies et bois le long du Touch, prés aux bords du Lhers. — Juin, juillet.
— echinatus. L. — FL. S.-P. 2. — Lieux cultivés, dans les sols sablonneux. C. — T. Rives de la Garonne, du Touch, du Lhers. — Juin, juillet.

Festuca.
— Poa. Kunt. — Triticum Poa. D. C. — Vallée du Tarn, champs, bois des sols sablonneux. C. Buzet, Fronton. — Mai, juillet.
— tenuiflora. Schrad. — Triticum Nardus. D. C. — Fl. s.-p. 8. — Lieux secs, sablonneux ou graveleux. C. — T. Vignes, à Colomiers, Léguevin, Saint-Simon, Lardenne, Pech-David, hauteurs du Calvinet, autour de l'Obélisque. — Juin, juillet.
— rigida. Kunt. — Poa rigida. L. — Fl. s.-p. 7. — Lieux secs, friches des collines et des sols sablonneux, murs. C. C. — T. Pech-David, Calvinet, graviers de la Garonne, corniches des quais. — Juin, juillet.
— uniglumis. Soland. — Lieux sablonneux. R. R. — T. Rive de la Garonne, au-dessous de Braqueville. — Mai, juillet.
— sciuroides. Roth. — Fl. s.-p. 1, γ. — Les sols sablonneux des plaines. C. — T. Parmi les blés, la Pujade, les Minimes, l'Embouchure. — Mai, juillet.
— ciliata. Dant. — Fl. s.-p. 1, α. — Lieux sablonneux, bords des champs, chemins, rochers, murs. — C. — T. Corniches des quais, murailles, autour de la ville. — Mai, juin.
— pseudo-myuros. Soy.-Will. — Fl. s.-p. 1, ϐ. — Lieux secs, surtout les sols sableux ou caillouteux. C. C. — T. Rives de la Garonne, bords des chemins, murs. — Mai, juillet.
— duriuscula. L. — Fl. s.-p. 2. — Lieux secs, friches des côteaux, graviers le long des rivières. C. C. — T. Pech-David, rives de la Garonne. — Mai, juin.

Obs. La forme glauque, F. ***Glauca***. Lam. est particulière aux pelouses sèches des bords de l'Ariége et de la Garonne, où elle abonde.

— heterophylla. Lam. — Fl. s.-p. 2. — Bois montueux et couverts. C. — T. Pechbusque, Aufréri. — Juin, juillet.
— rubra. L. — Lieux secs, pâturages, pelouses. C. — T. Berge droite du Canal de Brienne, friches à Calvinet, à Périole, bords de la route à Braqueville. — Mai, juin.
— spectabilis, Jan. — F. spadicea. Auct. pler. *non* L. — Fl. s.-p. 3. — Bois des collines dans le lehm. R. Venerque, au petit bois de Bezegnagues. C. Bouconne ; Colomiers, au bois de l'Armurier. R. — Avril, mai.
— arundinacea. Schreb. — F. elatior. L. Syst. — Fl. s.-p. 5. — Prés, pâturages couverts, bords des eaux. C. C. — T. Berges des canaux, prairies au Port-Garaud, bords de la Garonne. — Juin, juillet.
— pratensis. Huds. — F. elatior. L. Fl. Suec. — Fl. s.-p. 4. — Prairies humides ou marécageuses, bords de l'Ariége et de la Garonne. — T. Perpan, Bourrassol. — Mai, juillet.
— cœrulea. D. C. — Fl. s.-p. 6. — Bois, pâturages marécageux, friches auprès des sources. C. Bouconne. Bois des collines. C. C. — T. Larramet, Bourrassol, Saint-Geniés, Aufréri. — Juin, octobre.

Brachypodium.
— sylvaticum. Rœm. et Sch. — Triticum sylvaticum. Mœnch. — Fl. s.-p. 2. — Lieux couverts, bois, haies, saussaies. C. — T. Vallons de Pech-Da-

vid, de Balma, rives de la Garonne, du Touch.
— Juillet, octobre.

— pinnatum. P. Beauv. — Triticum pinnatum. Mœnch.
— Fl. s.-p. 3. — Lieux secs, côteaux, tertres,
bords des champs. C. C. — Pech-David, Guilheméry, Calvinet. — Juin, septembre.

— distachyon. Pal. Beauv. — Triticum ciliatum. D.
C. — Fl. s.-p. 4. — Friches des collines. C. Ve-
nerque, au Pech, Clermont, Lacroix-Falgarde.
— T. Pech-David. — Juin, septembre.

BROMUS.

— secalinus. L. — Fl. s.-p. 1. — Champs, parmi
les moissons. C. — T. Rives de la Garonne,
sous Pech-David, Calvinet. — Mai, juillet.

— mollis. L. — Fl. s.-p. 2. — Champs parmi les
récoltes, prairies artificielles, bords des chemins. C. C. — T. Autour de la ville. — Mai,
juin.

— commutatus. Schrad. — Champs cultivés parmi
les récoltes, lieux incultes, bords des chemins.
C. — T. Saint-Martin-de-Lasbordes, Balma,
bords de la Garonne. — Mai, juillet.

— arvensis. L. — Fl. s.-p. 4. — Champs, prés secs,
pelouses. C. C. — T. Rives de la Garonne, du
Touch, du Lhers. — Juin, juillet.

— erectus. Huds. — Fl. s.-p. 3. — Prés secs, pâturages, friches des côteaux. C. — T. Prairies
le long du Touch, du Lhers, rives de la Garonne. — Mai, juin.

— asper. L. — Fl. s.-p. 5. — Bois couverts des collines. C. C. — T. Berges ombragées de la Garonne, au-dessous de Bourrassol, à Blagnac,

vallons de Pech-David, de Balma, bords du Touch. — Juin, août.
— giganteus. L. — Fl. s.-p. 6. — Bois couverts des collines. C. Venerque, à Combescure. — T. Vallons de Saint-Geniés, Aufréri. — Juin, août.
— sterilis. L. — Fl. s.-p. 7. — Champs cultivés, lieux incultes, murs, décombres. C. C. — T. Autour de la ville. — Mai, septembre.
— tectorum. L. — Fl. s.-p. 10. — Lieux stériles, champs sablonneux, graviers des rivières, murs. C. C. — T. Rives de la Garonne, Pouvourville, Blagnac. — Mai, juin.
— madritensis. L. — B. diandrus. Curt. — Fl. s.-p. et add. 9. — Lieux secs exposés au midi, bords des champs, tertres, murs. C. C. — T. Berge droite du Canal de Brienne, hauteurs du Calvinet. — Juin, juillet.
— maximus. Desf. — Fl. s.-p. 8. — Lieux secs, cultivés et incultes, murs. C. C. — T. Berges du Canal du Midi, hauteurs de Pech-David, du Calvinet. Murs en terre, à Lalande, Lapujade. — Mai, juin.

 Obs. Dans les sols gras, cette espèce offre de grandes proportions, c'est la forme prise pour le *Bromus Gussonni*. Parl.

Gaudinia.
— fragilis. P. Beauv.— Avena fragilis. L. — Fl. s.-p. 4. — Prés, lieux herbeux, Bords des champs et des chemins. C. — T. Bords des canaux, Pech-David, prairies du Lhers. — Juin, juillet.

Triticum.
— caninum. L. — Fl. s.-p. 5. — Bois et buissons

couverts, haies. R. Bouconne, le long du Riü-
Tort. — T. Larramet, aux bords du ruisseau. —
Juin, août.

— repens. L. — Fl. s.-p. 6. — Champs, tertres,
haies, bords des chemins. C. C. — T. Autour
de la ville, Port-Garaud, Embouchure. — Juin,
septembre.

— pungens. Pers. — Fl. s.-p. 6. γ — Lieux incultes, dans les sols sablonneux. C. C. Rives de
la Garonne, bords des champs, tertres. — Juin,
septembre.

Obs. Nous cultivons plusieurs espèces de
froment : 1° le *Triticum turgidum. L. Gros
blé ;* 2° le *Triticum æstivum. L. Blé fin ;* 3° le
Triticum hybernum. L. Bladette ; 4° le *Triticum monococum. L. Epeautre ;* ce dernier rarement.

Hordeum.

— murinum. L. — Fl. s.-p. 1. — Lieux incultes,
bords des chemins, décombres, murs. C. C. —
T. Autour de la ville, Port-Garaud, promenades. — Juin, août.

— secalinum. Schreb. — H. pratense. Huds. — Fl. s.-p.
2. — Prés, pâturages. C. — T. Prairies à l'entrée de Larramet, bords du Touch, du Lhers,
du Canal du Midi. — Juin, juillet.

Obs. L'Orge commune, *Hordeum vulgare.
L.* est fréquemment cultivée ; les *H. hexasti-
chon. L. Orge à six rangs, Orge carrée,* et l'*H.
distichon. L. Paumelle,* le sont rarement.

Le *Seigle, Secale cereale. L.* remplace les
froments dans les terrains peu fertiles.

Lolium.

— perenne. L. — Fl. s.-p. 1. — Prés, pelouses,

bords des chemins. C. C. — T. Autour de la ville. — Juin, octobre.

   Obs. Rarement cultivé ici en prairies artificielles, sous le nom d'*Ivraie vivace*, *Ray-grass*.

— tenue. L. — Fl. s.-p. add. 1, 6. — Prairies, champs, çà et là. — T. Vallées du Touch et du Lhers. — Juin, août.

— Italicum. Al. Braun. — Très-rarement cultivé en grand sous le nom d'*Ivraie d'Italie*, *Ray-grass d'Italie*, mais fréquemment en gazons ou bordures dans les jardins. Subspontané, çà et là.— Juin, octobre.

— rigidum. Gaud. — Champs parmi les récoltes et les moissons, linières, prés secs, vignes. C. C. — T. Pech-David, Calvinet, vallée du Lhers, Lalande. — Juin, juillet.

— linicola. Sonder. — Fl. s.-p. add. 2. — Les linières. C. C. Champs parmi les cultures. C. — T. Autour de la ville. — Juin, juillet.

— temulentum. L. — Fl. s.-p. 3. — Champs parmi les moissons. C. — T. Mêlé aux Froments, aux Seigles, aux Avoines. — Juin, juillet.

— arvense. With. — Fl. s.-p. 3. 6. — Champs parmi les moissons; moins commun que le précédent. — T. Mêlé aux Froments, aux Seigles, aux Avoines. — Juin, juillet.

Ægilops.

— ovata. L. — Fl. s.-p. 1. — Lieux secs des collines, pelouses, bords des chemins. C.— T. Pech-David, hauteurs du Calvinet, de Guilheméry. — Mai, juin.

   Obs. Le *Maïs*, *Zea mays*. *L.*, originaire de l'Amérique méridionale, occupe une place importante dans nos cultures champêtres.

PLANTES ENDOGÈNES
CRYPTOGAMES
ou
ACOTYLÉDONÉES VASCULAIRES.

ÉQUISÉTACÉES.

Equisetum.
— arvense. L. — Champs sablonneux. C. C. — T. Bords du Touch, du Lhers, de la Garonne. — Mars, avril.
— Telmateia. Ehrh. — Lieux humides, voisinage des sources, fossés. C. — T. Vallons de Pech-David, de Balma, d'Aufréri. — Mars, avril.
— palustre. L. — Lieux humides ou marécageux, prés, pâturages. C. C. — T. Mêmes lieux que le précédent, bords de la Garonne. — Mai, juin.
— ramosum. Schleich. — Lieux sablonneux. C. C. — T. Rives de la Garonne. — Juin, septembre.
— hyemale. L. — Bois humides, friches marécageuses des côteaux au nord. R. — T. Vallons de Pech-David, de Saint-Geniés, bords de la Garonne. — Mars, avril.

FOUGÈRES.

Ophioglossum.
— vulgatum. L. — Lieux humides, prés marécageux. R. — T. Vallon entre Pouvourville et Vieille-

Toulouse, vallons d'Aufréri, de Pressac. — Mai, juin.

Ceterach.
— officinarum. D. C. — Vieux murs. C. — T. Eglise des Cordeliers, le long de la rue, celle du Calvaire. — Juillet, octobre.

Polypodium.
— vulgare. L. — Lieux couverts et exposés au nord, rochers, murs. C. C. — T. Vallons de Pech-David, de Balma, de Saint-Geniés, bords du Touch, sous Blagnac. — En toutes saisons.

Aspidium.
— angulare. Kit. — Bois humides, exposés au nord. C. — T. Vallons de Pech-David, de Balma, bords du Touch. — Juin, septembre.

Obs. Plante souvent rapportée à l'*Aspidium aculeatum*. Sw. que nous n'avons pas rencontrée dans le rayon de notre Flore.

Polystichum.
— Thelypteris. Roth. — Lieux tourbeux ou marécageux. R. — T. Bords de la Garonne, près le château de Menerie; entre Blagnac et Beauzelle. — Juin, septembre.
— Filix-Mas. Roth. — Bois humides. R. — T. Aufréri, vallon de Pressac. — Juin, octobre.

Asplenium.
— Trichomanes. — L. — Haies, rochers, murs humides, à l'ombre, puits. C. — T. Pied des haies, à Saint-Simon, Lardenne, bords du

Touch, église de Saint-Sernin, celle du Calvaire. — Juin, septembre.
— Ruta-muraria. L. — Vieux murs exposés au nord. R. — T. Eglise du Calvaire. — Juin, septembre.
— Adianthum-nigrum. L. — Lieux frais et couverts, bois, haies, rochers et murs humides. C. C. — T. Bords du Touch, haies à Saint-Simon, à Lardenne. — Juin, septembre.

SCOLOPENDRIUM.
— officinale. SMITH. — Puits. C. Rochers et murs humides. R. — T. Les puits; rochers entre Blagnac et Beauzelle. — Juin, septembre.

PTERIS.
— aquilina. L. — Bois. C. C. Champs, vignes dans les sols silico-argileux ou sablonneux. C. — T. Larramet, bords du Touch, vallons de Pech-David, de Balma. — Juillet, octobre.

ADIANTHUM.
— Capillus-Veneris. L. — Rochers et murs humides, puits. C. C. — T. Les puits; escarpements aux bords du Touch, au-dessous de Saint-Martin, Blagnac, sous le château. — Juin, septembre.

FIN DU CATALOGUE.

DEUXIÈME PARTIE.

TABLEAUX DICHOTOMIQUES

DES

GENRES ET DES ESPÈCES.

DEUXIÈME PARTIE.

TABLEAUX INCHOATIFS

ROMAN ET DES LOGES

TABLEAU DICHOTOMIQUE
DES GENRES.

1	Plantes à fleurs distinctes, c'est-à-dire munies de pistils ou d'étamines, ou de pistils et d'étamines à la fois.	2
	Plantes à fleurs indistinctes, c'est-à-dire fructifiant sans pistils, ni étamines.	693
2	Fleurs conjointes ou réunies plusieurs dans un involucre commun.	3
	Fleurs disjointes, non réunies plusieurs dans un involucre commun.	4
3	Anthères libres.	4
	Anthères soudées en forme d'anneau ou de gaîne. .	413
4	Fleurs munies d'un calice et d'une corolle.	5
	Fleurs dépourvues de calice ou de corolle, ou de l'un et de l'autre.	492
5	Fleurs pourvues d'étamines et de pistils.	6
	Fleurs privées tantôt d'étamines, tantôt de pistils. .	492
6	Corolle polypétale, ou à plusieurs pétales distincts. .	7
	Corolle monopétale, ou composée d'une seule pièce.	264

POLYPÉTALES.

7	Ovaire libre, placé dans la corolle ou au fond du calice.	8
	Ovaire placé sous la corolle ou adhérent au calice. .	182
8	Plusieurs ovaires, ou un ovaire à plusieurs divisions profondes.	9
	Un seul ovaire simple.	31
9	Etamines à filets libres entre eux.	10
	Etamines à filets soudés entre eux, en forme de tube.	25

10	Feuilles épaisses, grasses ou charnues, toujours simples ou indivises (plantes grasses)........	28
	Feuilles ordinaires, non charnues, simples découpées, ou composées............	11
11	Etamines et pétales insérés sur le réceptacle, sans adhérence avec le calice............	12
	Etamines et pétales insérés sur les parois intérieures du calice................	239
12	Pétales entiers, dentés ou échancrés........	13
	Plusieurs pétales laciniés ou découpés. *Reseda* (55).	
13 RENONCULACÉES.	Feuilles toutes radicales ou alternes...........	14
	Feuilles opposées.. *Clematis* (1).	
14	Fleurs très-irrégulières, prolongées en éperon...	24
	Fleurs régulières, sans éperon........	15
15	Calice nul ou ayant au moins quatre ou cinq folioles................	16
	Calices à trois folioles, ou représenté par trois feuilles placées au-dessous de la fleur.......	17
16	Etamines très-longues ou saillantes hors de la corolle............ *Thalictrum* (2).	
	Etamines non saillantes hors de la corolle.....	18
17	Fleurs pourvues d'un vrai calice.......	18
	Involucre de trois feuilles placées au-dessous de la fleur.....	Involucre écarté de la fleur.. *Anemone* (3). Involucre très-rapproché de la fleur, simulant un calice.. *Hepatica* (4).
18	Six à douze pétales jaunes..... *Ficaria* (7).	
	Trois pétales................	571
19	Ovaires ou fruits terminés par un long filet barbu. .... *Anemone* (3).	
	Ovaires ou fruits non terminés par un filet barbu..	20
20	Pétales uniformes, ni labiés, ni en cornet.....	21
	Pétales inférieurs petits, labiés ou en cornet....	23
21	Fleurs rouges........ *Adonis* (5).	
	Fleurs jaunes ou blanches........	22

22	Fleurs jaunes ou blanches, pourvues d'une corolle et d'un calice, au moins au moment de l'épanouissement............ *Ranunculus* (6). Fleurs jaunes toujours dépourvues de calice........................ *Caltha* (8).	
23	Fleurs bleues ou bleuâtres, feuilles découpées en segments étroits............ *Nigella* (10). Fleurs jamais ni bleues ni bleuâtres, feuilles à divisions élargies........... *Helleborus* (9).	
24	Cinq éperons à la fleur, recourbés en crochet........................ *Aquilegia* (11). Un éperon seulement, arqué ou droit........................ *Delphinium* (12).	
25	Calice muni à la base de bractées constituant un calicule............	27
	Calice simple et sans calicule...........	26
26	Dix étamines pourvues d'anthères. *Geranium* (82). Cinq étamines seulement pourvues d'anthères........................ *Erodium* (83).	
27	Calicule composé de trois folioles... *Malva* (75). Calicule composé de six à neuf folioles. *Althæa* (76).	
28 CRASSULACÉES.	Trois ou quatre étamines........................ *Tillæa* (154). Cinq à dix-huit étamines ou plus..	29
29	Corolle monopétale tubuleuse.. *Umbilicus* (157). Corolle polypétale, non soudée en tube......	30
30	Six à douze ovaires et autant de pétales........................ *Sempervivum* (156). Quatre à sept ovaires et autant de pétales........................ *Sedum* (155).	
31	Corolle régulière, ou à divisions égales ou symétriques............	32
	Corolle irrégulière, ou à divisions inégales.....	139
32	Une à dix étamines............	47
	Douze étamines au plus...........	33
33	Calice à deux sépales ou à deux lobes profonds...	34
	Calice à plus de deux sépales ou de deux lobes...	37

34	{ Cinq pétales, calice persistant avec la corolle.... *Portulaca* (148).	
	Quatre pétales, calice se détachant au moment de l'épanouissement de la corolle........	35

35	PAPAVÉRACÉES.	{ Capsule globuleuse ou en massue, à stigmates rayonnants..... *Papaver* (15).	
		Capsule grêle allongée sous forme de silique, à deux-quatre stigmates........	36

36	{ Capsule rude, tuberculeuse, à deux loges.... *Glaucium* (16).	139
	Capsule glabre à une loge... *Chelidonium* (17).	

37	{ Pétales insérés sur le calice.........	38
	Pétales insérés sur le réceptacle et n'adhérant pas au calice........	40

38	{ Ovaire pédicellé dans le centre de la fleur, trois stigmates....... *Euphorbia* (379).	
	Ovaire non pédicellé dans la fleur, styles simples..	39

39	{ Calice à cinq divisions profondes.......	242
	Calice à six ou douze dents..... *Lythrum* (143).	

40	{ Feuilles toutes radicales ou alternes.......	41
	Feuilles opposées, au moins les inférieures....	43

41	{ Etamines libres, à filets distincts........	42
	Etamines ou filets soudés entre eux......	25

42	{ Arbre........... *Tilia* (77).	
	Herbe aquatique..... *Nuphar* (14).	

43	{ Etamines à filaments libres........	44
	Etamines à filaments soudés entre eux par leur base.	46

44	{ Arbres, fleurs à deux stigmates.... *Acer* (80).	
	Herbes ou petits sous-arbrisseaux, fleurs à un seul stigmate.........	45

45	{ Capsule à trois valves.... *Helianthemum* (53).	
	Capsule à cinq valves...... *Cistus* (52).	

46	{ Fruit en baie....... *Androsæmum* (78).	
	Fruit capsulaire........ *Hypericum* (79).	

47	Trois pétales...	48
	Quatre pétales...	50
	Cinq pétales...	98
	Six pétales...	137
48	Pétales colorés, calice herbacé...	49
	Pétales et calice colorés à peu près également...	566
49	Plante à feuilles opposées. ... *Elatine (72)*.	
	Plante à feuilles linéaires, alternes ou toutes radicales... *Alisma* (396).	
50	Deux étamines... *Fraxinus* (286).	
	Quatre étamines...	51
	Six étamines, dont deux plus courtes...	57
	Huit ou dix étamines, tiges sans feuilles, garnies d'écailles...	55
51	Arbrisseaux...	52
	Tige herbacée...	53
52	Feuilles alternes épineuses... *Ilex* (88).	
	Feuilles opposées sans épines... *Evonymus* (87).	
53	Tige plusieurs fois dichotome, feuilles ovales... *Radiola* (74).	
	Tige non dichotome, feuilles linéaires...	54
54	Plante glauque, très-lisse... *Mœnchia* (70).	
	Plante jamais glauque, souvent velue. *Sagina* (63).	
55	Tige sans feuilles, garnie d'écailles... *Hypopitys* (284).	
	Tige garnie de feuilles...	56
56	Pétales rétrécis en onglet, herbes terrestres... *Linum* (73).	
	Pétales sans onglet, herbes aquatiques... *Elatine* (72).	
57 CRUCIFÈRES.	Fruit linéaire ou lancéolé (*silique*)...	58
	Fruit court presque aussi large que long, ovale, oblong ou suborbiculaire (*silicule*)...	76
58	Silique indéhiscente, renflée, spongieuse, partagée à la fin en articles transversaux... *Raphanus* (33).	
	Silique s'ouvrant en deux valves longitudinales...	59

59	Fleurs jaunes.	60
	Fleurs blanches, blanchâtres ou roses.	73
60	Silique terminée par un bec allongé, cylindrique, conique ou aplati en languette, quelquefois monosperme et renflé au sommet.	61
	Silique à bec non allongé.	67
61	Feuilles supérieures sessiles amplexicaules, auriculées à la base.	62
	Feuilles supérieures point embrassantes et sans oreillettes à la base.	63
62	Feuilles supérieures entières ou à peine sinuées-dentées. . . . . *Brassica* (27).	
	Feuilles supérieures incisées ou profondément découpées.	71
63	Calice à sépales dressés et rapprochés.	63
	Calice à sépales étalés ou n'étant point contigus au sommet.	65
64	Bec de la silique cylindrique ou conique. . . . . *Brassica* (27).	
	Bec de la silique aplati à deux tranchants. . . . . *Eruca* (32).	
65	Calice étalé presque horizontalement, graines globuleuses.	66
	Calice dressé ou seulement ouvert, graines ovales ou oblongues comprimées.	67
66	Silique terminée par un bec très-long comprimé. . . . . *Sinapis* (29).	
	Silique terminée par un bec cylindrique à la base, pyriforme au sommet à cause de la graine incluse. . . . . *Hirschfeldia* (30).	
67	Feuilles entières, non dentées et lisses. . . . . *Cheiranthus* (19).	
	Feuilles découpées ou dentées, ou un peu rudes. .	68
68	Silique comprimée, graines disposées sur deux rangs. . . . . *Diplotaxis* (31).	
	Silique anguleuse ou cylindrique, graines non disposées sur deux rangs réguliers.	69
69	Calice très-étalé.	70
	Calice dressé ou seulement ouvert.	71

70	Calice égal à la base, feuilles irrégulièrement lobées.	66
	Calice un peu bossu à la base, feuilles toutes profondément pinnatifides. . . . *Erucastrum* (28).	
71	Calice dressé, silique à quatre angles inégaux. . . . . *Barbarea* (21).	
	Calice un peu ouvert, silique cylindracée anguleuse ou elliptique.	72
72	Silique cylindracée ou elliptique, graines disposées sur deux rangs. . . . . *Nasturtium* (20).	
	Silique cylindracée, graines sur un seul rang. . . . . *Sisymbrium* 26).	
73	Feuilles ailées à folioles distinctes jusqu'à la base. . . . . *Cardamine* (24).	
	Feuilles simples ou découpées en lobes qui n'atteignent pas la côte moyenne.	74
74	Siliques plus ou moins écartées de la tige. . . . . *Hesperis* (25).	
	Siliques très-serrées contre la tige.	75
75	Feuilles de la tige glabres. . . . . *Turritis* (22).	
	Feuilles de la tige velues. . . . . . *Arabis* (23).	
76	Fleurs blanches, blanchâtres ou purpurines. . . .	77
	Fleurs jaunes.	93
77	Silicule indéhiscente, bordée de dents ou pointes tuberculeuses. . . . . *Senebiera* (39).	
	Silicule déhiscente, dépourvue de dents ou de pointes tuberculeuses.	78
78	Silicule échancrée au sommet ou triangulaire. . .	79
	Silicule entière ou à peine émarginée, non triangulaire.	85
79	Pétales à peu près tous égaux.	81
	Pétales dont deux, les extérieurs, plus grands. . .	80
80	Feuilles pinnatifides, presque toutes radicales et étalées en rosette. . . . . *Teesdalia* (44).	
	Feuilles entières ou dentées, caulinaires et non en rosette. . . . . *Iberis* (43).	
81	Silicule entourée d'un rebord ou crête saillante. .	82
	Silicule non entourée d'une crête saillante. . . .	84

82	{ Feuilles presque toutes radicales et en rosette. . . . . *Teesdalia* (44). Feuilles radicales en rosette, d'autres caulinaires. .	83
83	{ Loges de la silicule à une graine. . . *Lepidium* (42). Loges de la silicule à plusieurs graines. . . . . *Thlaspi* (45).	
84	{ Silicule triangulaire. . . . . *Capsella* (40). Silicule ovale ou oblongue. . . . *Lepidium* (42).	
85	{ Fleurs purpurines, silicules très-grandes. . . . . *Lunaria* (49). Fleurs blanches ou blanchâtres, silicules petites. .	86
86	{ Silicule comprimée et entourée d'un rebord saillant. . . . . Silicule non comprimée ni bordée.	87 88
87	{ Feuilles couvertes de poils courts et blanchâtres. *Alyssum* (50). Feuilles glabres. . . . . *Thlaspi* (45).	
88	{ Silicule en cœur ou à valves en carène. . . . Silicule à valves planes, concaves ou hémisphériques.	89 90
89	{ Silicule à loges à une graine. . . *Lepidium* (42). Silicule à loges à deux graines. . . *Hutchinsia* (41).	
90	{ Silicule renflée, ovoïde ou globuleuse. . . . . . Silicule non renflée, ni ovoïde ni elliptique. . . .	92 91
91	{ Tige feuillée dans toute sa hauteur. . *Draba* (47). Tige nue ou presque nue, feuilles radicales en rosette. . . . . *Erophila* (48).	
92	{ Silicule renflée oblongue ou pyriforme. . . . . *Camelina* (46). Silicule globuleuse ou ovoïde. . . *Calepina* (35).	
93	{ Silicule indéhiscente. . . . . Silicule déhiscente ou à valves se séparant à la maturité du fruit.	94 97
94	{ Silicule à quatre angles ailés, dentés en crêtes. . . . . *Bunias* (34). Silicule ni à quatre angles ni à crêtes dentées. . .	95
95	{ Silicule à deux articles monospermes superposés. *Rapistrum* (51). Silicule simple globuleuse ou cylindrique.	96

96	Calice peu ouvert, silicule comprimée. . . . . *Myagrum* (37).	
	Calice ouvert, silicule ovoïde bombée. . . . . *Neslia* (36).	
97	Silicule orbiculaire. . . . . *Alyssum* (50).	
	Silicule ovale oblongue. . . . . *Isatis* (38).	
98	Une à cinq étamines.	99
	Plus de cinq étamines.	108
99	Cinq styles. . . . . *Linum* (73).	
	Styles nuls ou moins de cinq.	100
100	Arbres ou arbrisseaux.	101
	Herbes.	106
101	Feuilles alternes.	102
	Feuilles opposées.	105
102	Fleurs terminales.	103
	Fleurs axillaires ou opposées aux feuilles. . . .	104
103	Un style et un stigmate, tige grimpante. . . . . *Hedera* (196).	
	Point de style, trois stigmates, tige non grimpante. . . . . *Rhus* (90).	
104	Des vrilles opposées aux feuilles. . . *Vitis* (81).	
	Point de vrilles. . . . . *Rhamnus* (89).	
105	Deux stigmates, feuilles lobées. . . . *Acer* (80).	
	Un seul stigmate, feuilles indivises. . . . . *Evonymus* (87).	
106	Feuilles alternes.	107
	Feuilles opposées.	118
107	Calice tubuleux, fleurs axillaires et en épis. *Lythrum* (143).	
	Calice en cloche, fleurs en bouquets terminaux. . . . . *Corrigiola* (153).	
108	Un seul style et un seul stigmate.	109
	Plusieurs styles ou point de styles et plusieurs stigmates.	112
109	Herbes.	110
	Arbres. . . . . *Acer* (80).	

110	Herbes à feuilles opposées. . . . *Tribulus* (85).	
	Herbes à feuilles alternes ou nulles.	111
111	Point de feuilles vertes. . . . . *Hypopitys* (284).	
	Plante pourvue de feuilles vertes. *Lythrum* (143).	
112	Arbres ou arbrisseaux.	113
	Tige herbacée ou à peine ligneuse à la base. . . .	114
113	Arbrisseau à feuilles entières, très-petites, semblables à des écailles. . . . . . *Myricaria* (145).	
	Arbre à feuilles larges et lobées. . . . *Acer* (80).	
114	Feuilles alternes ou toutes radicales.	115
	Feuilles opposées sur la tige.	118
115	Deux styles. . . . . *Saxifraga* (159).	
	Quatre ou cinq styles.	116
116	Feuilles composées, à trois folioles. *Oxalis* (84).	
	Feuilles simples ou lobées, ou composées de plus de trois folioles.	117
117	Feuilles étroites entières et sans stipules. *Linum* (73).	
	Feuilles découpées et munies de stipules. . . .	26
118	Feuilles ovales ou arrondies et munies de petites stipules.	119
	Feuilles sans stipules, ou étant très-étroites et munies de stipules.	121
119	Feuilles lobées ou incisées.	26
	Feuilles entières.	120
120	Feuilles de la tige verticillées par quatre. . . . . *Polycarpon* (151).	
	Feuilles seulement opposées. . *Herniaria* (152).	
121	Divisions du calice n'atteignant pas son milieu, ou le dépassant peu.	122
	Calice divisé jusqu'à la base.	127
122	Moins de dix étamines. . . . *Lythrum* (143).	
	Dix étamines.	123
123 SILÉNÉES	Deux styles.	124
	Trois styles.	126
	Cinq styles. . . . . . *Lychnis* (59).	

124	Calice en cloche à cinq divisions. *Gypsophila* (61).	
	Calice en tube à cinq dents..............	125

125 { Calice entouré à la base de deux ou de quatre écailles ou bractées qui lui sont adhérentes... .... *Dianthus* (62).
Calice dépourvu d'écailles ou de bractées adhérentes à sa base........ *Saponaria* (60).

126 { Calice tubuleux ou resserré au sommet, fruit sec. .... *Silene* (58).
Calice en cloche, fruit charnu, arrondi, bacciforme............ *Cucubalus* (57).

127	Dix étamines................	128
	Moins de dix étamines..........	131
128	Deux styles........ *Gypsophila* (61).	
	Trois styles.............	129
	Cinq styles.............	131

129 ALSINÉES. { Pétales entiers ou à peine échancrés.. 130
Pétales profondément divisés en deux lobes........ *Stellaria* (66).

130 { Capsule à trois valves; feuilles linéaires étroites. { Feuilles munies à la base de stipules scarieuses.... .... *Spergularia* (67).
Feuilles dépourvues de stipules..... *Alsine* (68).
Capsule s'ouvrant en six dents au sommet.... .... *Arenaria* (69).

131 { Pétales entiers, feuilles linéaires étroites... .... *Spergula* (64).
Pétales bifides ou échancrés, feuilles ovales ou oblongues......... *Cerastium* (71).

132	Deux styles.............	54
	Trois styles.............	133
	Quatre styles............	135
	Cinq styles.............	136
133	Pétales entiers............	130
	Pétales dentés, échancrés ou bifides......	134
134	Pétales dentés....... *Holosteum* (65).	
	Pétales bifides....... *Stellaria* (66).	

135	Feuilles linéaires étroites, capsule à une loge.	54
	Feuilles ovales ou oblongues, capsule à trois ou à quatre loges... *Elatine* (72).	
136	Etamines libres à la base, capsule à six valves ou à dix dents.	131
	Etamines un peu soudées à la base, capsule à dix valves... *Linum* (73).	
137	Arbrisseau épineux, à fleurs jaunes. *Berberis* (13).	
	Herbes non épineuses, à fleurs rouges ou blanchâtres.	138
138	Calice à tube cylindrique, feuilles allongées... *Lythrum* (143).	
	Calice court, en cloche, feuilles arrondies... *Peplis* (144).	
139	Un ou deux styles ou stigmates.	141
	Styles ou stigmates toujours plus de deux.	140
140	Pétales laciniés ou découpés... *Reseda* (55).	
	Pétales non laciniés... *Montia* (149).	
141	Calice entier ou dont les divisions n'atteignent pas la base.	147
	Calice à divisions prolongées jusqu'à sa base.	142
142	Un éperon ou une bosse saillante à la base de la corolle.	145
	Corolle sans éperon ni bosse saillante à sa base..	143
143	Tige herbacée, non épineuse.	144
	Tige ligneuse, épineuse.	147
144	Quatre ou six étamines libres, quatre pétales opposés en croix.	80
	Huit étamines à filets soudés, pétales non opposés en croix... *Polygala* (56).	
145	Calice à cinq sépales verts et persistants... *Viola* (54).	
	Calice n'offrant pas cinq sépales verts et persistants.	146
146	Eperon très-allongé et très-aigu. *Delphinium* (12).	
	Eperon très-court ou en bosse.. *Fumaria* (18).	
147 LÉGUMINEUSES.	Calice formé de deux sépales distincts jusqu'à la base... *Ulex* (91).	
	Calice non formé de deux sépales distincts jusqu'à la base...	148

148	Pétiole des feuilles terminé par un filet délié ou par une vrille..	177
	Pétiole non terminé par un filet ni par une vrille.	149
149	Feuilles simples ou composées de trois folioles.	151
	Feuilles composées de plus de trois folioles.	150
150	Feuilles composées de cinq folioles, les deux rapprochées de la tige n'étant que des stipules foliacées.	163
	Feuilles composées de folioles nombreuses ailées ou digitées.	168
151	Calice partagé en deux lèvres, l'une supérieure et l'autre inférieure.	152
	Calice à cinq dents ou à cinq divisions profondes ne formant pas deux lèvres.	154
152	Corolle à carène monopétale, toutes les feuilles composées de trois folioles.. . . *Cytisus* (95).	
	Corolle à carène composée de deux pétales distincts ou à peine soudés entre eux, feuilles simples ou à trois folioles..	153
153	Feuilles toutes simples ou toutes à trois folioles. . *Genista* (94).	
	Feuilles inférieures souvent à trois folioles, style roulé en spirale dans les fleurs épanouies.. . . *Sarothamnus* (92).	
154	Feuilles simples et très-entières ou à trois folioles dont la terminale est six ou huit fois plus grande que les latérales..	155
	Feuilles simples ou dentées, ou composées de trois folioles à peu près égales..	160
155	Fleurs en grappes multiflores ou en têtes serrées.	156
	Fleurs une à quatre terminant des pédoncules nus.	158
156	Feuilles très-simples, fleurs en grappes.	157
	Feuilles ailées, fleurs en têtes serrées. . . . . . *Anthyllis* (97).	
157	Calice à deux lèvres et à cinq dents distinctes. . . *Genista* (94).	
	Calice membraneux unilabié, fendu en dessus dans toute sa longueur, denticulé au sommet.. . *Spartium* (93).	

	Feuilles très-simples, pédoncules uniflores. . . .
158	*Lathyrus* (116).
	Feuilles composées de folioles très-inégales, pédoncules portant trois ou quatre fleurs. . .
	. . . . *Coronilla* (109).

159	Fleurs bleues. . . . . . . *Psoralea* (106).	
	Fleurs jamais bleues.	160

	Carène très-petite, la corolle semblant n'avoir que trois pétales. . . . . . . *Trigonella* (98).	
160	Corolle à carène prononcée, presque aussi longue que les ailes.	161

	Fleurs axillaires ou en épis entremêlés de feuilles. . . . . *Ononis* (96).	
161	Fleurs pédonculées, solitaires ou en têtes, ou en épis, jamais entremêlées de feuilles.	162

	Stipules souvent semblables aux folioles, gousse droite et allongée. . .	163
162	Stipules non foliacées, gousse très-courte ou contournée en spirale.	165

	Pédoncules uniflores, gousse bordée de quatre ailes membraneuses et saillantes. . .	
163	. . . . *Tetragonolobus* (105).	
	Pédoncules à plusieurs fleurs, gousse manquant d'ailes saillantes.	164

164	Fleurs jaunes. . . . . *Lotus* (104).
	Fleurs blanches ou rosées, la carène tachée de pourpre ou de bleu. . . . . . *Dorycnium* (103).

	Gousse très-courte, droite et cachée dans le calice, fleurs en têtes ou en épis serrés.	
165	. . . . *Trifolium* (102).	
	Gousse saillante hors du calice, droite ou contournée, inflorescence peu serrée.	166

	Gousse presque droite, ovoïde, ou arrondie, ou réniforme.	167
166	Gousse courbée en faucille ou contournée en spire. . . . . *Medicago* (99).	

167	Gousse réniforme, subspiriforme. *Lupulina* (100).
	Gousse ovale arrondie, nullement spiriforme. . . . . *Melilotus* (101).

168	Feuilles ailées.	169
	Feuilles digitées. . . . . *Lupinus* (118).	
169	Fleurs en têtes serrées, gousse renfermée dans le calice persistant. . . . . . . *Anthyllis* (97).	
	Fleurs disposées en têtes serrées, fruit jamais renfermé dans le calice.	170
170	Arbres ou arbrisseaux, ...	171
	Tige herbacée ou à peine ligneuse à la base. . .	172
171	Onglet des pétales dépassant beaucoup le calice, gousse grêle et cylindracée. . *Coronilla* (109).	
	Onglet des pétales non saillants hors du calice, gousse comprimée. . . . . . . *Robinia* (107).	
172	Fleurs d'un beau jaune.	173
	Fleurs n'étant pas d'un jaune pur et prononcé. .	174
173	Gousse comprimée et offrant de larges échancrures en forme de fer à cheval.*Hippocrepis* (111).	
	Gousse tétragone articulée, mais sans échancrure. . . . . *Coronilla* (109).	
174	Fleurs nombreuses en ombelles arrondies en couronne. . . . . *Coronilla* (109).	
	Fleurs ne formant pas des ombelles arrondies en couronne.	175
175	Corolle à carène très-petite, gousse comprimée, se séparant en plusieurs articles. . . . . *Ornithopus* (110).	
	Corolle à carène presque égale aux ailes, gousse non séparable en articles distincts.	176
176	Gousse divisée en deux loges par une cloison longitudinale. . . . . *Astragalus* (108).	
	Gousse non divisée en deux loges, à une graine. . . . . *Onobrychis* (112).	
177	Style élargi au sommet, ou creusé en canal, feuilles n'ayant qu'un petit nombre de folioles. . . .	178
	Style non élargi au sommet, ni canaliculé, feuilles souvent à folioles nombreuses.	179
178	Style creusé en canal, stipules larges et arrondies à leur base. . . . . *Pisum* (115).	
	Style non creusé en canal, stipules prolongées en pointe à la base. . . . . . . *Lathyrus* (116).	

179	{ Dents du calice presque aussi longues que la corolle.. . . . . *Ervum* (113).	
	{ Dents du calice beaucoup plus courtes que la corolle..	180
180	{ Pétiole terminé par un filet court, droit et non enroulé..	181
	{ Pétiole terminé par un ou plusieurs filets plus ou moins enroulés en spirale.. . . . *Vicia* (114).	
181	{ Fleurs axillaires, presque sessiles, ou style pubescent tout autour. . . . . . . *Vicia* (114).	
	{ Fleurs pédonculées et en grappes, style pubescent en dehors seulement. . . . . *Orobus* (117).	
182	{ Deux à dix étamines.	183
	{ Onze étamines ou plus.	339
183	{ Deux étamines. . . . . . . *Circœa* (138).	
	{ Trois étamines.	592
	{ Quatre étamines. . . . . *Cornus* (197).	
	{ Cinq étamines.	184
	{ Six étamines.	589
	{ Huit étamines..	185
	{ Dix étamines.	187
184	{ Tige ligneuse. . . . . *Hedera* (196).	
	{ Tige herbacée.	188
185	{ Feuilles découpées en lobes nombreux et très-étroits. . . . . *Myriophyllum* (139).	
	{ Feuilles entières ou seulement dentées.	186
186 ONAGRARIÉES.	{ Fleurs rouges ou rosées, graines surmontées de poils soyeux.. . . . . *Epilobium* (136).	
	{ Fleurs jaunes, graines non surmontées de poils. . . . . *Œnothera* (137).	
187	{ Feuilles alternes. . . . . . *Saxifraga* (159).	
	{ Feuilles opposées.	129
188	{ Fleurs en ombelles ou en tête, fruit sec non charnu..	190
	{ Fleurs jamais en ombelles, fruit charnu.	189
189 CUCURBITACÉES.	{ Plante pourvue de vrilles. . . . . *Bryonia* (146).	
	{ Plante sans vrilles. . . . . *Ecballium* (147).	

190 OMBELLIFÈRES.	Feuilles épineuses, fleurs en têtes et entremêlées de paillettes. . . . . *Eryngium* (162). Feuilles non épineuses, fleurs jamais en têtes munies de paillettes. .	191
191	Feuilles composées ou plusieurs ailées, ou profondément pinnatifides. . . . . Feuilles simples ou à lobes palmés, jamais ailées ni pinnatifides.	194 192
192	Feuilles entières ou seulement dentées. . . . . Feuilles découpées en lobes profonds et palmés. . . . . *Sanicula* (161).	193
193	Feuilles entières, fleurs jaunes. *Buplevrum* (174). Feuilles crénelées, fleurs blanches ou rosées. . . . . *Hydrocotyle* (160).	
194	Fruit velu ou hérissé de pointes ou de poils raides. . . . . Fruit glabre, sans pointes ni poils raides. . . .	229 195
195	Fleurs jaunes ou jaunâtres. . . . . Fleurs blanches ou rougeâtres, ou d'un blanc verdâtre.	196 202
196	Feuilles à folioles ovales élargies, dentées ou incisées. . . . . Feuilles à folioles linéaires étroites.	197 200
197	Feuilles supérieures opposées. . . . . Feuilles supérieures alternes.	198 199
198	Ombelles entièrement dépourvues d'involucre, fruit noir à la maturité. . . . . *Smyrnium* (194). Ombelles munies d'un involucre, fruit jamais noir.	199
199	Fruit comprimé, entouré d'un bord simple, peu saillant et élargi. . . . . . . *Pastinaca* (182). Fruit dépourvu de rebord saillant. . . . . *Petrocelinum* (163).	
200	Découpures des feuilles très-menues et capillaires. . . . . *Fœniculum* (177). Découpures des feuilles étroites, mais planes et non capillaires.	201

201	Ombelle courte, de six à douze rayons, fruit non bordé. . . . . *Silaus* (179). Ombelle large à rayons nombreux, fruit comprimé et bordé. . . . . *Peucedanum* (181).	
202	Dents du calice allongées, persistantes et dressées sur le fruit. . . . . *Œnanthe* (175). Dents du calice nulles ou courtes, non dressées sur le fruit.	203
203	Fruit au moins trois fois aussi long qu'il est large. Fruit n'étant pas trois fois aussi long que large.	227 204
204	Fruit sensiblement aplati et entouré d'un rebord ou d'ailes saillantes. . . . . Fruit n'étant pas sensiblement aplati ni bordé. .	205 208
205	Fruit entouré d'un rebord ou aile simple. . . . Fruit entouré de deux ou de plusieurs ailes distinctes.	206 207
206	Feuilles et tiges rudes et hérissées. . . . . *Heracleum* (183). Feuilles et tiges lisses, glabres ou à peu près. . . . . *Peucedanum* (181).	
207	Ombelles finement pubescentes, feuilles alternes. . . . . *Angelica* (180). Ombelles glabres, feuilles supérieures opposées. .	198
208	Pétales entiers. . . . . Pétales échancrés.	209 213
209	Calice à cinq dents. . . . . Dents du calice nulles.	210 211
210	Pétales ovales, plante aquatique. . . . . *Helosciadium* (165). Pétales obovales, plante des lieux secs. *Seseli* (178).	
211	Involucelles nuls. . . . . *Apium* (164). Involucelles composés de folioles plus ou moins nombreuses.	212
212	Plante aquatique. . . . . . *Helosciadium* (165). Plante des lieux secs. . . . *Petroselinum* (163).	
213	Calice à cinq dents distinctes. . . . . Dents du calice nulles.	214 218

214	Ombelles pourvues d'involucre ou d'involucelles..	215
	Ombelles à peu près privées d'involucre et munies d'involucelles..	217
215	Feuilles à folioles linéaires étroites. *Carum* (169).	
	Feuilles à folioles élargies, ovales ou lancéolées.	216
216	Côtes latérales du fruit placées au bord des carpelles... *Sium* (172).	
	Côtes latérales du fruit placées en avant du bord des carpelles........ *Berula* (173).	
217	Feuilles inférieures à folioles élargies, ovales dans leur contour, les supérieures capillaires et divergentes........ *Ptychotis* (166).	
	Toutes les feuilles à lobes linéaires, mais ni capillaires ni divergents...... *Seseli* (178).	
218	Fruit formé de deux carpelles globuleux et très-distincts.......... *Bifora* (195).	
	Fruit n'offrant pas deux carpelles globuleux séparés et distincts............	219
219	Involucre et involucelles nuls ou à une seule foliole........ *Pimpinella* (171).	
	Ombelles munies d'un involucre ou d'involucelles..	220
220	Ombelles sans involucre, mais pourvues d'involucelles..	221
	Ombelles munies d'un involucre et d'involucelles	222
221	Pétales extérieurs plus grands, folioles des feuilles élargies, involucelles pendants. . *Æthusa* (176).	
	Pétales égaux, folioles linéaires très-étroites, involucelles droits ou étalés. . *Conopodium* (170).	
222	Folioles de l'involucre découpées en lobes allongés et capillaires.......... *Ammi* (168).	
	Folioles de l'involucre entières ou à lobes courts et non capillaires............	223
223	Fruit globuleux à côtes crénelées ou crépues... .... *Conium* (193).	
	Fruit dont les côtes ne sont ni crénelées ni crépues...	224
224	Ombelles à trois ou quatre rayons........	225
	Ombelles de plus de cinq rayons.......	226

225 { Feuilles inférieures à neuf folioles au plus. . . . . *Sison* (167).
Feuilles inférieures à plus de dix folioles. . . . . *Petroselinum* (165).

226 { Feuilles à divisions linéaires étroites. . . . . *Carum* (169).
Feuilles à divisions élargies, lancéolées ou ovales. 216

227 { Fruit lisse ou strié, terminé par une pointe ou bec plus ou moins allongé. 228
Fruit strié, atténué au sommet, mais sans bec distinct. . . . . *Chærophyllum* (192).

228 { Fruit strié, beaucoup plus court que le bec qui le termine. . . . . *Scandix* (190).
Fruit non strié, beaucoup plus long que le bec qui le termine. . . . . . . *Anthriscus* (191).

229 { Folioles de l'involucre pinnatifides. 230
Folioles de l'involucre simples ou nulles. . . . 231

230 { Fruit légèrement hispide et très-allongé. . . . . *Scandix* (190).
Fruit court, hérissé de poils et de pointes raides. . . . . *Daucus* (185).

231 { Fruit terminé par une pointe trois ou quatre fois plus longue que lui-même. . . . *Scandix* (190).
Pointe terminale nulle ou plus courte que le fruit. 232

232 { Fruit aplati et entouré d'un rebord élargi. . . . 233
Fruit non comprimé, ni entouré d'un rebord. . . 234

233 { Fruit hispide, à bord épaissi en bourrelet. . . . . *Tordylium* (184).
Fruit légèrement pubescent à bord mince et aplati. . . . . *Heracleum* (183).

234 { Fruit hérissé de poils courts et courbés, atténué au sommet en forme de bec glabre. . . . . *Anthriscus* (191).
Fruit non atténué en forme de bec glabre, entièrement couvert de poils ou de pointes. 235

235 { Fruit hérissé de pointes ou de poils raides. . . . 236
Fruit seulement pubescent ou couvert de poils courts et sans raideur. . . . . . . *Seseli* (178).

236	Poils ou pointes régulièrement rangées sur les côtes du fruit.	237
	Poils ou pointes couvrant toute la surface du fruit. . . . . *Torilis* (189).	
237	Feuilles simplement ailées, rayons de l'ombelle hérissés de poils rudes. . . *Turgenia* (188).	
	Feuilles deux ou trois fois pinnatifides, rayons dépourvus de poils rudes.	238
238	Ombelle terminale à cinq rayons au moins, involucre à plusieurs folioles. . . . . *Orlaya* (186).	
	Ombelle de deux à quatre rayons au plus, involucre presque nul. . . . . *Caucalis* (187.	
239	Calice à deux folioles soudées à la base. . . . . *Portulaca* (148).	
	Calice à plus de deux folioles.	240
240	Fleurs naissant sur des tiges aplaties en forme de feuilles épaisses (Plante grasse). *Opuntia* (158).	
	Tige n'étant pas aplatie en forme de feuilles. . . .	241
241	Feuilles opposées ou verticillées sur la tige. . . . . *Lythrum* (143).	
	Feuilles alternes ou nulles au moment de la floraison.	242
242	ROSACÉES. { Un seul ovaire.	243
	{ Deux ou plusieurs ovaires.	257
243	Tige ligneuse.	246
	Tige herbacée.	244
244	Une à quatre étamines.	245
	Douze étamines au moins.	257
245	Feuilles composées ailées, fleurs en têtes serrées.	257
	Feuilles simples à lobes palmés, fleurs axillaires. . . . . *Alchemilla* (127).	
246	Ovaire libre caché dans le calice.	254
	Ovaire adhérent, visible sous le calice et ordinairement à plusieurs styles.	247
247	Feuilles ailées.	248
	Feuilles simples, entières, ou seulement incisées.	249

248 { Arbrisseaux à tige chargée d'aiguillons. . . . . *Rosa* (129).
Arbres ou arbustes sans aiguillons. . . . . *Sorbus* (135).

249 { Divisions du calice allongées et foliacées. . . . 250
Divisions du calice courtes et non foliacées. . . . 251

250 { Divisions du calice dentées, feuilles ovales. . . . . *Cydonia* (132).
Divisions du calice entières, feuilles lancéolées. *Mespilus* (131).

251 { Pédoncules ramifiés en corymbe. 253
Pédoncules simples, solitaires, ou en bouquets non rameux. 252

252 { Styles libres, fruit rétréci à la base (Poire). . . . . *Pyrus* (133).
Styles un peu soudés, fruit offrant une dépression au sommet et une à la base (Pomme). . . . . *Malus* (134).

253 { Arbrisseaux épineux. . . . . . *Cratægus* (130).
Arbres ou arbrisseaux non épineux. . . . . *Sorbus* (135).

254 { Fruit se développant avant ou avec les feuilles. . . 255
Fruit se développant après les feuilles. 256

255 { Fruit couvert d'une poussière glauque, noyau comprimé aigu, sillonné sur les bords. . . . . *Prunus* (119).
Fruit dépourvu de poussière glauque, noyau ovale arrondi, anguleux d'un côté. . . . . *Cerasus* (120).

256 { Feuilles simples dentelées. 255
Feuilles ailées. . . . . *Rosa* (129).

257 { Fleurs unisexuées. . . . . . *Poterium* (128).
Fleurs munies tout à la fois d'étamines et de pistils. 258

258 { Fleurs en épis grêles, un ou deux ovaires. . . . . *Agrimonia* (126).
Fleurs jamais en épis grêles, plus de deux ovaires. 259

259	Calice à cinq découpures, tige souvent ligneuse	260
	Calice à huit ou dix découpures, tige herbacée.	262
260	Tige garnie d'aiguillons, fruit pulpeux.	261
	Tige sans aiguillons, fruit sec... *Spiræa* (121).	
261	Calice ouvert, ovaire et fruits non cachés dans le calice. . . . . *Rubus* (123).	
	Calice resserré au sommet et renfermant les ovaires et les carpelles. . . . . . . *Rosa* (129).	
262	Graines ou ovaires surmontés chacun d'une longue barbe. . . . . *Geum* (122).	
	Graines ou ovaires non surmontés d'une barbe. .	263
263	Fruit charnu succulent, fleurs toujours blanches. . . . . *Fragaria* (124).	
	Fruit sec, fleurs jaunes ou blanches. . . . . *Potentilla* (125).	

MONOPÉTALES.

264	Ovaire libre placé dans la corolle ou au fond du calice.	290
	Ovaire adhérent au calice et placé au-dessous de la corolle, de façon à former un renflement au-dessous de la fleur.	265
265	Feuilles verticillées, au moins les inférieures. . .	286
	Feuilles alternes ou opposées deux à deux. . . .	266
266	Plante munie de vrilles, ou fleurs unisexuées. . .	189
	Plante sans vrilles, ou fleurs hermaphrodites. . .	267
267	Cinq étamines au plus..	268
	Une à quatre étamines.	278
268	Plus de cinq étamines. . . . . *Poterium* (128).	
	Cinq étamines.	269
269	Anthères adhérentes ensemble.	270
	Anthères distinctes et libres.	271
270	Fleurs sessiles sur le réceptacle, étamines fixées sur la corolle.	415
	Fleurs un peu pédicellées, étamines non fixées sur la corolle. . . . . *Jasione* (277).	

271	Feuilles alternes.	272
	Feuilles opposées.	276
272	Corolle à lobes linéaires, fleurs en tête ou en épis serrés. . . . . *Phyteuma* (278).	
	Corolle à lobes ovales ou arrondis, fleurs solitaires ou en grappes lâches.	273
273	Ovaire ou tube du calice en prisme allongé. . . . . *Specularia* (281).	
	Ovaire ou tube du calice ovoïde ou arrondi. . . .	274
274	Etamines insérées au fond de la fleur, fleurs souvent bleues.	275
	Etamines insérées sur la corolle, fleurs blanches. . . . . *Samolus* (362).	
275	Capsule s'ouvrant par trois ou cinq pores latéraux. . . . . *Campanula* (279).	
	Capsules s'ouvrant en trois valves. *Roncelia* (280).	
276	CAPRIFOLIACÉES. { Feuilles entières ou seulement dentées.	277
	Feuilles composées ou pinnatifides. . . . *Sambucus* (199).	
277	Trois stigmates, fleurs blanches en corymbes ramifiés. . . . . *Viburnum* (200).	
	Un stigmate, fleurs d'un jaune mêlé de rouge, en bouquets simples latéraux. . . *Lonicera* (201).	
278	Quatre étamines.	279
	Une à trois étamines.	283
279	Sous-arbrisseau parasite croissant sur des arbres et des arbrisseaux, fruit en baie. . *Viscum* (198).	
	Plante non parasite, fruit sec.	280
280	Fleurs disposées en têtes serrées et entourées d'un involucre.	281
	Fleurs non disposées en têtes entourées d'un involucre foliacé.	242
281	DIPSACÉES. { Fleurs entremêlées de paillettes épineuses. . . . . . *Dipsacus* (210).	
	Paillettes nulles ou non épineuses. . .	282
282	Réceptacle garni de paillettes non épineuses. . . . . *Scabiosa* (212).	
	Réceptacle dépourvu de paillettes et hérissé de soies. . . . . *Knautia* (211).	

283	Corolle prolongée en éperon à la base........ *Centranthus* (208).	
	Corolle sans éperon..................	284
284	Corolle distincte, en entonnoir...........	285
	Fleur ouverte, corolle nulle ou formée par des écailles........... *Alchemilla* (127).	
285	Graine ou capsule surmontée d'une aigrette plumeuse............ *Valeriana* (207).	
	Capsule sans aigrette, calice denté........ .... *Valerianella* (209).	
286 RUBIACÉES.	Corolle en roue ou en étoile ou bien en cloche............	287
	Corolle en entonnoir........	288
287	Corolle en cloche, fruit en baie.... *Rubia* (202).	288
	Corolle en roue ou en étoile, fruit non charnu.. .... *Galium* (203).	
288	Calice à deux lanières profondes et opposées, fleurs en épi............ *Crucianella* (206).	
	Calice à quatre ou cinq dents, fleurs en bouquets..	289
289	Fruit surmonté par les dents du calice très-développées après la floraison... *Sherardia* (205).	
	Fruit non surmonté par les dents du calice qui sont presque nulles........ *Asperula* (204).	
290	Une à cinq étamines...........	291
	Six étamines ou plus..........	298
291	Corolle régulière ou à divisions sensiblement égales.	292
	Corolle irrégulière ou à parties inégales, ou munies d'éperon................	352
292	Cinq étamines............	293
	Moins de cinq étamines........	309
293	Feuilles opposées ou verticillées sur la tige....	297
	Feuilles nulles ou toutes radicales, ou alternes le long de la tige...............	294
294	Un seul ovaire simple...........	295
	Plusieurs ovaires, ou un seul partagé en lobes profonds................	328
295	Tige grimpante, fruit bacciforme........	340
	Tige non grimpante, fruit sec et capsulaire....	296

296	Etamines placées devant les lobes de la corolle...	348
	Etamines alternes avec les lobes de la corolle, c'est-à-dire placées devant ses échancrures....	340
297	Etamines placées devant les lobes de la corolle...	348
	Etamines placées devant les échancrures de la corolle...	323
298	Un seul ovaire...	299
	Plusieurs ovaires..	308
299	Corolle régulière...	302
	Corolle irrégulière...	300
300	Feuilles simples ou composées de trois folioles simples...	301
	Feuilles très-découpées en lobes nombreux....	146
301	Feuilles simples........ *Polygala* (56).	
	Feuilles composées de trois folioles. *Trifolium* (102).	
302	Tige ligneuse...	303
	Tige herbacée...	304
303 ERICACÉES.	Calice simple..... *Erica* (283).	
	Calice double.... *Calluna* (282).	
304	Feuilles nulles, remplacées par des écailles.... *Hypopithys* (284).	
	Plante pourvue de feuilles...	305
305	Feuilles opposées sur la tige ou verticillées...	307
	Feuilles alternes ou toutes radicales...	306
306	Calice double...	27
	Calice simple...	116
307	Etamines indéfinies et soudées par faisceaux.... *Hypericum* (79).	
	Etamines définies et non soudées...	325
308	Six étamines...	744
	Plus de six étamines...	9
309	Deux ou trois étamines...	310
	Quatre étamines...	314
310	Un ovaire simple...	311
	Deux ou quatre ovaires au fond du calice.... *Lycopus* (332).	

311	Herbes à corolle en roue. . . . . *Veronica* (321).	
	Arbrisseaux à corolle en tube ou en entonnoir. .	312
312	Calice et corolle à quatre lobes.	313
	Calice et corolle à cinq lobes. . *Jasminum* (288).	
313	Fruit en baie, ou drupe, feuilles oblongues. . . . . *Ligustrum* (285).	
	Fruit capsulaire, feuilles cordiformes. . . . . *Syringa* (287).	
314	Plantes sans feuilles. . . . . . . *Cuscuta* (296).	
	Plante munie de feuilles sur la tige ou à sa base.	315
315	Corolle de consistance membraneuse ou écailleuse. . . . . *Plantago* (364).	
	Corolle colorée, non membraneuse, ni écailleuse.	316
316	Feuilles opposées le long de la tige.	317
	Feuilles toutes radicales ou alternes.	320
317	Un seul ovaire simple.	318
	Quatre ovaires au fond du calice.	409
318	Deux étamines courtes et deux longues. . . . . *Verbena* (356).	
	Étamines égales entre elles.	319
319	Corolle en roue, capsule s'ouvrant circulairement. . . . . *Centunculus* (360).	
	Corolle en tube ou en entonnoir, capsule à deux valves.	327
320	Fleurs agglomérées en tête serrée et terminale. . . . . *Globularia* (363).	
	Fleurs non réunies en tête terminale.	321
321	Arbrisseau à feuilles épineuses. . . . . *Ilex* (88).	
	Herbes à feuilles non épineuses.	322
322	Capsule s'ouvrant circulairement en forme de boîte à savonnette. . . . . . . *Centunculus* (360).	
	Capsule ne s'ouvrant pas circulairement.	373
323	Ovaire à deux divisions sous un seul style, fruit s'ouvrant d'un seul côté.	324
	Ovaire unique simple, fruit s'ouvrant en deux valves.	325
324	Graines surmontées par des poils, fleurs en bouquets axillaires d'un blanc jaunâtre. . . . . *Vincetoxicum* (289).	
	Graines nues, fleurs solitaires bleues. *Vinca* (290).	

325 GENTIANÉES.	Six à huit étamines. *Chlora* (291).	
	Quatre à cinq étamines.	326

326	Anthères tordues en spirale après l'anthèse. . . . *Erythræa* (293).	
	Anthères non tordues en spirale.	327

327	Très-petite plante à tige presque filiforme, fleurs jamais bleues. . . . . *Cicendia* (294). Plante robuste, tige non filiforme, fleurs bleues. . . . . *Gentiana* (292).	

328	Feuilles lisses et charnues, plusieurs styles ou stigmates.	28
	Feuilles plus ou moins hérissées ou velues et non charnues, un seul style.	329

329 BORRAGINÉES.	Gorge de la corolle garnie d'écailles.	333
	Gorge de la corolle dépourvue d'écailles.	330

330	Corolle à lobes égaux, ou alternativement grands et petits.	331
	Corolle à lobes inégaux et obliquement tronquée. . . . . *Echium* (298).	

331	Corolle à cinq lobes séparés par une dent saillante. . . . . *Heliotropium* (297).	
	Corolle à cinq lobes non entremêlés de petites dents.	332

332	Calice à cinq angles et à cinq lobes ne dépassant pas le milieu de sa longueur. *Pulmonaria* (300). Calice à cinq divisions qui se prolongent jusque près de la base. . . . . *Lithospermum* (299).	

333	Fleurs pédonculées terminales ou en grappes. . .	335
	Fleurs toutes axillaires sessiles ou presque sessiles.	334

334	Calice fructifère très-dilaté, comprimé en deux feuillets. . . . . *Asperugo* (303). Calice non dilaté, à cinq divisions. . . . . *Lithospermum* (299).	

335	Corolle en roue ou en entonnoir, à limbe étalé. .	336
	Corolle cylindrique ventrue, à limbe droit. . . . . *Symphytum* (301).	

336	Corolle en roue sans tube distinct. *Borrago* (304).	
	Corolle pourvue d'un tube plus ou moins distinct. .	337

337	{ Fruits hérissés d'aiguillons crochus.	339
	{ Fruits dépourvus d'aiguillons crochus.	338

338 { Plante robuste, hérissée de poils raides et piquants. . . . . *Anchusa* (302).
Plante grêle, parsemée de poils mous et non piquants. . . . . *Myosotis* (306).

339 { Corolle très-petite en soucoupe, style très-court. . . . . *Echinospermum* (305).
Corolle assez grande en entonnoir, style allongé et persistant. . . . . *Cynoglossum* (307).

340	{ Plante munie de feuilles.	341
	{ Plante dépourvue de feuilles. . . *Cuscuta* (296).	
341	{ Corolle plane à limbe ouvert et en roue.	342
	{ Corolle en entonnoir, en cloche ou en tube. . . .	344

342 { Fruit en baie, corolle à lobes égaux, anthères rapprochées verticalement. 343
Fruit capsulaire, corolle à lobes un peu inégaux, anthères non conniventes. . *Verbascum* (314).

343 Solanées. { Calice très-renflé après la floraison, fleurs solitaires. 344
Calice non renflé, fleurs en petits bouquets. . . . . . *Solanum* (309).

344 { Corolle bleue. . . . . *Nicandra* (311).
{ Corolle d'un blanc verdâtre. . . *Physalis* (310).

345 { Corolle parfaitement régulière. 346
Corolle à lobes inégaux et obliques, capsule s'ouvrant par un couvercle. . . *Hyosciamus* (313).

346	{ Arbrisseau. . . . . *Lycium* (308).	
	{ Herbes.	347

347 { Capsule épineuse. . . . . *Datura* (312).
{ Capsule lisse. . . . . *Convolvulus* (295).

348 Primulacées. { Tige garnie de feuilles. 349
Hampe nue, feuilles toutes radicales. . . . . *Primula* (361).

349 { Fleurs à cinq divisions, à cinq étamines. 350
Fleurs à quatre divisions, à quatre étamines. . . . . *Centunculus* (360).

350	Fleurs jaunes. . . . . *Lysimachia* (358).	
	Fleurs jamais jaunes.	351
351	Feuilles alternes, fleurs en grappes. *Samolus* (362).	
	Feuilles opposées, fleurs axillaires. *Anagallis* (359).	
352	Une à quatre étamines.	356
	Cinq étamines ou plus.	353
353	Un seul ovaire simple.	354
	Ovaire divisé en deux ou quatre lobes.	
	. . . . *Echium* (298).	
354	Etamines réunies toutes ou plusieurs ensemble. .	301
	Etamines libres et non soudées entre elles. . . .	355
355	Corolle sans éperon, à cinq lobes.	342
	Corolle munie d'éperon. . . . . *Linaria* (319).	
356	Un seul ovaire.	357
	Ovaire divisé en deux ou quatre lobes distincts au	
	fond du calice.	376
357	Quatre étamines pourvues d'anthères.	359
	Trois étamines pourvues d'anthères. *Montia* (149).	
	Deux étamines pourvues d'anthères. . . { Base de la corolle prolongée en éperon. . *Utricularia* (357). Base de la corolle non prolongée en éperon.	358
358	Deux étamines munies d'anthères et deux filets stériles.	375
	Deux étamines non accompagnées de filets stériles. . . . . *Veronica* (321).	
359	Fleurs ramassées en tête terminale dans un calice commun. . . . . *Globularia* (363).	
	Fleurs libres et non réunies dans un calice commun.	360
360	Feuilles caulinaires ou radicales.	363
	Feuilles nulles ou remplacées par des écailles. . .	361
361 OROBANCHÉES.	Calice à deux lèvres, stigmate à deux lobes.	362
	Calice tubuleux à quatre lobes, stigmate simple. *Clandestina* (329).	
362	Fleurs accompagnées de trois bractées. . . . . *Phelipæa* (327).	
	Fleurs accompagnées d'une seule bractée. . . . . *Orobanche* (328).	

363 Scrophulariées.	Corolle à deux lèvres bien distinctes.	364
	Corolle en roue, ou en cloche, ou en tube, ou à lèvre inférieure peu apparente.	372
364	Base de la corolle prolongée en éperon.	370
	Base de la corolle dépourvue d'éperon.	365
365	Feuilles ailées à folioles distinctes et dentées. . . . . *Pedicularis* (323).	
	Feuilles entières ou découpées en lobes non distincts jusqu'à la côte moyenne.	366
366	Feuilles opposées sur la tige, au moins les inférieures.	367
	Feuilles presque toutes alternes.	371
367	Calice large, aplati et ventru. . *Rhinanthus* (324).	
	Calice non ventru, tubuleux ou en cloche.	368
368	Lèvre supérieure de la corolle repliée en dehors par les bords, capsule à une ou deux graines. . . . . *Melampyrum* (322).	
	Lèvre supérieure de la corolle non repliée en dehors, capsule à graines nombreuses.	369
369	Graines non striées, plante très-visqueuse. . . . . *Eufragia* (325).	
	Graines striées ou sillonnées, plante peu ou point visqueuse. . . . . *Euphrasia* (326).	
370	Corolle personnée, à tube renflé et à palais saillant. . . . . *Linaria* (319).	
	Corolle tubuleuse à gorge ouverte. *Anarrhinum* (317).	
371	Corolle à gorge fermée par un palais saillant. . . . . *Antirrhinum* (318).	
	Corolle à gorge ouverte et sans palais. . . . . *Anarrhinum* (317).	
372	Feuilles presque toutes alternes ou radicales.	373
	Feuilles presque toutes opposées sur la tige.	374
373	Corolle grande et sans éperon. . . *Digitalis* (316).	
	Corolle petite avec un petit éperon à sa base. . . . . *Anarrhinum* (317).	
374	Corolle à peu près globuleuse. *Scrophularia* (320).	
	Corolle tubuleuse.	375

375	Fleurs solitaires à l'aissolle des feuilles. . . . . *Gratiola* (315). Fleurs en épis grêles et presque nus. *Verbena* (356).	
376 Labiées.	Quatre étamines munies d'anthères. . . Deux étamines fertiles.	379 377
377	Corolle tubuleuse à lobes presque égaux. . . . . *Lycopus* (332). Corolle à deux lèvres très-prononcées.	378
378	Filets des étamines articulés au sommet avec un connectif filiforme et arqué. . . . *Salvia* (333). Filets des étamines sans connectif. *Rosmarinus* (334).	
379	Corole à deux lèvres bien prononcées. . . . . . Corole à lobes presque égaux, ou lèvre supérieure nulle ou presque nulle.	380 408
380	Calice chargé d'une bosse ou écaille comprimée, arrondie et saillante. . . . *Scutellaria* (352). Calice n'offrant pas de bosse ou écaille comprimée, arrondie et saillante.	381
381	Calice à deux lèvres. . . . . Calice dont les dents ne sont pas déjetées en deux lèvres.	382 392
382	Fleurs verticillées ou en grappes naissant toujours à l'aisselle des feuilles. . . . . Fleurs supérieures serrées en têtes ou en épis dépourvus de vraies feuilles.	383 388
383	Fleurs en verticilles serrés ou en têtes. . . . . Fleurs solitaires ou en petites grappes lâches. . .	389 384
384	Tous les pédoncules simples et uniflores. . . . . Pédoncules ramifiés et formant de petites grappes.	385 386
385	Calice large et veiné, corolle très-grande. . . . . *Melittis* (343). Calice strié ou relevé de côtes, corolle petite ou médiocre.	386
386	Feuilles à bords entiers et un peu enroulés. . . . . *Satureia* (337). Feuilles à bords crénelés et non repliés. . . .	387
387	Calice à cinq angles ou côtes, fleurs blanchâtres. . . . . *Melissa* (340). Calice sillonné de côtes nombreuses, fleurs souvent rougeâtres. . . . . . *Calamintha* (338).	

388	Fleurs bleues, en épis grêles et longuement pédonculés. . . . . *Lavandula* (330). Fleurs jamais tout-à-fait bleues, en têtes ou en épis compactes.	389
389	Bractées filiformes et très-étroites. . . . . *Clinopodium* (339). Bractées élargies, ovales ou arrondies.	390
390	Bractées arrondies, plus larges que longues, plante presque inodore. . . . *Brunella* (353). Bractées ovales, plante aromatique	391
391	Fleurs en têtes terminales, feuilles très-entières. . . . . *Thymus* (336). Fleurs en épis paniculés, feuilles un peu dentées. . . . . *Origanum* (335).	
392	Calice sillonné de stries très-rapprochées. . . . Calice non strié ou seulement relevé de côtes écartées.	393 398
393	Toutes les fleurs placées à l'aisselle des feuilles. Fleurs formant des grappes ou épis non feuillés. .	394 397
394	Fleurs nombreuses disposées en verticilles fournis. Fleurs de une à trois à chaque aisselle des feuilles.	395 396
395	Calice à cinq dents, feuilles d'un vert obscur. . . . . *Ballota* (350). Calice à dix dents, feuilles blanchâtres. . . . . *Marrubium* (349).	
396	Feuilles linéaires, ou lancéolées entières. . . . . *Satureia* (337). Feuilles arrondies et crénelées. *Glechoma* (342).	
397	Fleurs bleues, feuilles étroites. *Lavandula* (330). Fleurs blanches ou rosées, feuilles ovales et dentées. . . . . *Nepeta* (341).	
398	Feuilles découpées en trois ou cinq lobes profonds et pointus, ovaires surmontés d'une touffe de poils. . . . . *Leonurus* (351). Feuilles non découpées en lobes profonds, ovaires sans touffe de poils . . . . . *Betonica* (348).	
399	Tube de la corolle plus ou moins dilaté et évasé au sommet. . . . . Tube de la corolle cylindrique, arqué et à peine évasé au sommet. . . . . . . *Betonica* (348).	400

400	Fleurs tout-à-fait jaunes. . . . *Galeobdolon* (345).	
	Fleurs jamais entièrement jaunes.	401
401	Lèvre inférieure de la corolle offrant trois lobes distincts.	402
	Lèvre inférieure de la corolle n'offrant distinctement qu'un seul lobe. . . . . *Lamium* (344).	
402	Lèvre inférieure ayant à sa naissance deux dents ou deux renflements saillants, dents du calice souvent piquantes. . . . . . . *Galeopsis* (346).	
	Lèvre inférieure dépourvue de dents saillantes, lobes du calice peu ou point épineux.	403
403	Étamines rapprochées deux à deux, ou déjetées sur les côtés.	404
	Étamines dressées ou écartées en tout sens. . . .	406
404	Étamines déjetées sur les côtés de la corolle après la floraison. . . . . *Stachys* (347).	
	Étamines jamais déjetées sur les côtés de la corolle.	405
405	Corolle très-grande à lèvre supérieure entière. . . . . *Melittis* (343).	
	Corolle médiocre à lèvre supérieure bifide. . . . . *Glechoma* (342).	
406	Entrée du calice fermée par des poils après la floraison.	407
	Entrée du calice non fermé par des poils.	408
407	Fleurs en verticilles axillaires. . . *Mentha* (331).	
	Fleurs en épis imbriqués de bractées et serrés en panicule. . . . . *Origanum* (335).	
408	Corolle à lobes presque égaux en tout sens. . . .	409
	Corolle offrant une lèvre inférieure bien prononcée.	412
409	Feuilles entières et dentées.	410
	Feuilles découpées, fleurs en épis très-grêles. . . . . *Verbena* (356).	
410	Feuilles très-entières, corolle à cinq lobes. . . .	411
	Feuilles plus ou moins dentées, corolle à quatre lobes. . . . . *Mentha* (331).	
411	Fleurs en épis non feuillés. . . *Lavandula* (330).	
	Fleurs toutes axillaires. . . . . *Satureia* (337).	

412	Lèvre supérieure de la corolle remplacée par deux dents, l'inférieure à trois lobes. . *Ajuga* (354). Lèvre supérieure formée de deux divisions rejetées en bas, la lèvre inférieure paraissant avoir cinq lobes. . . . . *Teucrium* (355).	
413	Arbre à fruit mou et charnu (Figue). *Ficus* (384). Plante herbacée à fruit non charnu.	414
414	Graines renfermées dans une capsule close et hérissée de pointes crochues. . *Xanthium* (276). Graines non renfermées dans une capsule close et hérissée..	415
415 SYNANTHÉRÉES.	Calathides ou capitules de fleurs composées de petites fleurs de deux sortes; celles du centre tubuleuses (*fleurons*), celles de la circonférence allongées en languette plane (*demi-fleurons*) et disposées en forme de rayons. Calathides composées de petites fleurs toutes uniformes, soit de fleurons ou de demi-fleurons. .	416 436
416 RADIÉES.	Akènes ou ovaires surmontés d'une aigrette de poils. . . . . Akènes ou ovaires nus, ou couronnés par une membrane, mais dépourvus d'aigrettes de poils..	417 424
417	Feuilles opposées sur la tige. . . . *Bidens* (224). Feuilles alternes ou toutes radicales.	418
418	Demi-fleurons du rayon de la même couleur que les fleurons du centre. . . . . Demi-fleurons du rayon d'une autre couleur que les fleurons du centre. . . . *Erigeron* (216).	419
419	Folioles de l'involucre disposées sur un seul rang ou sur deux rangs. . . . . Folioles de l'involucre imbriquées sur plusieurs rangs..	420 422
420	Feuilles toutes radicales et paraissant pendant ou après la floraison. . . . . Tiges portant à la fois des feuilles et des fleurs. . . . . *Senecio* (236).	421

421 { Feuilles radicales paraissant après l'anthèse, fleurs jaunes. . . . . *Tussilago* (215).
Feuilles radicales paraissant pendant ou après l'anthèse, fleurs d'un blanc rosé à odeur de vanille. . . . . *Nardosmia* (214).

422 { Calathides n'offrant que de cinq à huit demi-fleurons. . . . . *Solidago* (219).
Calathides offrant dix demi-fleurons ou plus. . . . . *Inula* (222).

423 { Feuilles découpées en lobes nombreux et profonds. 424
Feuilles entières ou seulement dentées. 428

424 { Calathides petites, très-nombreuses et en corymbe serré. . . . . *Achillea* (226).
Calathides solitaires ne formant pas un corymbe serré et fourni. 425

425 { Réceptacle garni de paillettes mêlées aux fleurs. . . . . *Anthemis* (225).
Réceptacle nu et sans paillettes. 426

426 { Réceptacle plane ou convexe, folioles de l'involucre scarieuses ou colorées sur les bords. 427
Réceptacle conique, folioles de l'involucre à peine scarieuses. . . . . . . *Matricaria* (228).

427 { Calathides en corymbe. . . . . *Pyrethrum* (229).
Calathides solitaires au sommet de la tige ou des rameaux. . . . . *Leucanthemum* (227).

420 { Hampe nue et uniflore. . . . . . *Bellis* (218).
Tige feuillée souvent multiflore. 429

429 { Akènes courbés, plissés et irréguliers. . . . . *Calendula* (237).
Akènes droits et réguliers. 430

430 { Feuilles toutes opposées. . . . . . *Bidens* (224).
Feuilles alternes. 431

431 { Réceptacle garni de paillettes mêlées aux fleurs. . 433
Réceptacle nu et sans paillettes. 432

432 { Fleurs tout-à-fait jaunes. . *Chrysanthemum* (230).
Fleurs à rayons blancs. . . *Leucanthemum* (227).

433 { Fleurs blanches. . . . . *Achillea* (226).
Fleurs jaunes. 434

434	Akènes surmontés par des arêtes caduques, fleurs très-larges. . . . . *Helianthus* (223). Akènes couronnés par une membrane, fleurs médiocres. . . . . *Pallenis* (221).	
435	Fleurs toutes tubuleuses ou fleuronnées, les fleurons en tube et à limbe denté ou lobé. . . . Fleurs toutes en languettes planes ou uniquement composées de demi-fleurons.	436 463
436 FLOSCULEUSES.	Akènes ou ovaires couronnés par une aigrettes de poils. . . . . Akènes ou ovaires nus, ou surmontés d'une membrane, ou par des paillettes ou des dents en arêtes.	437 457
437	Poils de l'aigrette simples ou légèrement dentés. . Poils de l'aigrette rameux ou plumeux.	438 456
438	Réceptacle garni d'écailles ou de paillettes, ou feuilles et involucre armés d'épines. . . . . . . Réceptacle dépourvu d'écailles et de paillettes, feuilles et involucre non épineux.	439 447
439	Paillettes du réceptacle allongées et apparentes si on écarte les fleurs. . . . . Paillettes du réceptacle tronquées et formant des alvéoles. . . . . *Onopordon* (245).	440
440	Fleurons extérieurs femelles, stériles et plus grands que les autres. . . . . Fleurons tous hermaphrodites et à peu près égaux entre eux.	441 443
441	Écailles extérieures de l'involucre en forme de feuilles, pinnatifides au sommet. *Kentrophyllum* (242). Écailles de l'involucre jamais en forme de feuilles.	442
442	Réceptacle couvert de paillettes sétacées, aigrette nulle ou formée de poils paléiformes, denticulés, persistants. . . . . *Centaurea* (241). Réceptacle muni de quelques fibrilles caduques, aigrette formée de poils longuement plumeux, caducs. . . . . *Galactites* (244).	
443	Écailles de l'involucre crochues en hameçon au sommet. . . . . *Lappa* (249). Écailles de l'involucre non crochues en hameçon.	444

444	Ecailles de l'involucre, les extérieures et les moyennes dilatées en un appendice foliacé, denté et épineux. . . . . *Silybum* (243).	
	Ecailles de l'involucre souvent terminées par une pointe, mais sans appendice étalé.	445
445	Involucre épineux ainsi que les feuilles.	446
	Involucre et feuilles non épineux. *Serratula* (250).	
446	Fleurs bleues. . . . . *Cynara* (246).	
	Fleurs purpurines ou blanches. . *Carduus* (247).	
447	Fleurs jaunes.	448
	Fleurs rougeâtres ou blanchâtres.	451
448	Ecailles de l'involucre herbacées et non membraneuses.	449
	Ecailles de l'involucre membraneuses et colorées. .	454
449	Feuilles trop étroites, linéaires, entières. *Linosyris* (220).	
	Feuilles jamais linéaires étroites.	450
450	Fleurons extérieurs grêles à trois dents, involucre imbriqué. . . . . *Inula* (222).	
	Fleurons tous égaux à cinq dents, involucre à folioles disposées sur un seul rang ou avec quelques écailles accessoires à la base. . . *Senecio* (236).	
451	Feuilles opposées, souvent à trois ou cinq lobes. . . . . *Eupatorium* (213).	
	Feuilles alternes, simples.	452
452	Plantes velues, ni tomenteuses, ni cotonneuses. . . . . *Conyza* (217).	
	Plantes tomenteuses ou cotonneuses blanchâtres. .	453
453	Ecailles de l'involucre plus longues et imitant des rayons colorés. . . . . . *Xeranthemum* (239).	
	Ecailles de l'involucre à peu près égales et non rayonnantes.	454
454	Fleurs d'un jaune doré. . . . *Helichrysum* (233).	
	Fleurs jamais d'un jaune doré.	455
455	Calathides anguleuses, coniques ou pointues, réceptacle muni d'écailles à la circonférence, nu au centre. . . . . *Filago* (235).	
	Calathides hémisphériques ou cylindriques obtuses, réceptacle entièrement nu. . *Gnaphalium* (234).	

456	Ecailles intérieures de l'involucre grandes, scarieuses, étalées et colorées en forme de rayons. . . . . *Carlina* (240). Ecailles de l'involucre ni colorées ni étalées en forme de rayons. . . . . . . *Cirsium* (248).	
457	Involucre épineux. . . . . Involucre non épineux.	458 459
458	Calathides globuleuses, composées d'une réunion de petits involucres uniflores. . . *Echinops* (238). Calathides composées de fleurons qui ne sont pas chacun pourvus d'un involucre particulier. . . .	441
459	Feuilles opposées. . . . . *Bidens* (224). Feuilles alternes.	460
460	Fleurs bleues plus ou moins pédicellées sur le réceptacle. . . . . *Jasione* (277). Fleurons complètement sessiles sur le réceptacle, fleurs jaunes ou jaunâtres.	461
461	Ecailles intérieures de l'involucre allongées en forme de rayons colorés. . . . *Xeranthemum* (239). Ecailles de l'involucre non disposées en forme de rayons colorés.	462
462	Fleurs d'un beau jaune, disposées en corymbe plane. . . . . *Tanacetum* (232). Fleurs jaunâtres, disposées en grappes ou en épis paniculés. . . . . *Artemisia* (231).	
463 SEMIFLOSCULEUSES..	Feuilles et involucres garnis d'épines raides et piquantes. . . *Scolymus* (251). Feuilles et involucres non épineux ou seulement hérissés de poils rudes.	464
464	Akènes ou ovaires couronnés par une aigrette de poils ou de paillettes capillaires. . . . . Akènes ou ovaires sans aigrettes ou couronnés par une aigrette composée de lamelles.	472 465
465	Fleurs bleues. . . . . Fleurs jaunes.	466 467
466	Involucre à folioles écailleuses argentées. *Catananche* (255). Involucre à folioles non écailleuses. . . . . *Cichorium* (256).	

467	Feuilles toutes radicales. . . . *Arnoseris* (254).	
	Tige feuillée.	468
468	Involucre muni à la base d'écailles très-courtes en forme de calicule. . . . . . *Lampsana* (252).	
	Involucre formé de folioles disposées sur un seul rang, nu ou muni à la base de quelques petites folioles accessoires.	469
469	Akènes arqués, étalés en étoile, sans aigrette. . . . . *Rhagadiolus* (253).	
	Akènes non arqués, ni étalés, munis d'aigrettes écailleuses.	470
470	Akènes du centre comprimés ailés. *Hyoseris* (257).	
	Akènes tous semblables, obscurément tétragones. . . . . *Edypnois* (258).	
471	Poils de l'aigrette simples ou finement dentés. . .	472
	Poils de l'aigrette rameux ou plumeux.	482
472	Akènes terminés par un rétrécissement grêle qui fait paraître l'aigrette pédicellée.	479
	Akènes non terminés en col grêle, aigrette paraissant sessile.	473
473	Involucre simple, muni à la base d'écailles accessoires en forme de calicule.	474
	Involucre sans calicule, à folioles imbriquées sur plusieurs rangs.	476
474	Ecailles extérieures très-lâches et égalant l'involucre. . . . . *Tolpis* (271).	
	Ecailles extérieures appliquées, plus courtes que l'involucre.	475
475	Akènes uniformes, tous amincis en bec. *Crepis* (274).	
	Akènes extérieurs plus gros, tricarénés sur la face interne, ceux du centre linéaires. . . . . *Pterotheca* (272).	
476	Réceptacle garni de poils.	477
	Réceptacle tout-à-fait nu.	478
477	Poils du réceptacle épars et plus courts que les ovaires. . . . . *Hieracium* (275).	
	Poils du réceptacle nombreux et plus longs que les ovaires. . . . . *Andryala* (273).	

478	Involucre ovoïde ou renflé à la base, aigrette molle et blanche.. . . . . *Sonchus* (270). Involucre ni ovoïde ni renflé à la base, aigrette raide souvent rousse. . . . . *Hieracium* (275).	
479	Hampe nue et uniflore. . . . *Taraxacum* (267). Tige feuillée et multiflore.	480
480	Involucre imbriqué, akènes comprimés et presque planes. . . . . *Lactuca* (269). Involucre de sept à huit folioles avec des écailles accessoires à la base, akènes cylindracés ou peu comprimés.	481
481	Akènes surmontés de pointes écailleuses en forme de couronne, l'aigrette s'élevant au centre. . . . . *Chondrilla* (268). Akènes dépourvus de pointes écailleuses et sans couronne terminale.	474
482	Akènes ou ovaires amincis au sommet en col étroit qui fait paraître l'aigrette pédicellée. . . . . . Akènes ou ovaires non amincis en col, aigrette sessile.	483 487
483	Involucre entouré de cinq feuilles lâches. . . . . *Helminthia* (262). Involucre non foliacé, composé d'écailles.. . . .	484
484	Réceptacle garni de paillettes qui tombent avec le fruit. . . . . *Hypochœris* (266). Réceptacle nu.	485
485	Involucre simple composé de huit à dix folioles. . . Involucre composé de folioles imbriquées. . . . . *Podospermum* (265).	486
486	Réceptacle nu et alvéolé. . . *Tragopogon* (264). Réceptacle fibrilleux et pubescent. . . . . *Urospermum* (263).	
487	Réceptacle nu. . . . . Réceptacle tuberculeux, ou garni de paillettes ou d'alvéoles.	488 489
488	Involucre avec des folioles imitant un calicule à la base, plante garnie de poils rudes. *Picris* (261). Involucre imbriqué, plante dépourvue de poils rudes. . . . . *Podospermum* (265).	

	Akènes sessiles sur le réceptacle.	490
489	Akènes portés sur un pédicelle creux et renflé. . . . . *Podospermum* (265).	

	Réceptacle garni de paillettes qui tombent avec le fruit. . . . . *Hypochœris* (266).	
490	Réceptacle creusé d'alvéoles.	491

	Akènes du centre pourvus d'une aigrette, ceux de la circonférence couronnés par une membrane. . . . . *Thrincia* (259).	
491	Akènes pourvus tous d'une aigrette plumeuse. . . . . *Leontodon* (260).	

INCOMPLÈTES.

	Fleurs pourvues chacune d'un calice ou d'une corolle.	516
492	Fleurs tout-à-fait nues, ou réunies plusieurs dans une enveloppe commune.	493

493	Plantes submergées ou flottantes.	494
	Plantes non submergées ni flottantes.	498

	Très-petites plantes flottantes, composées de feuilles sans tige distincte. . . . . . *Lemna* (402).	
494	Plantes terrestres ou aquatiques pourvues de tiges distinctes et de racines implantées dans la terre.	495

	Fleurs toutes axillaires.	496
495	Fleurs mâles nombreuses sessiles sur un spadice terminal, fleurs femelles isolées à l'extrémité d'un long pédoncule filiforme contourné en spirale avant et après l'anthèse. . . . *Vallisneria* (395).	

	Deux à six carpelles rayonnants dans chaque fleur, feuilles filiformes. . . . . *Zannichellia* (400).	
496	Un seul ovaire simple ou à quatre lobes, feuilles non filiformes.	497

	Capsule ovoïde, feuilles ondulées, comme épineuses. . . . . *Naias* (401).	
497	Fruit se séparant en quatre carpelles, feuilles non ondulées ni épineuses. . . . . *Callitriche* (141).	

498	Tige herbacée.	499
	Arbre ou arbrisseau.	505

499	Feuilles à suc laiteux, fleurs disposées en fausses ombelles. . . . . *Euphorbia* (379). Suc non laiteux, fleurs jamais disposées en fausses ombelles.	500
500	Tige grimpante. . . . . *Humulus* (383). Tige non grimpante.	501
501	Plantes sans feuilles, à rameaux articulés et verticillés. . . . . *Equisetum* (486). Plantes munies de véritables feuilles.	502
502	Feuilles linéaires très-allongées. . . . . Feuilles non linéaires, plus ou moins élargies. . .	503 504
503	Fleurs en têtes globuleuses. . *Sparganium* (405). Fleurs en chatons allongés et cylindriques. . . . . *Typha* (404).	
504	Fleurs contenues dans une grande spathe en cornet, feuilles lisses. . . . . *Arum* (403). Fleurs non renfermées dans une spathe, feuilles rudes. . . . . *Xanthium* (276).	
505	Feuilles composées, ailées avec impaire, rameaux opposés. . . . . *Fraxinus* (286). Feuilles entières, ou lobées, mais non composées. .	506
506	Feuilles lobées à nervure, palmées, fleurs renfermées dans un involucre charnu (Figue). *Ficus* (384). Feuilles entières ou découpées, ou nulles au moment de la floraison, mais jamais palmées, fleurs sans involucre charnu.	507
507	Filets des étamines distincts, feuilles dentées. . . Filets des étamines nuls, feuilles non dentées, linéaires étroites, persistantes. *Juniperus* (394).	508
508	Fleurs hermaphrodites. . . . . . . *Ulmus* (385). Fleurs unisexuées, monoïques ou dioïques. . . .	509
509	Chatons mâles et femelles portés par le même individu. Chatons mâles et femelles portés par des individus différents.	510 515
510	Chatons mâles globuleux. . . . . . *Fagus* (389). Chatons mâles allongés et cylindriques.	511

511	Chatons mâles raides et droits, fruit épineux. . . . . *Castanea* (390). Chatons mâles lâches et penchés, fruit non épineux.	512
512	Anthères terminées par un poil. . *Carpinus* (393). Anthères non terminées par un poil.	513
513	Chatons mâles, grêles et interrompus, trois à six stigmates, fruit placé dans une cupule coriace (Gland). . . . . *Quercus* (391). Chatons mâles, cylindriques et contigus, deux stigmates dans chaque fleur, cupule nulle ou foliacée.	514
514	Ecailles des chatons mâles trilobées, fleurs femelles sessiles, fruit ligneux dans une cupule foliacée (Noisette). . . . . *Corylus* (392). Ecaille des chatons mâles n'offrant pas trois lobes, chatons femelles pédonculés, fruits imbriqués sans cupule. . . . . *Alnus* (386).	
515	Capsule à une loge, une à cinq étamines dans chaque fleur. . . . . *Salix* (387). Capsule à deux loges, huit à trente étamines. . . . . *Populus* (388).	
516	Tige grimpante ou pourvue de vrilles accrochantes. . . . . Tige non grimpante et dépourvue de vrilles. . . .	517 520
517	Fleurs unisexuées. . . . . Fleurs hermaphrodites.	518 520
518	Feuilles glabres et luisantes. . . . *Tamus* (427). Feuilles hérissées de poils rudes.	519
519	Fleurs verdâtres, étamines libres. *Humulus* (383). Fleurs colorées intérieurement, étamines adhérentes entre elles.	189
520	Tige herbacée. . . . . Tige ligneuse.	521 542
521	Fleurs unisexuées. . . . . Fleurs hermaphrodites.	522 528
522	Calice et corolle distincts, mais soudés l'un avec l'autre, plante tout hérissée de poils rudes. . . Calice ou corolle nuls, ou non soudés ensemble, plante n'étant pas tout hérissée de poils rudes. .	189 523

523	Fleurs ayant au moins dix étamines, ou trois à cinq styles..	524
	Fleurs ayant moins de dix étamines, ou moins de trois styles.	528
524	Feuilles en forme de fer de flèche. *Sagittaria* (397).	
	Feuilles n'étant pas en forme de fer de flèche.	525
525	Fleurs disposées en tête serrée et terminale.. *Poterium* (128).	
	Fleurs non disposées en tête serrée.	526
526	Plante plongée dans l'eau.	533
	Plante terrestre..	527
527	Fleurs pourvues de cinq pétales distincts... *Lychnis* (59).	
	Fleurs n'offrant pas cinq pétales colorés et distincts.	538
528	Une à six étamines ou anthères.	550
	Plus de six étamines ou anthères.	529
529	Plusieurs ovaires libres ou placés dans le calice.	530
	Un seul ovaire, parfois partagé en deux ou trois lobes..	532
530	Fleurs serrées en tête terminale, deux ovaires dans le calice. *Poterium* (128).	
	Fleurs disposées en tête, plus de deux ovaires.	531
531	Six pétales, neuf étamines et six styles... *Butomus* (398).	
	Plante n'ayant pas tout à la fois six pétales, neuf étamines et six styles.	12
532	Plante aquatique, à feuilles découpées en lobes nombreux et très-étroits.	533
	Plante terrestre, ou n'ayant pas les feuilles multifides si elles sont aquatiques.	534
533	Calice à quatre lobes, fleurs en épi ou verticillées. *Myriophyllum* (139).	
	Calice à dix ou douze lobes, fleurs seulement axillaires. *Ceratophyllum* (142).	
534	Plante aquatique, à feuilles flottantes, arrondies, entières et échancrées à la base.. *Nuphar* (14).	
	Plante terrestre, ou n'ayant pas les feuilles arrondies entières et échancrées à la base.	535

535	Fleurs composées de quatre pétales, étamines très-nombreuses.	35
	Fleurs n'offrant pas tout à la fois quatre pétales et les étamines très-nombreuses.	536
536	Fruit charnu en forme de baie, feuilles composées. . . . . *Phytolacca* (367).	
	Fruit sec, capsulaire, feuilles simples.	537
537	Fleurs hermaphrodites.	539
	Fleurs unisexuées.	538
538 EUPHORBIACÉES.	Fleurs comme en ombelle, capsule à trois loges, herbes à suc laiteux. . . . *Euphorbia* (379). Fleurs jamais en ombelle, capsule à deux loges, suc non laiteux. . . . . . *Mercurialis* (380).	
539	Un seul style.	544
	Plusieurs styles ou stigmates distincts.	540
540	Feuilles alternes. . . . . . *Polygonum* (373).	
	Feuilles opposées.	541
541	Feuilles étroites et sans stipules. *Scleranthus* (150).	
	Feuilles ovales ou arrondies et munies de petites stipules.	102
542	Feuilles ailées avec impaire.	543
	Feuilles non ailées.	550
543	Arbrisseau à fleurs en thyrses. . . . . *Rhus* (90).	
	Sous-arbrisseau grimpant. . . . . *Clematis* (1).	
544	Un seul stigmate.	545
	Deux à six stigmates.	546
545	Tige herbacée, fruit capsulaire, fleurs en épis. . . . . *Passerina* (374). Tige ligneuse, fruit charnu, fleurs en petits bouquets. . . . . *Daphne* (375).	
546	Feuilles alternes ou fasciculées, fleurs sans pétales.	547
	Arbre à feuilles opposées, à fleurs pourvues de pétales. . . . . *Acer* (80).	
547	Capsule à deux ou trois coques, ou divisions visibles à l'extérieur.	548
	Fruit n'offrant pas deux ou trois loges à l'extérieur.	549

548	{ Capsule à trois loges. . . . . *Euphorbia* (379). { Capsule à deux loges. . . . *Mercurialis* (380).	
549	{ Tige ligneuse. . . . . { Tige herbacée ou à peine ligneuse à la base. . . . { . . . . *Polygonum* (373).	507
550	{ Fleurs portées sur les feuilles. . . *Ruscus* (426). { Fleurs jamais portées sur les feuilles.	551
551	{ Enveloppe florale colorée et ayant l'apparence d'une { corolle. . . . . { Enveloppe florale foliacée, ou membraneuse, ou { écailleuse et ayant l'apparence d'un calice. . . .	552 606
552	{ Trois étamines ou plus, libres. . . . . { Une ou deux étamines fixées sur le pistil et peu { apparentes.	553 594
553	{ Trois ou rarement quatre étamines. . . . . . . { Quatre ou cinq étamines. . . . . { Six étamines ou plus.	591 554 566
554	{ Feuilles alternes ou opposées deux à deux. . . . { Feuilles verticillées au moins les inférieures. . . .	555 286
555	{ Fleurs en ombelles régulières. . . . . { Fleurs non disposées en ombelles régulières. . . .	190 556
556	{ Périanthe double sur deux rangs, ou calice entouré { par un involucre. . . . . { Calice simple, sans involucre.	557 563
557	{ Tige ligneuse. . . . . { Tige herbacée.	558 561
558	{ Sous-arbrisseau parasite croissant sur divers arbres, { baies blanches. . . . . *Viscum* (198). { Arbrisseau non parasite, baies noires ou rouges. .	 559
559	{ Feuilles épineuses au moins vers leur sommet. . . { . . . . *Ilex* (88). { Feuilles non épineuses.	 560
560	{ Toutes les fleurs agglomérées à l'aisselle des feuil- { les. . . . . *Rhamnus* (89). { Fleurs en thyrses terminaux. . . . . *Rhus* (90).	
561	{ Fleurs disposées en petits corymbes. . . . . . . { . . . . *Alchemilla* (127). { Fleurs solitaires, ou en tête, ou en épis serrés ou { en verticilles.	 562

562	Fleurs verticillées le long de la tige........	379
	Fleurs solitaires, ou en têtes, ou en épis, à fleurs non verticillées........ *Plantago* (364).	
563	Entre-nœuds des feuilles munis de stipules ou de gaines membraneuses........	564
	Feuilles dépourvues de stipules et de gaines membraneuses........	565
564	Feuilles alternes...... *Polygonum* (373).	
	Feuilles opposées........	130
565	Fleurs en épis serrés, entremêlés de bractées... .... *Amaranthus* (365).	
	Fleurs en grappes lâches.... *Thesium* (376).	
566	Tige ligneuse, feuilles opposées.. *Coriaria* (86).	
	Tige herbacée, feuilles alternes........	567
567	Un seul ovaire, un seul style ou point de style..	573
	Plusieurs ovaires ou plusieurs styles........	568
568	Fleurs portées par une tige feuillée au moins à la base........	569
	Point de tige ni de feuilles au moment de la floraison, fleurs naissant d'un bulbe. *Colchicum* (437).	
569	Entre-nœuds de la tige munis de gaines membraneuses en forme de stipules........	570
	Feuilles sans gaines membraneuses en forme de stipules........	571
570	Fleurs munies au-dehors d'un involucelle composé de trois petites folioles..... *Rumex* (372).	
	Fleurs dépourvues d'involucelle ou de calice extérieur........ *Polygonum* (373).	
571 ALISMACÉES.	Feuilles en fer de flèche.... .... *Sagittaria* (397).	
	Feuilles jamais en fer de flèche...	572
572	Neuf étamines, sépales extérieurs colorés... .... *Butomus* (398).	
	Six étamines, sépales extérieurs verts.... .... *Alisma* (396).	
573	Périanthe ou calice à limbe tronqué obliquement et allongé en forme de languette........ .... *Aristolochia* (378).	
	Périanthe à limbe non allongé en languette....	574

574	Ovaire libre, placé dans le périanthe.	575
	Ovaire adhérent ou placé sous le limbe du périanthe.	589
575	Feuilles presque toutes radicales, hampe nue.	581
	Tige garnie de feuilles nombreuses.	576
576	Feuilles filiformes, naissant par touffes le long des rameaux............ *Asparagus* (424).	
	Feuilles non filiformes, ni disposées par faisceaux.	577
577	Divisions de la fleur à peu près prolongées jusqu'à la base.	578
	Divisions de la fleur pas tout-à-fait prolongées jusqu'au milieu de sa longueur. *Convallaria* (425).	
578 LILIACÉES.	Trois stigmates ou un stigmate à trois angles bien prononcés.	579
	Un seul stigmate simple ou n'offrant pas trois angles bien prononcés.	581
579	Fleurs peintes de carreaux, pétales offrant à leur base interne une cavité ovale ou arrondie............ *Fritillaria* (429).	
	Fleurs non peintes de carreaux, pétales sans cavité ovale ou arrondie.	580
580	Fleurs grandes, solitaires et longuement pédonculées............ *Tulipa* (428).	
	Fleurs petites en épis ou en grappes.	572
581	Divisions de la fleur prolongées jusqu'à la base.	582
	Fleurs divisées en lobes qui ne dépassent pas son milieu.	587
582	Trois stigmates sessiles au sommet de l'ovaire.	580
	Un style distinct.	583
583	Fleurs à pédicelles simples, naissant au même point et sortant d'une spathe à deux feuilles............ *Allium* (434).	
	Fleurs sans spathe.	584
584	Filets des étamines tous, ou plusieurs, sensiblement élargis à leur base.	585
	Filets des étamines peu ou point élargis à leur base.	586
585	Base de six étamines voûtée et couvrant l'ovaire, racine composée de tubercules allongés............ *Asphodelus* (430).	
	Base de trois étamines droite et ne couvrant pas l'ovaire, racine bulbeuse. *Ornithogalum* (432).	

586	{ Racine bulbeuse, fleurs bleues... *Scilla* (433). { Racine fibreuse, fleurs blanches. *Anthericum* (431).	
587	{ Divisions de la fleur atteignant le milieu de sa longueur, étalées au sommet... *Bellevalia* (435). { Divisions de la fleur marquées par des dents, ou divisions n'atteignant pas le milieu de sa longueur et non étalées............	588
588	{ Racine bulbeuse, fleurs bleues ou violettes.... *Muscari* (436). { Souche rampante, fleurs blanches ou blanches mêlées de vert...... *Convallaria* (425).	
589	{ Plante grimpante....... *Tamus* (427). { Plante non grimpante............	590
590 AMARYLLIDÉES.	{ Périanthe muni à la gorge d'une couronne en forme de corolle monopétale. *Narcissus* (422). { Périanthe dépourvu de couronne à la gorge... *Galanthus* (423).	
591	{ Sous-arbrisseau à racine ligneuse.. *Osyris* (377). { Herbes à racines bulbeuses ou tubéreuses....	592
592 IRIDÉES.	{ Styles portant des stigmates dilatés en forme de pétales.... *Iris* (421). { Stigmates non dilatés en forme de pétales............	593
593	{ Fleur régulière et en entonnoir.. *Crocus* (419). { Fleur irrégulière et comme à deux lèvres.... *Gladiolus* (420).	
594 ORCHIDÉES.	{ Éperon ou gibbosité apparente à la base du labelle........ { Ni éperon ni gibbosité.......	595 600
595	{ Plante pourvue de feuilles......... 595 bis { Plante dépourvue de feuilles. *Limodorum* (414 bis).	
595 bis.	{ Éperon ou gibbosité atteignant à peine le quart de la longueur de l'ovaire........ { Éperon atteignant au moins la moitié de la longueur de l'ovaire, souvent aussi long ou plus long que celui-ci.........	596 597

596	Labelle très-long en forme de lanière étroite et deux lanières latérales vers son quart inférieur, bulbes entiers. . . . . *Himantoglossum* (409).
	Labelle court trilobé, bulbes palmés. . . . . *Cœloglossum* (410).
597	Éperon dépassant ordinairement la longueur de l'ovaire. 598
	Éperon atteignant à peine la moitié de la longueur de l'ovaire. . . . . *Orchis* (406).
598	Labelle très-entier, linéaire allongé. . . . . *Platanthera* (411).
	Labelle court et élargi, trilobé. 599
599	Bulbes entiers, épi dense globuleux. . . . . *Anacamptis* (407).
	Bulbes palmés, épi allongé cylindrique ou conique. . . . . *Gymnadenia* (408).
600	Racine bulbeuse ou munie de tubercules. . . . 601
	Racine rampante ou formée par un faisceau de fibres. 604
601	Épi à fleurs contournées en spirale. . . . . *Spiranthes* (418).
	Épi à fleurs non contournées en spirale. 602
602	Segments du périgone étalés. . . *Ophrys* (412).
	Segments du périgone connivents. 603
603	Labelle à quatre divisions linéaires, ovaire tordu. . . . . *Aceras* (413).
	Labelle à trois lobes, le moyen très-grand, entier, ovaire non tordu. . . . . . *Serapias* (414).
604	Deux feuilles largement ovales, paraissant opposées, situées vers le tiers inférieur de la tige. . . . . *Listera* (417).
	Feuilles alternes sur la tige. 605
605	Ovaire non contourné, labelle ayant deux bosses saillantes au niveau du rétrécissement. . . . . *Epipactis* (416).
	Ovaire contourné, labelle offrant plusieurs saillies vers le rétrécissement. . *Cephalanthera* (415).
606	Tige ligneuse. . . . . *Ficus* (384).
	Tige herbacée. 607

607	Limbe du calice offrant d'un à six lobes. . . .	608
	Limbe du calice offrant de huit à douze lobes. .	
	. . . . *Ceratophyllum* (142).	
608	Feuilles ailées ou découpées en lanières étroites.	609
	Feuilles simples ou seulement pinnatifides. . . .	611
609	Herbe aquatique flottante. . *Myriophyllum* (139).	
	Herbe non flottante.	610
610	Fleurs axillaires agglomérées. . *Alchemilla* (127).	
	Fleurs en épi ou en tête terminale.	
	. . . . *Poterium* (128).	
611	Une à cinq étamines.	615
	Six étamines.	612
612	Plusieurs ovaires.	572
	Un seul ovaire.	613
613	Capsule renfermant plusieurs graines, feuilles linéaires étroites ou jonciformes.	614
	Fruit à une seule graine, feuilles ni linéaires étroites ni jonciformes.	569
614 JONCÉES.	Feuilles planes et souvent poilues. . . . . *Luzula* (439).	
	Feuilles cylindriques ou en gouttières et glabres. . . . . . *Juncus* (448).	
615	Une à trois étamines.	628
	Quatre à cinq étamines.	616
616	Un seul style ou point de styles.	618
	Deux ou plusieurs styles.	617
617	Deux ou trois styles.	625
	Quatre styles.	54
	Cinq styles.	131
618	Plantes aquatiques, plusieurs ovaires. . . . . *Potamogeton* (399).	
	Plantes terrestres, un seul ovaire.	619
619	Ovaire adhérent au calice et placé au-dessous de son limbe. . . . . *Thesium* (376).	
	Ovaire non adhérent et placé dans le calice. . . .	620
620	Feuilles munies de stipules.	120
	Feuilles sans stipules.	621

621	Périanthe ou calice simple............	622
	Périanthe double........... *Plantago* (364).	
622	Feuilles hérissées de poils à piqûre brûlante... .... *Urtica* (381). Feuilles glabres ou à poils dont la piqûre n'est pas brûlante.............	623
623	Calice presque triangulaire, prenant un grand accroissement après la floraison.. *Atriplex* (371). Calice non triangulaire et ne s'accroissant pas après la floraison..............	624
624	Un stigmate, feuilles velues.. *Parietaria* (382). Deux à quatre stigmates, feuilles glabres..... .... *Chenopodium* (369).	
625	Feuilles opposées et munies de petites stipules.. Feuilles alternes ou sans stipules........	120 626
626	Capsule s'ouvrant en travers. *Amaranthus* (365). Fruit ne s'ouvrant pas............	627
627	Feuilles ou pétioles munies à la base de gaînes membraneuses...... *Polygonum* (373). Feuilles sans gaînes membraneuses.. *Beta* (368).	
628	Feuilles verticillées........ *Hippuris* (140). Feuilles non verticillées............	629
629	Feuilles engaînantes, calice en forme d'écailles ou de glumes.............. Feuilles non engaînantes, fleurs non glumacées..	636 630
630	Calice de trois à six divisions.......... Calice nul, ou à un ou deux feuillets.......	631 632
631	Feuilles opposées et munies de petites stipules.. Feuilles alternes et sans stipules.........	120 632
632	Trois étamines.............. Une ou deux étamines............	633 635
633	Feuilles ensiformes très-allongées et un peu engaînantes............... Feuilles ni ensiformes ni engaînantes......	503 634
634	Feuilles étroites subulées... *Polycnemum* (366). Feuilles planes et élargies... *Amaranthus* (365).	

635 { Plantes à suc laiteux, capsule à trois loges. . . . . *Euphorbia* (379).
Plantes à suc non laiteux, fruit un peu charnu. *Blitum* (370).

636 { Périanthe composé de une ou deux valves ou écailles. 637
Périanthe à six divisions. 614

637 { Périanthe composé d'une seule écaille, tiges sans nœuds, gaîne des feuilles entière. 638
Périanthe composé de deux à quatre écailles, tige noueuse, gaîne des feuilles fendue dans sa longueur. 641

638 CYPÉRACÉES. { Fleurs unisexuées, graines renfermées dans un godet fermé et percé au sommet. . . . *Carex* (443).
Fleurs hermaphrodites, graines non renfermées dans un godet. . . . 639

639 { Graines entourées de soies très-longues et d'un blanc brillant. . . . . . . *Eriophorum* (442).
Graines nues ou entourées de soies plus courtes que les écailles de l'épi. 640

640 { Epillets très-aplatis et à écailles régulièrement disposées sur deux rangs opposés. *Cyperus* (440).
Epillets n'étant pas tout à la fois très-aplatis et garnis d'écailles disposées sur deux rangs réguliers. . . . . *Scirpus* (441).

641 GRAMINÉES. { Fleurs en tête courte, arrondie et hérissée de pointes dures. . . . . *Echinaria* (465).
Fleurs en épi ou en panicule. . . . 642

642 { Fleurs hérissées en dehors de petites pointes crochues. . . . . *Tragus* (446).
Fleurs glabres ou velues, mais non hérissées de pointes crochues. 643

643 { Fleurs disposées en épis linéaires rassemblés au sommet de la tige et comme digités. 644
Fleurs disposées en panicule ou en épis non digités au sommet de la tige. 647

644 { Epis parsemés de poils soyeux. 645
Epis dépourvus de poils soyeux. 646

645	Valves de la glume tridentées... *Sorghum* (445). Valves de la glume obtuses.. *Andropogon* (444).	
646	Fleurs imbriquées sur un rang, racine rampante. .... *Cynodon* (456). Fleurs sur deux rangs, racine fibreuse non rampante............ *Digitaria* (447).	
647	Fleurs évidemment pédicellées et disposées en panicule lâche............ Fleurs sessiles en épis, ou pédicelles si courts que la panicule ressemble à un épi ou à une grappe.................	648 676
648	Fleurs munies à la base de poils soyeux presque aussi longs qu'elles............ Fleurs glabres ou pubescentes, ou munies de poils très-courts.................	649 652
649	Fleurs portant une arête longue, divergente et genouillée au milieu....... *Avena* (470). Arête nulle ou courte, droite et non genouillée..	650
650	Epillets multiflores, feuilles larges de trois à six centimètres................. Epillets uniflores, feuilles n'ayant pas deux centimètres de largeur.... *Calamagrostis* (460).	651
651	Glumelle mutique...... *Phragmites* (463). Glumelle surmontée d'une longue arête.... .... *Arundo* (464).	
652	Epillets agglomérés en plusieurs paquets ovales, serrés, aplatis et tournés du même côté. .... *Dactylis* (476). Fleurs solitaires ou en épillets non réunis en paquets ovales, serrés, aplatis et tournés du même côté.................	653
653	Epillets ne contenant qu'une seule fleur..... Glumes contenant deux ou plusieurs fleurs, réunies en épillets...............	654 663
654	Fleurs pourvues d'une ou de plusieurs arêtes... Fleurs dépourvues d'arêtes.........	655 656
655	Une collerette de poils jaunâtres à la base extérieure des épillets..... *Andropogon* (444). Point de collerette de poils à la base des épillets..	656

656	{ Fleurs pourvues d'une seule enveloppe, glume nulle. . . . . *Leersia* (457).	
	{ Fleurs pourvues de deux enveloppes, glume et glumelle...	657
657	{ Panicule unilatérale et à peine composée de quinze à trente épillets. . . . . . . *Melica* (472).	
	{ Panicule composée de plus de trente épillets. . .	658
658	{ Glume à deux valves, avec une troisième valve accessoire en forme d'écaille.	659
	{ Glume à deux valves, sans écailles accessoires. .	661
659	{ Base des épillets munie d'un involucre composé de soies aristées. . . . . *Setaria* (450).	
	{ Base des épillets sans involucre.	660
660	{ Fleurs en panicule, les épis de la panicule unilatéraux. . . . . *Echinochloa* (448).	
	{ Fleurs en panicule, les épis non unilatéraux. . . . . *Panicum* (449).	
661	{ Glume à valves pliées en carène et renfermant la fleur, panicule resserrée. . . . *Phalaris* (451).	
	{ Glume ouverte, convexe, panicule plus ou moins étalée.	662
662	{ Glumelle coriace luisante, persistante et renfermant la graine. . . . . *Milium* (462).	
	{ Glumelle ni coriace ni persistante sur la graine. . . . . *Agrostis* (459).	
663	{ Fleurs pourvues d'une ou de plusieurs arêtes plus ou moins longues.	664
	{ Fleurs dépourvues d'arête.	670
664	{ Arête naissant sur le dos ou à la base de la fleur. .	665
	{ Arête naissant au sommet ou près du sommet de la fleur.	668
665	{ Arête presque droite, dépassant peu la fleur, ou plus courte qu'elle.	666
	{ Arête genouillée, divergente et très-saillante. . . .	667
666	{ Epillets composés de deux fleurs dissemblables, l'une supérieure stérile et aristée, l'autre inférieure fertile et mutique. . . . *Holcus* (468).	
	{ Epillets composés de deux fleurs semblables et aristées. . . . . *Aira* (467).	

667	Epillets composés de deux fleurs semblables. . . . . *Aira* (467). Epillets composés de deux fleurs dissemblables, l'une supérieure fertile et presque mutique, l'autre inférieure stérile et aristée. . . . . *Arrhenatherum* (469). Epillets composés de plusieurs fleurs semblables et aristées. . . . . *Avena* (470).
668	Arête naissant dans une échancrure du sommet de la glumelle. . . . . *Danthonia* (471). Arête ne naissant pas dans une échancrure. . . . 669
669	Arête naissant un peu au-dessous du sommet de la glumelle. . . . . *Bromus* (480). Arête terminale. . . . . *Festuca* (478).
670	Epillets composés de deux fleurs. . . . . 671 Epillets composés de plus de deux fleurs. 672
671	Epillets longs de un à deux décimètres. *Avena* (470). Epillets n'ayant pas un centimètre de longueur. . . . . *Glyceria* (475).
672	Glume ventrue aussi longue que la fleur. . . . . *Danthonia* (471). Glume beaucoup plus courte que la fleur. 673
673	Spathellules ventrues, échancrées en cœur à la base. . . . . *Briza* (473). Spathellules peu ou point ventrues, non échancrées en cœur. 674
674	Dos des fleurs comprimé en carène. . *Poa* (474). Fleurs à dos arrondi. 675
675	Fleurs oblongues obtuses, à dos demi-cylindrique. . . . . *Glyceria* (475). Fleurs lancéolées ou subulées, ou un peu ventrues à la base. . . . . *Festuca* (478).
676	Epillets tout-à-fait sessiles sur un axe commun et réunis en épi plus ou moins allongé. . . . . . 687 Epillets brièvement pédicellés et réunis en forme de grappe ou d'épi souvent cylindrique. 677
677	Glume ne contenant qu'une seule fleur. . . . . . 678 Glume contenant deux ou plusieurs fleurs réunies en épillets. 683

678	Glume à deux valves, avec une troisième valve en forme d'écaille............	659
	Glume simplement à deux valves, sans écaille accessoire............	679
679	Glumes aigues, renflées globuleuses à la base... *Gastridium* (461).	
	Glumes n'étant pas renflées globuleuses à la base.	680
680	Fleur munie à sa base de deux paillettes en arêtes et plus longues qu'elle-même........ *Anthoxanthum* (452).	
	Fleurs non accompagnées de paillettes aristées plus longues qu'elles.........	681
681	Valves de la glume convexes et terminées chacune par une arête sétacée.... *Polypogon* (458).	
	Valves de la glume pliées en carène et mutiques, ou seulement mucronées........	682
682	Glume tronquée au sommet et à carène prolongée en pointe ou arête courte.... *Phleum* (454).	
	Glume mutique, arête naissant à la base ou sur le dos de la glumelle..... *Alopecurus* (453).	
683	Epillets entourés de bractées pinnatifides ou pectinées............. *Cynosurus* (477).	
	Epillets non entourés de bractées pinnatifides ou pectinées............	684
684	Epillets allongés multiflores, disposés sur deux rangs réguliers et très-visiblement aristés... *Brachypodium* (479).	
	Epillets pauciflores, non disposés sur deux rangs réguliers, mutiques ou arêtes courtes.....	685
	Epillets de deux fleurs à arêtes assez longues...	666
685	Fleurs membraneuses sur les bords et sensiblement pédicellées............	686
	Fleurs peu membraneuses et presque sessiles.... *Kœleria* (466).	
686	Glumes presque égales aux fleurs.. *Melica* (472).	
	Glumes moitié plus courtes que les fleurs.... *Poa* (474).	
687	Très-petite plante, à épi droit filiforme..... *Chamagrostis* (455).	
	Plante plus ou moins élevée, épi non filiforme.	688

688	Un seul épillet placé sur chaque dent de l'axe de l'épi.	689
	Deux ou trois épillets sur chaque dent de l'axe. . . . . *Hordeum* (483).	
689	Spathellule externe prolongée en trois ou quatre arêtes.. . . . . *Ægilops* (485).	
	Spathellule externe sans arête, ou à une seule arête.	690
690	Fleurs portant sur le dos une arête genouillée. . . . . *Gaudinia* (481).	
	Fleur mutique ou à arête terminale et droite. . .	691
691	Glume à deux valves à peu près égales, épillets touchant l'axe par leur face.	692
	L'une des valves de la glume nulle ou plus petite que l'autre, épillets touchant l'axe par leurs bords. . . . . *Lolium* (484).	
692	Epillets longs d'un centimètre au plus. . . . . *Festuca* (478).	
	Epillets longs de plus d'un centimètre. . . . . *Triticum* (482).	

CRYPTOGAMES.

693	Tige composée d'articles emboîtés les uns à la suite des autres. . . . . *Equisetum* (486).	
	Tige non composée d'articles emboîtés.	694
694 FOUGÈRES.	Fructifications portées sur la surface inférieure des feuilles.	695
	Fructifications disposées en épi distique. . . . . . *Ophioglossum* (487).	
695	Groupes de capsules recouverts par une membrane.	696
	Capsules nues et non recouvertes par un tégument.	702
696	Capsules groupées sur les bords de la feuille. . .	697
	Capsules groupées à la surface même de la feuille.	698
697	Capsules groupées en lignes continues. *Pteris* (494).	
	Capsules groupées en lignes interrompues çà et là. . . . . *Adianthum* (495).	
698	Capsules groupées en lignes ou points réguliers. .	699
	Capsules éparses sur toute la surface de la feuille.	702

699	Capsules groupées en lignes allongées.	700
	Capsules groupées en points ovales ou arrondies.	701
700	Lignes de fructifications très-longues, feuilles lancéolées entières. . . . . *Scolopendrium* (493).	
	Lignes de fructifications assez écartées, feuilles découpées ou très-étroites. . . *Asplenium* (492).	
701	Tégument des fructifications attaché par le centre et se soulevant de tous côtés. . . *Aspidium* (490).	
	Tégument fixé par le centre et par un pli enfoncé. . . . . *Polystichum* (491).	
702	Capsules groupées en points arrondis et distincts.. . . . . *Polypodium* (489).	
	Capsules couvrant toute la surface de la feuille ou cachées par des écailles. . . . *Ceterach* (488).	

TABLEAU DICHOTOMIQUE
DES ESPÈCES.

PLANTES EXOGÈNES
ou
DICOTYLÉDONÉES.

THALAMIFLORES.

RENONCULACÉES.

1. CLEMATIS. . . . . *C. vitalba* (Page 3).
2. THALICTRUM. . . . . . *T. sylvaticum* (p. 3).

Le rhizome longuement stolonifère de cette espèce est caractéristique.

3. ANEMONE.

1 { Fleurs jaunes. . . . . . *A. ranunculoïdes* (p. 4).
   Fleurs blanches, rosées ou rouges. 2

2 { Carpelles pubescents. . . . . *A. nemerosa* (p. 4).
   Carpelles laineux. 3

3 { Involucre à folioles profondément divisées. . . .
   . . . . *A. coronaria* (p. 3).
   Involucre à folioles peu ou point divisées. . . . .
   . . . . *A. pavonina* (p. 4).

4. HEPATICA . . . . *H. triloba* (p. 4).
5. ADONIS.

{ Sépales presque glabres, carpelles en épi ovale
  oblong. . . . . *A. autumnalis* (p. 4).
  Sépales velus, carpelles en épi allongé, cylindrique.
  . . . . *A. flammea* (p. 4).

6. RANUNCULUS.

1 { Fleurs blanches. 2
    Fleurs jaunes. 5

2 { Feuilles uniformes, toutes réniformes lobées. . . .
      . . . . *R. hederaceus* (p. 4).
    Feuilles, les unes réniformes lobées, les autres divi-
      sées en lanières capillaires. . *R. aquatilis* (p. 4).
    Feuilles uniformes, toutes divisées en lanières capil-
      laires. 3

3 { Réceptacle nu. . . . . . . *R. fluitans* (p. 5).
    Réceptacle velu. 4

4 { Pétales une fois plus longs que le calice, étamines
      douze à quinze. . . . . *R. trichophyllus* (p. 5).
    Pétales dépassant peu le calice, cinq à dix étamines.
      . . . . *R. Drouetii* (p. 5).

5 { Feuilles entières ou seulement dentées. 6
    Feuilles plus ou moins lobées ou découpées. 7

6 { Tige fistuleuse, carpelles chargés de petits tubercules.
      . . . . *R. ophioglossifolius* (p. 5).
    Tige non fistuleuse, carpelles lisses. . . . .
      . . . . *R. flammula* (p. 5).

7 { Racine fibreuse, à collet produisant des rejets ram-
      pants allongés. . . . . . . *R. repens* (p. 6).
    Racine fibreuse sans rejets rampants, ou racine tu-
      berculeuse. 8

8 { Feuilles glabres et très-lisses. 9
    Feuilles velues ou pubescentes, jamais très-lisses. . 10

9 { Fleurs petites d'un jaune pâle, ovaires saillants hors
      de la corolle. . . . . . *R. sceleratus* (p. 6).
    Fleurs assez grandes d'un beau jaune, ovaires non
      saillants hors de la corolle. *R. auricomus* (p. 5).

10	Ovaires ou carpelles chargés sur leurs faces, ou sur leurs bords, de pointes raides ou de petits tubercules.	17
	Ovaires ou carpelles lisses, ou seulement ponctués.	11
11	Calice réfléchi sur le pédoncule.	15
	Calice étalé au-dessous de la fleur, non renversé sur le pédoncule.	12
12	Racine fibreuse ou souche garnie de fibres, tige assez élevée, feuillée, rameuse et multiflore.	13
	Racine formée d'un faisceau de petits tubercules, tige peu élevée, souvent nue et uniflore.	15
13	Pédoncules sillonnés, réceptacle hérissé de quelques poils entre les carpelles. . . *R. sylvaticus* (p. 6).	
	Pédoncules cylindriques, non sillonnés, réceptacle glabre.	14
14	Lobes des feuilles très-larges se recouvrant l'un l'autre, bec des carpelles à courbure prononcée. . . *R. Friesanus* (p. 5).	
	Lobes des feuilles ne se recouvrant pas par leurs bords, bec ou carpelles droits. *R. vulgatus* (p. 5).	
15	Racine bulbiforme, ou formée par un faisceau de petits tubercules, fruits lisses.	16
	Racine fibreuse, fruits tuberculeux.	17
16	Collet de la racine en forme de bulbe arrondi. . . . . *R. bulbosus* (p. 6).	
	Racine composée d'un faisceau de petits tubercules. . . . . *R. chœrophyllos* (p. 6).	
17	Ovaires ou carpelles hérissés de pointes raides et aiguës. . . . . *R. arvensis* (p. 6).	
	Ovaires ou carpelles n'offrant que de petits tubercules	18
18	Pétales dépassant peu le calice, carpelles tout couverts de tubercules. . . . . *R. parviflorus* (p. 6).	
	Pétales dépassant sensiblement le calice, carpelles seulement bordés de tubercules. . . . . *R. philonotis* (p. 6).	

7. FICARIA. . . . . . *F. ranunculoïdes* (p. 6).

8. CALTHA. . . . . *C. palustris* (p. 7).

9. HELLEBORUS.

{ Tige feuillée, pédoncules garnis de bractées ovales. . .
. . . . *H. fœtidus* (p. 7).
{ Tige presque nue, pédoncules garnis de feuilles. . .
. . . . *H. viridis* (p. 7).

10 NIGELLA.

{ Fleurs avec un involucre multifide, capsules soudées
jusqu'au sommet. . . . . *N. Damascena* (p. 7).
{ Fleurs sans involucre, cupules soudées dans les trois
quarts inférieurs. . . . . . *N. Gallica* (p. 7).

11. AQUILEGIA. . . . . . . *A. vulgaris* (p. 7).

12. DELPHINIUM.

1 { Un ovaire, pétales soudés en un seul. 2
{ Trois ovaires, pétales libres. *D. Verdunense* (p. 8).

2 { Capsule glabre, acuminée au sommet, style tout-à-
fait latéral. . . . . *D. consolida* (p. 7).
{ Capsule pubescente, sensiblement atténuée en un
style court, un peu latéral. . . *D. Ajacis* (p. 8).

BERBÉRIDÉES.

13. BERBERIS. . . . . . . *B. vulgaris* (p. 8).

NYMPHÉACÉES.

14. NUPHAR. . . . . *N. luteum* (p. 8).

PAPAVÉRACÉES.

15. PAPAVER.

1 { Capsules ou ovaires hérissés de poils raides. 2
{ Capsules ou ovaires glabres. 3

2 { Capsules ovales arrondies. . . . *P. hybridum* (p. 8).
{ Capsules allongées en massue. . *P. argemone* (p. 8).

3 { Feuilles pinnatifides et velues au moins en dessous. . 4
{ Feuilles seulement dentées et entièrement glabres. .
. . . . *P. nigrum* (p. 9).

	Capsule allongée en massue, fleurs médiocres....	5
4	Capsule subglobuleuse ou obovée, fleurs grandes... *P. Rhœas* (p. 9).	

	Stigmates atteignant ou dépassant les bords du disque qui les porte....... *P. Lecocquii* (p. 9).	
5	Stigmates n'atteignant pas les bords du disque.... *P. dubium* (p. 9).	

16. Glaucium........ *G. luteum* (p. 10).

17. Chelidonium...... *C. majus.* (p. 10).

FUMARIACÉES.

18. Fumaria.

	Sépales des jeunes fleurs orbiculaires......... *F. densiflora* (p. 10).	
1	Sépales ovales ou oblongs............	2

	Fruit plus large que long, un peu déprimé au sommet............ *F. officinalis* (p. 10).	
2	Fruit arrondi globuleux, non échancré au sommet..	3

	Sépales à peu près aussi larges que la base de la corolle............ *F. speciosa* (p. 10).	
3	Sépales beaucoup plus larges que la base de la corolle............ *F. parviflora* (p. 10).	

CRUCIFÈRES.

19. Cheiranthus...... *C. Cheiri* (p. 10).

20. Nasturtium.

	Fleurs blanches............	2
1	Fleurs jaunes ou jaunâtres...........	3

	Feuilles à folioles uniformes, cordiformes lancéolées............ *N. siifolium* (p. 10).	
2	Feuilles à folioles dissemblables, ovales ou cordiformes anguleuses...... *N. officinale* (p. 10).	

	Feuilles supérieures profondément pinnatifides....	4
3	Feuilles supérieures entières ou non profondément pinnatifides........ *N. amphibium* (p. 10).	

	Pétales à peine plus longs que le calice, siliques renflées. . . . . *N. palustre* (p. 11).	
4	Pétales deux fois plus longs que le calice, siliques non renflées.	5

	Siliques à peu près de la longueur de leurs pédicelles. . . . . *N. sylvestre* (p. 11).	
5	Siliques moitié plus courtes que leurs pédicelles. . . . . *N. anceps* (p. 11).	

21. BARBAREA.

	Feuilles radicales lyrées, à lobe terminal grand, les supérieures obovales, irrégulièrement sinuées dentées. . . . . *B. vulgaris* (p. 11).	
1	Feuilles toutes pinnatifides.	2

2	Siliques dressées appliquées. . . *B. intermedia* (p. 11).
	Siliques étalées. . . . . *B. patula* (p. 11).

22. TURRITIS. . . . . *T. glabra* (p. 11).

23. ARABIS.

	Feuilles caulinaires sessiles lancéolées. . . . . *A. Thaliana* (p. 11).	
1	Feuilles caulinaires à base en cœur ou auriculée. . .	2

2	Graines finement ponctuées. . . *A. sagittata* (p. 11).
	Graines non ponctuées. . . . . *A. hirsuta* (p. 11).

24. CARDAMINE.

1	Pétales à limbe large, étalé.	2
	Pétales à limbe étroit, dressé.	3

	Feuilles caulinaires à segments égaux, linéaires ou oblongs. . . . . *C. pratensis* (p. 12).
2	Feuilles caulinaires à segments inégaux, le terminal très-grand, orbiculaire. . . . . *C. latifolia* (p. 12).

	Pétioles ayant deux oreillettes sagittées à leur base. . . . . *C. impatiens* (p. 13).	
3	Pétioles sans oreillettes à leur base.	4

	Feuilles supérieures oblongues, siliques dressées. *C. hirsuta* (p. 12).
4	Feuilles supérieures souvent ovales, siliques écartées de la tige. . . . . *C. sylvatica* (p. 12).

25. Hesperis. . . . . . . *H. matronalis* (p. 13).
26. Sisymbrium.

1 { Fleurs blanches. . . . . *S. Alliaria* (p. 13).
    Fleurs jaunes. 2

2 { Feuilles bi-tripinnatifides, à segments fins entiers ou
      incisés. . . . . *S. Sophia* (p. 13).
    Feuilles seulement pinnatifides, à lobes ovales oblongs. 3

3 { Siliques épaissies à leur base. 4
    Siliques non épaissies à leur base. 5

4 { Cloison des siliques mince et transparente. . . .
      . . . . *S. officinale* (p. 13).
    Cloison des siliques épaisse et spongieuse. . . . .
      . . . . *S. polyceratium* (p. 13).

5 { Siliques dépassant les fleurs supérieures. . . . .
      . . . . *S. Irio* (p. 13).
    Siliques ne dépassant pas les fleurs supérieures. . .
      . . . . *S. acutangulum* (p. 13).

27. Brassica.

1 { Feuilles radicales et inférieures vertes, hérissées
      ciliées. . . . . *B. Rapa* (p. 14).
    Feuilles, même les radicales, plus ou moins glau-
      ques, glabres. 2

2 { Racine grêle. . . . . *B. campestris* (p. 14).
    Racine renflée, charnue. . . . *B. Napus* (p. 14).

28. Erucastrum. . . . . . . *E. Pollichii* (p. 14).
29. Sinapis.

1 { Siliques serrées contre la tige. . *S. nigra* (p. 15).
    Siliques sensiblement écartées de la tige. 2

2 { Feuilles supérieures inégalement sinuées dentées. . .
      . . . . *S. arvensis* (p. 14).
    Feuilles toutes profondément pinnatifides. . . . .
      . . . . *S. alba* (p. 14).

30. Hirschfeldia. . . . . . *H. adpressa* (p. 15).
31. Diplotaxis.

{ Calice hérissé de poils raides, pédicelles égalant envi-
    ron la longueur des fleurs épanouies. . . . . . .
    . . . . *D. muralis* (p. 15).
  Calice glabre ou hérissé seulement au sommet, pédi-
    celles une à trois fois plus longs que les fleurs
    épanouies. . . . . *D. tenuifolia* (p. 15).

32. Eruca . . . . E. sativa (p. 15).

33. Raphanus.

1 { Racine charnue. . . . . R. sativus (p. 15).
   { Racine dure. 2

2 { Racine grêle pivotante, feuilles régulièrement lyrées.
   { . . . . R. Raphanistrum (p. 16).
   { Racine longue et rameuse, feuilles lyrées interrompues, à segments entremêlés de petits lobes. . .
   { . . . . R. Landra (p. 15).

34. Bunias.

{ Crêtes des angles de la silicule plus courtes que le
    diamètre du fruit. . . . . . B. Erucago (p. 16).
{ Crêtes des angles de la silicule plus longues que le
    diamètre du fruit. . . . . B. macroptera (p. 16).

35. Calepina. . . . . C. Corvini (p. 16).

36. Neslia. . . . . N. paniculata (p. 16).

37. Myagrum. . . . . M. perfoliatum (p. 17).

38. Isatis. . . . . I. tinctoria (p. 17).

39. Senebiera. . . . . S. Coronopus (p. 17).

40. Capsela. . . . C. Bursa-pastoris (p. 17).

41. Hutchinsia. . . . . . H. petræa (p. 17).

42. Lepidium.

1 { Feuilles supérieures sagittées et pubescentes. . . . 4
   { Feuilles non sagittées et glabres. 2

2 { Feuilles de la tige larges et ovales. . . . .
   { . . . . L. latifolium (p. 17).
   { Feuilles de la tige linéaires étroites. 3

3 { Silicules terminées par une échancrure. . . . . .
   { . . . . L. sativum (p. 18).
   { Silicules non échancrées, terminées en pointe. . . .
   { . . . . L. graminifolium (p. 17).

4 { Silicules ovales, bordées, à lobes de l'échancrure
   { courts. . . . . L. campestre (p. 18).
   { Silicule à valves renflées, non bordées, cordiformes.
   { . . . . L. Draba (p. 18).

43. IBERIS.

{ Feuilles entières ou seulement incisées dentées. . . . . *I. amara* (p. 18).
Feuilles découpées en trois ou cinq lobes étroits et très-profonds. . . . . . . *I. pinnata* (p. 18).

44. TEESDALIA. . . . . *T. nudicaulis* (p. 18).

45. THLASPI.

{ Silicule entièrement entourée par un rebord saillant, plante à odeur d'ail. . . . . *T. arvense* (p. 18).
Silicule un peu bordée seulement au sommet, plante sans odeur d'ail. . . . *T. perfoliatum* (p. 18).

46. CAMELINA. . . . . . . *C. sativa* (p. 18).

47. DRABA. . . . . *D. muralis* (p. 19).

48. EROPHILA.

{ Sépales ovales oblongs, silicules oblongues très-rétrécies dans le tiers inférieur. . *E. hirtella* (p. 19).
Sépales ovales arrondis, silicules oblongues elliptiques, peu rétrécies inférieurement. . . . . *E. majuscula* (p. 19).

49. LUNARIA. . . . . . . *L. biennis* (p. 19).

50. ALYSSUM. . . . . . *A. calycinum* (p. 19).

51. RAPISTRUM. . . . . *R. rugosum* (p. 19).

CISTINÉES.

52. CISTUS. . . . . . . *C. salvifolius* (p. 20).

53. HELIANTHEMUM.

1 { Racine et tige herbacée. . . . *H. guttatum* (p. 20).
Racine et base de la tige ligneuses. 2

2 { Feuilles pourvues de stipules. . *H. vulgare* (p. 20).
Feuilles dépourvues de stipules. . . . . *H. Fumana* (p. 20).

VIOLARIÉES.

54. VIOLA.

1 { Pédoncules et pétioles naissant du collet de la racine.   2
Pédoncules naissant sur une tige feuillée.   7

2	Souche émettant des stolons ou rejets rampants.	3
	Souche dépourvue de stolons rampants...... V. *hirta* (p. 20).	
3	Stolons pourvus de fleurs............	6
	Stolons dépourvus de fleurs...........	4
4	Capsules contenant de quinze à vingt graines....	5
	Capsules abortives ou ne contenant au plus qu'une à deux graines...... V. *multicaulis* (p. 21).	
5	Fleurs entièrement violettes... V. *odorata* (p. 20).	
	Fleurs violettes, mais blanches à la base des pétales. .... V. *sepincola* (p. 21).	
6	Fleurs violettes ou blanches, éperon couleur violacée. .... V. *scotophylla* (p. 21).	
	Fleurs blanches, même l'éperon.. V. *alba* (p. 21).	
7	Stigmate creusé en entonnoir, stipules profondément pinnatifides........ V. *Timbali* (p. 21).	
	Stigmate non creusé en entonnoir, stipules seulement incisées, ou entières..............	8
8	Eperon coloré..... V. *Reichenbachiana* (p. 21).	
	Eperon blanchâtre................	9
9	Feuilles radicales réniformes arrondies........ .... V. *Riviniana* (p. 21).	
	Feuilles toutes ovales oblongues, les inférieures obtuses............. V. *canina* (p. 21).	

RÉSÉDACÉES.

55. RESEDA.

1	Calice à quatre divisions, feuilles toutes simples et entières............ R. *luteola* (p. 22).	
	Calice à six divisions, feuilles caulinaires pinnatifides ou seulement trifides.............	2
2	Feuilles caulinaires trifides.. R. *Phyteuma* (p. 21).	
	Feuilles caulinaires pinnatifides.. R. *lutea* (p. 22).	

POLYGALÉES.

56. POLYGALA.

1	Tiges rampantes, plusieurs feuilles de la tige opposées........... P. *depressa* (p. 22).	
	Tiges plus ou moins dressées, toutes les feuilles alternes.................	2

2 { Feuilles radicales très-grandes, ovales, arrondies au sommet............ *P. calcarea* (p. 22).
Feuilles radicales oblongues, non arrondies au sommet............ *P. vulgaris* (p. 22).

SILÉNÉES.

57. CUCUBALUS...... *C. bacciferus* (p. 22).
58. SILENE.

1 { Calice glabre........................... 2
Calice velu ou pubescent................. 5

2 { Calice vésiculeux, veiné en réseau. *S. inflata* (p. 22).
Calice non vésiculeux, non veiné en réseau.... 3

3 { Fleurs rapprochées en grappe serrée.......
.... *S. Armeria* (p. 23).
Fleurs à grappe lâche, à pédoncules axillaires et latéraux................ 4

4 { Plante à peine visqueuse au sommet, bractées beaucoup plus courtes que les pédoncules......
.... *S. annulata* (p. 23).
Plante très-visqueuse au sommet, bractées égalant ou dépassant la fleur..... *S. muscipula* (p. 23).

5 { Pétales profondément divisés en deux lobes..... 6
Pétales entiers ou seulement échancrés.........
.... *S. Gallica* (p. 23).

6 { Panicule dirigée d'un seul côté, fleurs penchées, gorge de la corolle couronnée d'appendices....
.... *S. nutans* (p. 23).
Panicule diffuse, fleurs dressées, gorge de la corolle presque nue......... *S. Italica* (p. 23).

59. LYCHNIS.

1 { Pétales profondément divisés en quatre lanières linéaires............ *L. flos cuculi* (p. 24).
Pétales entiers ou seulement bifides.......... 2

2 { Pétales bifides, fleurs le plus souvent dioïques... 3
Pétales entiers ou à peine émarginés, fleurs hermaphrodites............ *L. Githago* (p. 23).

3 { Fleurs blanches, capsule à dents dressées. . . . . .
. . . . L. *vespertina* (p. 24).
Fleurs rouges, capsule à dents roulées en dehors. .
. . . . L. *diurna* (p. 23).

60. SAPONARIA.

{ Calice pyramidal, à angles saillants. . . . .
. . . . S. *Vaccaria* (p. 24).
Calice cylindrique, sans angles saillants. . . . . .
. . . . S. *officinalis* (p. 24).

61. GYPSOPHILA. . . . . . G. *muralis* (p. 24).

62. DIANTHUS.

1 { Fleurs solitaires ou en bouquets lâches, écailles du caliculc n'atteignant pas le quart de la longueur du calice. 2
Fleurs agglomérées ou en têtes serrées, écailles du calicule atteignant au moins la moitié de la longueur du calice. 3

2 { Pétales profondément divisés en lanières multifides. .
. . . . D. *superbus* (p. 25).
Pétales brièvement incisés ou seulement dentés. . .
. . . . D. *Caryophyllus* (p. 25).

3 { Involucre à bractées linéaires, très-aiguës, herbacées velues. . . . . D. *Armeria* (p. 24).
Involucre à bractées ovales ou oblongues, obtuses ou longuement aristées, plus ou moins scarieuses, glabres. 4

4 { Involucre et calicule dépassant le calice. . . . . .
. . . . D. *prolifer* (p. 24).
Involucre et calicule plus courts que le calice. . . .
. . . . D. *Carthusianorum* (p. 25).

ALSINÉES.

63. SAGINA.

{ Tiges non radicantes, feuilles ciliées, pédoncules droits ou peu crochus après la floraison. . . . .
. . . . S. *apetala* (p. 25).
Tiges couchées radicantes, feuilles non ciliées, pédicelles se recourbant en crochet après la floraison.
. . . . S. *procumbens* (p. 25).

64. Spergula.

- Plante pubescente, graines arrondies et un peu bordées. . . . . S. *vulgaris* (p. 26).
- Plante presque glabre, graines comprimées, avec une large bordure membraneuse. . . . . S. *pentandra* (p. 25).

65. Holosteum. . . . . *H. umbellatum* (p. 26).

66. Stellaria.

1.
- Feuilles inférieures distinctement pétiolées. 2
- Feuilles toutes sessiles. 4

2.
- Pétales blancs, styles presque aussi longs que les étamines. 3
- Pétales nuls, styles presque nuls. S. *Borœana* (p. 26).

3.
- Tige diffuse, trois à cinq étamines. S. *media* (p. 26).
- Tige dressée, dix étamines. S. *neglecta*. . (p. 26).

4.
- Pétales beaucoup plus longs que le calice. . . . . S. *Holostea* (p. 26).
- Pétales dépassant peu le calice. 5

5.
- Feuilles linéaires étroites, pétales dépassant peu le calice. . . . . S. *graminea* (p. 26).
- Feuilles oblongues, pétales plus courts que le calice. . . . . S. *uliginosa* (p. 27).

67. Spergularia. . . . . S. *rubra* (p. 27).

68. Alsine.

- Fleurs constamment pentandres, feuilles d'un vert pâle, dressées étalées. . . . . A. *laxa* (p. 27).
- Fleurs le plus souvent décandres, feuilles d'un vert foncé, courbées extérieurement au sommet. . . . . A. *tenuifolia* (p. 27).

69. Arenaria.

1.
- Capsule plus courte que le calice. . . . . A. *trinervia* (p. 27).
- Capsule plus longue que le calice. 2

2.
- Plante faible décombante, feuilles toutes sessiles, sépales lancéolés, presque de la longueur de la corolle. . . . . A. *serpyllifolia* (p. 27).
- Plante plus ou moins raide, feuilles inférieures pétiolées, sépales ovales deux ou trois fois plus longs que la corolle. . . . . . . A. *leptoclados* (p. 27).

70. Mœnchia . . . . *M. erecta* (p. 28).
71. Cerastium.

1 { Pétales bipartits, beaucoup plus longs que le calice.
. . . . *C. aquaticum* (p. 28).
Pétales bifides, dépassant à peine le calice, ou plus courts. 2

2 { Pétales deux fois plus longs que le calice. . . . .
. . . . *C. litigiosum* (p. 28).
Pétales plus courts ou à peine plus longs que le calice. 3

3 { Pédicelles beaucoup plus longs que le calice à la maturité. 4
Pédicelles ne dépassant pas la longueur du calice. .
. . . . *C. glomeratum* (p. 28).

4 { Etamines et pétales glabres. 5
Etamines et pétales ciliés à la base. . . . . . .
. . . . *C. brachypetalum* (p. 28).

5 { Tiges avec des jets stériles à la base, sépales couverts de poils non glanduleux. . . *C. triviale* (p. 28).
Tiges sans jets stériles, sépales couverts de poils visqueux. 6

6 { Bractées toutes bordées d'une membrane large et denticulée. . . . . . . *C. semidecandrum* (p. 28).
Bractées herbacées ou les supérieures bordées d'une membrane étroite et entière. . . . .
. . . . *C. glutinosum* (p. 28).

ÉLATINÉES.

72. Elatine . . . . . . *E. Alsinastrum* (p. 29).

LINÉES.

73. Linum.

1 { Fleurs jaunes. 2
Fleurs bleues, roses ou blanches. 3

2 { Fleurs disposées en panicule lâche. . . . . . .
. . . . *L. Gallicum* (p. 29).
Fleurs disposées en bouquets serrés. . . . . .
. . . . *L. strictum* (p. 29).

3 { Fleurs blanches, feuilles opposées........ *L. catharticum* (p. 29).
Fleurs bleues ou roses, feuilles alternes....... 4

4 { Fleurs roses........ *L. tenuifolium* (p. 29).
Fleurs bleues........................ 5

5 { Sépales ovales, les intérieurs ciliés........ *L. angustifolium* (p. 29).
Sépales ovales acuminés, non ciliés........ *L. usitatissimum* (p. 29).

74. RADIOLA....... *R. linoides* (p. 29).

MALVACÉES.

75. MALVA.

1 { Feuilles supérieures découpées en lobes étroits et profonds........ *M. moschata* (p. 30).
Feuilles toutes divisées en lobes élargis et peu profonds.............................. 2

2 { Fleurs blanchâtres ou rosées, et ayant moins de deux centimètres de diamètre................ 3
Fleurs rouges ou roses, ayant plus de deux centimètres de diamètre...... *M. sylvestris* (p. 30).

3 { Sépales extérieurs linéaires, fruits lisses....... *M. rotundifolia* (p. 30).
Sépales extérieurs ovales, fruits ridés en réseau comme tuberculeux.... *M. Nicœensis* (p. 30).

76. ALTHÆA.

1 { Plante molle au toucher, tomenteuse, pédoncules plus courts que les feuilles... *A. officinalis* (p. 30).
Plante rude au toucher, hérissée de poils raides, pédoncules plus longs que les feuilles........ 2

2 { Plante droite d'un mètre ou plus, fleurs roses à onglet purpurin........ *A. cannabina* (p. 30).
Plante couchée, n'atteignant pas un demi-mètre, fleurs d'un rose pâle...... *A. hirsuta* (p. 30).

TILIACÉES.

77. TILIA....... *T. sylvestris* (p. 31).

HYPÉRICINÉES.

78. ANDROSÆMUM. . . . . *A. officinale* (p. 31).

79. HYPERICUM.

1 { Sépales à bords ciliés glanduleux, tiges dépourvues de lignes saillantes. 2
Sépales dépourvus de cils glanduleux, tiges portant deux ou quatre lignes saillantes. 4

2 { Tige et feuilles velues. . . . . *H. hirsutum* (p. 31).
Tige et feuilles glabres ou presque glabres. 3

3 { Sépales lancéolés linéaires, bordés de glandes stipitées. . . . . *H. montanum* (p. 31).
Sépales obovales suborbiculaires, bordés de glandes sessiles. . . . . *H. pulchrum* (p. 32).

4 { Tiges presque filiformes, étalées. . . . . *H. humifusum* (p. 34).
Tiges non filiformes, dressées ou ascendantes. . . . 5

5 { Tige à deux lignes peu saillantes. . . . . *H. perforatum* (p. 31).
Tige à quatre lignes membraneuses. . . . . *H. tetrapterum* (p. 31).

ACÉRINÉES.

80. ACER. . . . . *A. campestre* (p. 32).

AMPÉLIDÉES.

81. VITIS. . . . . *V. vinifera* (p. 32).

GÉRANIACÉES.

82. GERANIUM.

1 { Pétales échancrés ou bifides. 2
Pétales entiers ou un peu dentés. 8

2 { Pédoncules uniflores. . . . *G. sanguineum* (p. 32).
Pédoncules multiflores. 3

	Feuilles découpées jusqu'à leur base en lobes nombreux et étroits.	4
3	Feuilles découpées en lobes élargis, non prolongés jusqu'à la base.	5

	Pédoncules beaucoup plus longs que les feuilles. *G. columbinum* (p. 32).	
4	Pédoncules plus courts que les feuilles. *G. dissectum* (p. 33).	

	Pétales deux fois plus grands que le calice.	6
5	Pétales dépassant peu le calice.	7

	Feuilles palmées, à lobes dentés. *G. nodosum* (p. 32).	
6	Feuilles arrondies, à lobes incisés et dentés. *G. Pyrenaicum* (p. 33).	

	Fleurs bleuâtres, fruits pubescents, non ridés. *G. pusillum* (p. 33).	
7	Fleurs rougeâtres, fruits glabres et ridés en travers. *G. molle* (p. 33).	

	Feuilles simples, découpées en lobes non pétiolés. *G. rotundifolium* (p. 33).	
8	Feuilles ailées à divisions pétiolées.	9

	Tige étalée ou redressée, pédoncules inférieurs plus longs que les feuilles, odeur fétide. *G. Robertianum* (p. 33).	
9	Tige dressée, pédoncules inférieurs plus courts que les feuilles, odeur peu prononcée. *G. Lebelii* (p. 33).	

83. Erodium.

	Feuilles ailées ou très-profondément découpées.	2
1	Feuilles ovales, seulement lobées. *E. althæoides* (p. 34).	

	Filets des étamines glabres.	3
2	Filets des étamines ciliés jusqu'au milieu. *E. Ciconium* (p. 34).	

	Base des étamines bidentée. *E. moschatum* (p. 34).	
3	Base des étamines non bidentée.	4

	Fleurs portées sur une tige feuillée. *E. triviale* (p. 34).	
4	Fleurs portées sur des pédoncules radicaux. *E. Tolosanum* (p. 34).	

OXALIDÉES.

84. Oxalis. . . . . . . *O. corniculata* (p. 34).

ZYGOPHYLLÉES.

85. Tribulus. . . . . . . *T. terrestris* (p. 35).

CORIARIÉES.

86. Coriaria. . . . . . *C. myrtifolia.* (p. 35).

CALYCIFLORES.

CÉLASTRINÉES.

87. Evonymus. . . . . . *E. Europœus* (p. 35).

ILICINÉES.

88. Ilex. . . . . *I. aquifolium* (p. 35).

RHAMNÉES.

89. Rhamnus.

1 { Fleurs polygames dioïques, feuilles denticulées. . . 2
   Fleurs hermaphrodites, feuilles à marge entière. . .
   . . . . *R. frangula* (p. 36).

2 { Feuilles dures, coriaces, persistantes. . . . . .
   . . . . *R. Alaternus* (p. 35).
   Feuilles ordinaires, décidues. . . . .
   . . . . *R. catharticus* (p. 36).

TÉRÉBINTHACÉES.

90. Rhus. . . . . *R. coriaria* (p. 36).

LÉGUMINEUSES.

91. ULEX.. . . . . *U. Europæus* (p. 36).
92. SAROTHAMNUS. . . . . *S. scoparius* (p. 36).
93. SPARTIUM. . . . . . . *S. junceum* (p. 36).
94. GENISTA.

1 { Tiges épineuses. 2
   { Tiges non épineuses. 4

2 { Plante glabre dans toutes ses parties. . . . . .
   { . . . . *G. Anglica* (p. 37).
   { Plantes plus ou moins pubescentes ou velues. . . . 3

3 { Feuilles peu nombreuses, avec quelques poils appliqués en dessous, deux petites bractées spinuliformes, calice pubescent au sommet. . . . . . .
   { . . . . *G. Scorpius* (p. 37).
   { Feuilles nombreuses, longuement ciliées, stipules nulles, calice velu. . . . . *G. Germanica* (p. 37).

4 { Feuilles trifoliées. . . . . . . *G. argentea* (p. 37).
   { Feuilles unifoliées. 5

5 { Rameaux pourvus de trois ailes herbacées et coriaces.
   { . . . . *G. sagittalis* (p. 37).
   { Rameaux dépourvus d'ailes. 6

6 { Corolle pubescente, soyeuse en dehors. . . . . .
   { . . . . *G. pilosa* (p. 37).
   { Corolle glabre. . . . . . . *G. tinctoria* (p. 37).

95. CYTISUS.

{ Fleurs toutes en têtes terminales, calice glabre. . .
{ . . . . *C. supinus* (p. 38).
{ Fleurs toutes latérales d'abord, puis terminales, calice hérissé de poils étalés. . . . *C. prostratus* (p. 37).

96. ONONIS.

1 { Fleurs roses ou blanches. . . . *O. repens* (p. 38).
   { Fleurs jaunes. 2

2 { Fleurs grandes portées sur de longs pédoncules uniflores. . . . . *O. natrix* (p. 38).
   { Fleurs petites, sessiles, rapprochées en épi. . . .
   { . . . . *O. Columnæ* (p. 38).

97. Anthyllis.

{ Souche épaisse, fleurs jaunes. *A Vulneraria* (p. 38).
{ Souche grêle, fleurs rouges. . *A. Dillenii* (p. 38).

98. Trigonella. . . . *T. Monspeliaca* (p. 38).

99. Medicago.

1 { Gousse hérissée de pointes en forme d'épines. . . . 4
  { Gousse sans pointes épineuses. 2

2 { Gousse falciforme, un peu tordue sur elle-même. .
  { . . . . *M. Pourretii* (p. 39).
  { Gousse courbée en spirale, formant au moins un tour
  {   à deux tours et demi. 3
  { Gousse à trois ou cinq tours en spirale, appliqués
  {   l'un sur l'autre et formant un disque lenticulaire.
  { . . . . *M. ambigua* (p. 39).

3 { Gousse à un tour complet seulement. . . . . . .
  { . . . . *M. media* (p. 39).
  { Gousse à deux tours et demi. . . *M. sativa* (p. 39).

4 { Plante glabre ou presque glabre, légume glabre. . . 5
  { Plante velue blanchâtre, légume pubescent. 8

5 { Stipules à dents n'atteignant pas leur milieu, légumes
  {   réunis au nombre de trois ou quatre au plus. . .
  { . . . . *M. maculata* (p. 39).
  { Stipules profondément divisées en lobes sétacés, lé-
  {   gumes réunis souvent au nombre de sept à huit. . 6

6 { Epines droites, non crochues au sommet. . . . . .
  { . . . . *M. apiculata* (p. 39).
  { Epines crochues au sommet. 7

7 { Epines déliées, divariquées. *M. denticulata* (p. 39).
  { Epines épaisses à la base, étalées, non divariquées. .
  { . . . . *M. lappacea* (p. 39).

8 { Stipules ovales et presque entières. *M. minima* (p. 40).
  { Stipules profondément découpées en lobes sétacés. .
  { . . . . *M. germana* (p. 40).

100. Lupulina. . . . . . . *L. aurata* (p. 40).

101. Melilotus.

1 { Fleurs blanches. . . . . *M. alba* (p. 40).
  { Fleurs jaunes. 2

2	Tige élevée, fleurs ordinairement disposées en grappe lâche.	3
	Tige peu élevée, fleurs très-petites disposées en grappe serrée. . . . . *M. parviflora* (p. 40).	
3	Tige dressée, fruits pubescents. *M. altissima* (p. 40).	
	Tige tombante ou redressée, fruits glabres. . . . . *M. arvensis* (p. 40).	

102. Trifolium.

1	Fleurs rouges, roses, blanches ou d'un blanc jaunâtre.	2
	Fleurs jaunes.	21
2	Calice velu ou hérissé, au moins sur les dents ou à la gorge.	3
	Calice tout-à-fait glabre.	18
3	Plante plus ou moins dressée, fleurs nombreuses disposées sur des pédoncules, en épi ou en tête.	4
	Plante couchée, pédoncules portant au plus quatre ou cinq fleurs. . . . . . *T. subterraneum* (p. 42).	
4	Fleurs rouges, roses ou blanches.	5
	Fleurs d'un blanc jaunâtre. *T. ochroleucum* (p. 42).	
5	Fleurs en épi cylindrique ou allongé.	6
	Fleurs en tête ovoïde ou globuleuse.	11
6	Folioles arrondies ou en cœur renversé.	7
	Folioles linéaires ou oblongues.	8
7	Fleurs d'un rouge foncé. . . *T. incarnatum* (p. 41).	
	Fleurs d'un blanc sale, puis rosé. . . . . *T. Molinierii* (p. 41).	
8	Epi solitaire et terminal, plus ou moins pédonculé. .	9
	Epis géminés et sessiles entre les feuilles supérieures. . . . . *T. Bocconi* (p. 41).	
9	Calice à tube glabre. . . . . *T. rubens* (p. 41).	
	Calice à tube velu.	10
10	Dents du calice raides, extrémité des feuilles aiguë et entière. . . . . *T. angustifolium* (p. 41).	
	Dents du calice molles, extrémité des feuilles obtuse et dentée. . . . . *T. arvense* (p. 41).	
11	Têtes de fleurs portées sur des pédicelles distincts. .	12
	Têtes de fleurs sessiles à l'aisselle des feuilles. . . .	14

12	Calice globuleux, enflé et vésiculeux après la floraison.	13
	Calice non renflé ni vésiculeux. . . . . *T. lappaceum* (p. 41).	
13	Etendard placé au haut de la fleur. . . . . *T. fragiferum* (p. 42). Etendard tourné vers la base de la fleur. . . . . *T. resupinatum* (p. 42).	
14	Plusieurs capitules disposés latéralement le long de la tige.	15
	Capitules tous placés au sommet de la tige ou des rameaux.	16
15	Fleurs rougeâtres, dents du calice dressées et peu inégales. . . . . *T. striatum* (p. 41). Fleurs blanchâtres, dents du calice inégales et recourbées. . . . . *T. scabrum* (p. 42).	
16	Dents du calice inégales, fleurs rouges.	17
	Dents du calice presque égales, fleurs blanchâtres. . . . . *T. maritimum* (p. 42).	
17	Tube du calice hérissé ou pubescent. . . . . *T. pratense* (p. 42). Tube du calice glabre. . . . . . *T. medium* (p. 42).	
18	Têtes des fleurs latérales et sessiles. . . . . *T. glomeratum* (p. 43). Têtes des fleurs toutes terminales ou pédonculées.	19
19	Folioles obovales ou en cœur renversé, fleurs pourvues chacune d'un petit pédicelle.	20
	Folioles oblongues lancéolées, fleurs manquant de pédicelles. . . . . *T. strictum* (p. 43).	
20	Tige radicante à la base, dents du calice lancéolées. . . . . *T. repens* (p. 43). Tige non radicante, dents du calice subulées. . . . . *T. elegans* (p. 43).	
21	Fleurs jaune pâle ou clair, folioles latérales insérées au-dessous de la foliole terminale.	22
	Fleurs jaune doré, les trois folioles naissant à peu près au même point. . . . . *T. patens* (p. 43).	
22	Capitules serrés, composés de plus de vingt fleurs. . . . . *T. agrarium* (p. 43). Capitules lâches, composés de moins de vingt fleurs. . . . . *T. procumbens* (p. 43).	

103. Dorycnium.

- Calice à dents plus courtes que le tube, gousse monosperme. . . . . *D. suffruticosum* (p. 43).
- Calice à dents plus longues que le tube, gousse polysperme. . . . . *D. hirsutum* (p. 43).

104. Lotus.

1. { Pédoncule portant de une à six fleurs, dents du calice constamment droites. 2
   Pédoncule portant de huit à douze fleurs, dents du calice réfléchies avant la floraison. . . . . *L. uliginosus* (p. 44).

2. { Pédoncules portant de une à trois fleurs. 3
   Pédoncules portant de quatre à six fleurs. 4

3. { Stipules et folioles obovales. *L. corniculatus* (p. 44).
   Stipules et folioles linéaires oblongues. . . . . *L. tenuis* (p. 44).

4. { Etendard ne dépassant pas les ailes, carène n'étant saillante que par la pointe. 5
   Etendard dépassant les ailes, carène entièrement séparée des ailes. . . . . . *L. hispidus* (p. 44).

5. { Tige dressée, pédoncule dépassant à peine les feuilles. . . . . *L. angustissimus* (p. 44).
   Tige diffuse, pédoncule dépassant beaucoup les feuilles. . . . . *L. diffusus* (p. 44).

105. Tetragonolobus. . . *T. siliquosus* (p. 44).

106. Psoralea. . . . . . *P. bituminosa* (p. 45).

107. Robinia. . . . . *R. Pseudo-Acacia* (p. 45).

108. Astragalus.

- Hampe nue, fleurs rouges. *A. Monspessulanus* (p. 45).
- Tige feuillée, fleurs jaunâtres. *A. glycyphyllos* (p. 45).

109. Coronilla.

1. { Fleurs mêlées de blanc et de lilas. *C. varia* (p. 45).
   Fleurs jaunes. 2

2. { Onglet des pétales beaucoup plus long que le calice. . . . . *C. Emerus* (p. 45).
   Onglet des pétales ne dépassant pas le calice. . . . 3

3 { Feuilles à folioles presque toutes égales. . . . . .
. . . . *C. minima* (p. 45).
Feuilles à foliole terminale six ou huit fois plus grande
que les latérales. . . . . *C. scorpioides* (p. 45).

110. Ornithopus.

1 { Calice muni de bractées à la base, plante pubescente. 2
Calice sans bractées à la base, plante glabre. . . .
. . . . *O. ebracteatus* (p. 46).

2 { Fleurs jaunes, gousse terminée par une pointe et cro-
chue. . . . . *O. compressus* (p. 46).
Fleurs blanches, mêlées de rose, ou roses, gousse
terminée par une pointe courte, ou presque droite. 3

3 { Fleurs blanches, mêlées de rose, gousse pubescente.
. . . . *O. perpusillus* (p. 46).
Fleurs roses, gousse glabre.. . . . *O. roseus* (p. 46).

111. Hippocrepis. . . . . . *H. comosa* (p. 46).

112. Onobrychis.

{ Divisions du calice à peine plus courtes que le fruit à
sa maturité, tiges habituellement dressées. . . .
. . . . *O. sativa* (p. 46).
Divisions du calice n'atteignant que la moitié de la
hauteur du fruit à sa maturité, tiges habituellement étalées. . . . . *O. collina* (p. 46).

113. Ervum.

{ Ovaire ou gousse glabre. . . . . *E. Lens* (p. 47).
Ovaire ou gousse hérissée. . . *E. hirsutum* (p. 47).

114. Vicia.

1 { Fleurs portées sur un pédoncule très-allongé. . . . 2
Fleurs axillaires sessiles, ou sur des pédoncules plus
courts qu'elles. 7

2 { Pédoncules portant une à six fleurs. 3
Pédoncules portant quinze à vingt fleurs. 5

3 { Stipules grandes, fortement dentées. . . . .
. . . . *V. Bithynica* (p. 48).
Stipules linéaires entières ou sagittées. 4

4 { Pédoncules plus longs que les feuilles, gousse à six
graines. . . . . *V. gracilis* (p. 47).
Pédoncules à peu près égaux aux feuilles, gousse à
quatre graines. . . . . *V. tetrasperma* (p. 47).

	Pédoncules plus courts que les feuilles........ V. *Cracca* (p. 47).	
5	Pédoncules ou grappes de fleurs dépassant les feuilles...	6

	Onglet de l'étendard moitié plus court que la partie étalée........ V. *tenuifolia* (p. 47).	
6	Onglet de l'étendard deux fois plus long que la partie étalée........ V. *varia* (p. 47).	

7	Fleurs jaunes...	8
	Fleurs purpurines, bleuâtres ou blanches.....	10

8	Etendard velu en dehors.... V. *hybrida* (p. 48).	
	Etendard glabre...	9

9	Fleurs solitaires ou géminées... V. *lutea* (p. 48).	
	Fleurs en petites grappes.... V. *sepium* (p. 48).	

	Pétiole terminé par une vrille accrochante, folioles larges de près de trois centimètres........ V. *serratifolia* (p. 48).	
10	Vrille très-courte non accrochante, folioles ayant bien moins de trois centimètres de largeur.....	11

	Gousse pubescente dans sa jeunesse, graines arrondies...	12
11	Gousse ou ovaire glabre, graines cubiques..... V. *lathyroides* (p. 48).	

	Dents du calice subulées ou projetées en avant...	13
12	Dents du calice lancéolées ou courbées en haut, calice paraissant bilobé..... V. *peregrina* (p. 48).	

	Folioles de toutes les feuilles obovales ou cunéiformes à la base..... V. *sativa* (p. 47).	
13	Folioles des feuilles supérieures plus ou moins linéaires étroites...	14

	Folioles des feuilles supérieures entières et aiguës...	15
14	Folioles des feuilles supérieures tronquées.... V. *torulosa* (p. 48).	

	Etendard rosé à l'extérieur... V. *Forsteri* (p. 47).	
15	Etendard d'un pourpre intense à l'extérieur..... V. *Bobartii* (p. 47).	

115. PISUM..... *P. arvense* (p. 49).

116. LATHYRUS.

1. { Feuilles nulles ou simples (pétioles dilatés). 2
   { Feuilles composées de deux ou plusieurs folioles portées sur un pétiole. 3

2. { Stipules en forme de feuilles ovales sagittées, fleurs jaunes. . . . . *L. aphaca* (p. 49).
   { Feuilles (pétioles dilatés) linéaires étroites, fleurs rouges. . . . . *L. Nissolia* (p. 49).

3. { Pédoncules uniflores. 4
   { Pédoncules multiflores. 9

4. { Pédoncule muni d'un filet grêle et allongé, la fleur paraissant latérale. 5
   { Pédoncule sans filet, ou celui-ci très-court, fleurs terminales. 6

5. { Pédoncule court à peu près égal au pétiole de la feuille, graines globuleuses. . . . *L. sphæricus* (p. 49).
   { Pédoncules égalant ou dépassant les feuilles, graines anguleuses. . . . . *L. angulatus* (p. 50).

6. { Ovaire ou gousse très-hérissée. . *L. hirsutus* (p. 50).
   { Ovaire ou gousse glabre. 7

7. { Gousse comprimée, munie de deux ailes membraneuses sur le dos. . . . . *L. sativus* (p. 50).
   { Gousse comprimée, le dos seulement canaliculé. . . 8

8. { Fleurs jaunes. . . . . *L. annuus* (p. 50).
   { Fleurs purpurines. . . . . . . *L. Cicera* (p. 50).

9. { Fleurs jaunes. . . . . *L. pratensis* (p. 49).
   { Fleurs rouges, bleuâtres, ou blanches. 10

10. { Ailes des pétioles beaucoup plus étroites que celles de la tige. . . . . *L. sylvestris* (p. 49).
    { Ailes des pétioles presque aussi larges que celles de la tige. 11

11. { Folioles ovales lancéolées. . . *L. latifolius* (p. 49).
    { Folioles elliptiques lancéolées. *L. platyphyllus* (p. 49).

147. OROBUS.

{ Feuilles à une-trois paires de folioles, tiges presque simples, ascendantes diffuses. *O. tuberosus* (p. 50).
{ Feuilles à trois-six paires de folioles, tige très-rameuse, dressée. . . . . *O. niger* (p. 50).

148. LUPINUS. . . . . . . *L. reticulatus* (p. 50).

ROSACÉES.

119. Prunus.

1. { Fruit beaucoup plus gros qu'une cerise. 2
   { Fruit tout au plus aussi gros qu'une cerise. 3

2. { Jeunes rameaux pubescents, grisâtres, fruits arrondis. . . . . *P. insititia* (p. 51).
   { Jeunes rameaux glabres, fruits ovoïdes. . . . . . .
   . . . . *P. domestica* (p. 51).

3. { Arbrisseau très-épineux, feuilles ayant moins de deux centimètres de largeur. . . . *P. spinosa* (p. 51).
   { Arbrisseau peu épineux, feuilles ayant plus de deux centimètres de largeur. . . *P. fruticans* (p. 51).

120. Cerasus.

4. { Fleurs naissant sur les branches, fruit acide. . . . .
   . . . . *C. Caproniana* (p. 51).
   { Fleurs naissant sur de petits rameaux ligneux, fruit non acide, un peu amer. . . . *C. avium* (p. 51).

121. Spiræa.

{ Feuilles à folioles larges et dentées, la terminale très-grande à trois-cinq lobes. . *S. Ulmaria* (p. 52).
{ Feuilles à folioles étroites et pinnatifides, la terminale de la même grandeur que les latérales. . . . . .
. . . . *S. Filipendula* (p. 52).

122. Geum. . . . . *G. urbanum* (p. 52).

123. Rubus.

1. { Tiges sarmenteuses arrondies ou obtusément anguleuses. 2
   { Tiges sarmenteuses anguleuses, à faces planes ou canaliculées. 4

2. { Feuilles toutes ternées, segments du calice appliqués sur le fruit mûr, celui-ci glauque. 8
   { Feuilles caulinaires quinées, segments du calice étalés ou réfléchis à la maturité du fruit, celui-ci noir. . 3

3. { Segments du calice étalés à la maturité du fruit, tige nullement glauque. . . . *R. Wahlbergii* (p. 52).
   { Segments du calice réfléchis à la maturité du fruit, tige un peu glauque. . . . *R. nemorosus* (p. 52).

4	Tige arquée, décombante.	5
	Tige dressée, arquée au sommet.	7
5	Pétales atténués à la base.	6
	Pétales arrondis à la base. . . *R. Collinus* (p. 53).	

6 { Feuilles caulinaires blanches tomenteuses sur les deux faces. . . . . *R. tomentosus* (p. 52).
Feuilles caulinaires blanches tomenteuses en dessous seulement. . . . . *R. discolor* (p. 53).

7 { Tige foliifère régulièrement anguleuse depuis la base jusqu'au sommet. . . . . *T. thyrsoideus* (p. 53).
Tige foliifère canaliculée sur les faces dans sa moitié supérieure, anguleuse et à faces planes en dessous. . . . . *R. rhamnifolius* (p. 53).

8 { Folioles doublement dentées, pubescentes en dessous. . . . . *R. cæsius* (p. 52).
Folioles incisées lobées, glabres. *R. aquaticus* (p. 52).

124. Fragaria.

{ Calice étalé à la maturité du fruit. *F. vesca* (p. 53).
Calice appliqué sur le fruit mûr. *F. collina* (p. 53).

125. Potentilla.

1	Fleurs blanches.	2
	Fleurs jaunes.	4
2	Feuilles à folioles dentées sur presque tout leur contour, pétales à peine plus longs que le calice ou plus courts.	3
	Feuilles à folioles dentées au sommet surtout, pétales une fois plus longs que le calice. . . . . *P. Vaillantii* (p. 54).	

3 { Pétales à peine plus longs que le calice, une à deux feuilles caulinaires trifoliées. . . . . *P. fragariastrum* (p. 53).
Pétales plus courts que le calice, une feuille caulinaire unifoliée. . . . . . *P. micrantha* (p. 54).

4	Feuilles digitées ou palmées.	5
	Feuilles ailées. . . . . *P. Anserina* (p. 54).	
5	Dents des folioles n'atteignant pas le tiers de leur largeur.	6
	Dents des folioles atteignant presque la moitié de leur largeur. . . . . *P. argentea* (p. 54).	

6	Fleurs presque toutes à cinq pétales............	7
	Fleurs toutes, ou plusieurs, à quatre pétales..... *P. Tormentilla* (p. 54).	
7	Tiges un peu redressées, pédoncules rameux au sommet............ *P. verna* (p. 54).	
	Tiges longuement rampantes, pédoncules simples et uniflores............ *P. reptans* (p. 54).	

126. AGRIMONIA..... *A. Eupatoria* (p. 54).

127. ALCHEMILLA...... *A. arvensis* (p. 54).

128. POTERIUM.

Fruit à angles amincis en crêtes aiguës, faces chargées de fossettes profondes, à bords aigus dentés............ *P. stenolophum* (p. 54).

Fruit à angles obtus, faces plus ou moins réticulées sans fossettes, à bords dentés............ *P. dictyocarpum* (p. 55).

129. ROSA.

1	Fleurs d'un rouge très-prononcé. *R. Gallica* (p. 55).	
	Fleurs roses ou blanches............	2
2	Styles soudés en colonne............	3
	Styles libres ou rapprochés en faisceau, mais non soudés en colonne............	8
3	Stipules toutes étroites et semblables......	4
	Stipules supérieures des rameaux fleuris dilatées, celles des rameaux stériles étroites......	7
4	Styles soudés en colonne velue............ *R. sempervirens* (p. 55).	
	Styles soudés en colonne glabre.........	5
5	Feuilles coriaces luisantes, à dents du sommet conniventes............ *R. prostrata* (p. 55).	
	Feuilles minces, d'un vert pâle en dessous, à dents écartées............	6
6	Tige couchée............ *R. arvensis* (p. 55).	
	Tige dressée............ *R. bibracteata* (p. 55).	
7	Folioles luisantes en dessus, pubescentes en dessous, surtout sur les nervures, fleurs blanches............ *R. stylosa* (p. 55).	
	Folioles finement pubescentes en dessus, glaucescentes et pubescentes en dessous, fleurs d'un rose clair............ *R. systila* (p. 55).	

8	Styles rapprochés, mais non réunis en colonne.	9
	Styles libres.	10
9	Folioles ovales aiguës, styles rapprochés en colonne velue, de la longueur des étamines. . . . . . . *R. hybrida* (p. 55). Folioles ovales arrondies, styles agglutinés en colonne hérissée, plus courte que les étamines. . . . . . *R. arvina* (p. 55).	
10	Aiguillons droits.	11
	Aiguillons courbés.	13
11	Folioles presque glabres en dessus, pubescentes ou velues en dessous. . . . *R. Jundzilliana* (p. 56). Folioles velues ou villeuses sur les deux faces.	12
12	Styles courts, hérissés. . . . . *R. flexuosa* (p. 56). Styles allongés, presque glabres. . . . . *R. tomentosa* (p. 57).	
13	Feuilles glanduleuses en dessous.	14
	Feuilles non glanduleuses, ou offrant tout au plus quelques glandes sur les nervures principales ou à la base des pétioles.	17
14	Pédoncules glabres, fleurs blanches. . . . . *R. sepium* (p. 57). Pédoncules hispides, fleurs roses.	15
15	Fruit mûr gros et arrondi, surmonté de sépales persistants. . . . . . . *R. umbellata* (p. 57). Fruit mûr petit, oblong ou arrondi, manquant de sépales au sommet, ceux-ci caducs.	16
16	Fruit lisse, arrondi. . . . *R. rubiginosa* (p. 57). Fruit oblong, hispide. . . . *R. nemorosa* (p. 57).	
17	Pédoncules glabres et lisses.	18
	Pédoncules hispides ou hérissés, glanduleux.	21
18	Folioles glabres.	19
	Folioles velues ou pubescentes en dessous.	20
19	Pétioles un peu glanduleux vers la base, fruit elliptique. . . . . *R. canina* (p. 56). Pétioles entièrement glabres, fruit globuleux. . . . . *R. aciphylla* (p. 56).	

Dans le *Rosa aciphylla* les tiges sont vertes luisantes, les

jeunes pousses glauques; les feuilles lancéolées acuminées, dentées en scie, à dents aiguës, glabres, les jeunes glauques; les aiguillons robustes, crochus; les fleurs d'une à trois roses; les styles hérissés; les fruits globuleux, glabres, ainsi que les pédoncules.

20 { Folioles doublement dentées, à surdents glanduleuses. . . . . *R. tomentella* (p. 57). Folioles à dents simples, non glanduleuses. . . . . *R. platyphylla* (p. 56).

21 { Feuilles tomenteuses en dessous. . . . . 23 Feuilles glabres sur les deux faces. 22

22 { Fleurs d'un rose clair. . . *R. Andegavensis* (p. 56). Fleurs blanches. . . . . . *R. tomentella* (p. 57).

23 { Folioles dentées en scie, presque simples et égales. . . . . *R. collina* (p. 57). Folioles doublement dentées, à surdents glanduleuses. . . . . *R. Friedlœnderiana* (p. 57).

130. CRATÆGUS.

{ Feuilles incisées et lobées, larges, peu découpées, à nervures convergentes. . *C. oxyacantha* (p. 58). Feuilles incisées lobées, très-découpées, à nervures divergentes. . . . . . . *C. monogyna* (p. 58).

131. MESPILUS. . . . . . *M. Germanica* (p. 58).

132. CYDONIA. . . . . . *C. vulgaris* (p. 58).

133. PYRUS. . . . . . . *P. communis* (p. 58).

134. MALUS.

{ Jeunes feuilles et tube du calice tomenteux. . . . . *M. communis* (p. 58). Jeunes feuilles et tube du calice glabres. . . . . *M. acerba* (p. 58).

135. SORBUS.

1 { Feuilles régulièrement ailées avec foliole impaire. . . . . *S. domestica* (p. 58). Feuilles simples. 2

2 { Feuilles tomenteuses en dessous. . *S. Aria* (p. 59). Feuilles vertes, non tomenteuses sur les deux faces. . . . . *S. torminalis* (p. 59).

ONAGRARIÉES.

136. Epilobium.

1 { Tige cylindrique, non relevée de lignes saillantes. . . 2
Tige relevée de deux ou quatre lignes opposées plus ou moins saillantes. 4

2 { Base des feuilles un peu décurrente, fleurs grandes. . . . . *E. hirsutum* (p. 59).
Base des feuilles non décurrentes, fleurs médiocres ou petites. 3

3 { Feuilles mollement pubescentes. . . . . *E. parviflorum* (p. 59).
Feuilles glabres ou très-peu velues. . . . . *E. montanum* (p. 59).

4 { Feuilles sessiles et un peu décurrentes à la base par le prolongement du limbe. *E. tetragonum* (p. 59).
Feuilles très-courtement pétiolées, décurrentes par les bords du pétiole. . . . . *E. Lamyi* (p. 59).

137. Œnothera. . . . . . *Œ. biennis* (p. 59).

138. Circæa. . . . . . . *C. Lutetiana* (p. 59).

HOLORAGÉES.

139. Myriophyllum.

{ Verticilles de fleurs munis de feuilles florales pinnatifides. . . . . *M. verticillatum* (p. 60).
Verticilles de fleurs totalement dépourvus de feuilles florales. . . . . *M. spicatum* (p. 60).

HIPPURIDÉES.

140. Hippuris. . . . . . . *H. vulgaris* (p. 60).

141. Callitriche.

1 { Fruits inférieurs pédonculés, angles du fruit un peu obtus. . . . . *C. pedunculata* (p. 60).
Fruits tous sessiles, angles du fruit aigus. 2

	Feuilles inférieures et supérieures toutes obovales. . . . . *C. stagnalis* (p. 60).	
2	Feuilles inférieures linéaires, les supérieures obovales.	3

	Styles dressés, caducs, angles des fruits aigus . . . . *C. verna* (p. 60).
3	Styles recourbés ou écartés, persistants, angles des fruits ailés. . . . . . *C. platycarpa* (p. 60).

CÉRATOPHYLLÉES.

142. CERATOPHYLLUM.

Fruit muni de deux pointes au-dessus de la base, feuilles à segments linéaires filiformes, à dents marquées. . . . . *C. demersum* (p. 60).
Fruit dépourvu de pointes au-dessus de la base, feuilles à segments sétacés, à dents peu marquées. . . . . *C. submersum* (p. 61).

LYTHRARIÉES.

143. LYTHRUM.

Fleurs plusieurs ensemble, rapprochées en épicalice pubescent. . . . . *L. Salicaria* (p. 61).
Fleurs toutes solitaires, placées à l'aisselle des feuilles, calice glabre. . . . . *L. hysopifolia* (p. 61).

144. PEPLIS. . . . . *P. Portula* (p. 61).

TAMARISCINÉES.

145. MYRICARIA. . . . . *M. Germanica* (p. 61).

CUCURBITACÉES.

146. BRYONIA. . . . . *B. dioica* (p. 62).
147. ECBALLIUM. . . . . *E. Elaterium* (p. 62).

PORTULACÉES.

148. Portulaca. . . . . . . *P. oleracea* (p. 62).
149. Montia. . . . . *M. minor* (p. 62).

PARONYCHIÉES.

150. Scleranthus. . . . . *S. annuus* (p. 63).
151. Polycarpon. . . *P. tetraphyllum* (p. 63).
152. Herniaria. . . . . *H. hirsuta* (p. 63).
153. Corrigiola . . . . *C. littoralis* (p. 63).

CRASSULACÉES.

154. Tillæa. . . . . . . *T. muscosa* (p. 63).
155. Sedum.

1 { Fleurs blanches, roses ou rouges. 2
  { Fleurs jaunes. 6

2 { Feuilles planes, élargies. 3
  { Feuilles renflées, étroites. 4

3 { Feuilles lâchement dentées. . . *S. Telephium* (p. 63).
  { Feuilles très-entières. . . . . . *S. Cepæa* (p. 64).

4 { Tiges entièrement glabres. . . . *S. album* (p. 64).
  { Tiges pubescentes, glanduleuses supérieurement. . . 5

5 { Fleurs sessiles le long des rameaux. *S. rubens* (p. 64).
  { Fleurs toutes pédicellées. . *S. dasyphyllum* (p. 64).

6 { Feuilles obtuses. . . . . *S. acre* (p. 64).
  { Feuilles terminées par une pointe fine. 7

7 { Fleurs d'un jaune doré, pourvues chacune d'un pédi-
    celle. . . . . *S. reflexum* (p. 64).
  { Fleurs d'un jaune très-pâle, presque sessiles le long
    des rameaux. . . . . . . *S. altissimum* (p. 64).

156. Sempervivum. . . . . *S. tectorum* (p. 64).
157. Umbilicus. . . . . *U. pendulinus* (p. 64).

CACTÉES.

158. OPUNTIA . . . . . . O. *vulgaris* (p. 65).

SAXIFRAGÉES.

159. SAXIFRAGA.

{ Racine grêle pivotante, feuilles radicales spatulées entières ou trifides. . . . . S. *tridactylites* (p. 65).
Racine fibreuse, chargée de petits tubercules charnus, feuilles radicales réniformes, lobées crénelées. . . . . S. *granulata* (p. 65).

OMBELLIFÈRES.

160. HYDROCOTYLE . . . . . H. *vulgaris* (p. 65).
161. SANICULA . . . . . . S. *Europæa* (p. 65).
162. ERYNGIUM . . . . . E. *campestre* (p. 66).
163. PETROSELINUM.

{ Fleurs jaunâtres, feuilles deux ou trois fois ailées.
. . . . P. *sativum* (p. 66).
Fleurs blanches, feuilles simplement ailées. . . . .
. . . . P. *segetum* (p. 66).

164. APIUM . . . . A. *graveolens* (p. 66).
165. HELOSCIADIUM . . . H. *nodiflorum* (p. 66).
166. PTYCHOTIS . . . . . P. *Timbali* (p. 66).
167. SISON . . . . S. *Amomum* (p. 67).
168. AMMI.

1 { Involucelles plus courts que les ombellules. 2
Involucelles plus longs que les ombellules. . . . .
. . . . A. *Visnaga* (p. 67).

2 { Feuilles inférieures à folioles ovales lancéolées, à marge presque cartilagineuse, dentée en scie. . .
. . . . A. *majus* (p. 67).
Feuilles toutes découpées, à lobes étroits. 3

3 { Plante d'un vert peu glauque, feuilles inférieures à lobes cunéiformes pinnés, à divisions incisées dentées. . . . . A. *intermedium* (p. 67).
Plante tout-à-fait glauque, toutes les feuilles à lobes allongés linéaires, entiers ou à une ou deux dents. . . . . A. *glaucifolium* (p. 67).

169. CARUM. . . . . . C. *verticillatum* (p. 67).

170. CONOPODIUM. . . . C. *denudatum* (p. 67).

171. PIMPINELLA.

{ Tige anguleuse, feuilles radicales à folioles pétiolulées. . . . . P. *magna* (p. 68).
Tige à peu près cylindrique, feuilles radicales à folioles sessiles. . . . . . . P. *saxifraga* (p. 68).

172. SIUM. . . . . . . S. *latifolium* (p. 68).

173. BERULA. . . . . . B. *angustifolia* (p. 68).

174. BUPLEVRUM.

1 { Feuilles linéaires lancéolées étroites, non perfoliées. . . . . B. *tenuissimum* (p. 68).
Feuilles supérieures larges, ovales arrondies, perfoliées. 2

2 { Feuilles inférieures ovales arrondies, fleurs d'un jaune pâle. . . . . B. *rotundifolium* (p. 68).
Feuilles inférieures oblongues allongées, fleurs d'un jaune vif. . . . . . . B. *protractum* (p. 68).

175. ŒNANTHE.

1 { Ombelles composées de trois ou quatre rayons. . . . . Œ. *fistulosa* (p. 69).
Ombelles composées de plus de cinq rayons. 2

2 { Point d'involucre, pétales extérieurs moitié plus grands que les autres. Œ. *peucedanifolia* (p. 69).
Un involucre, pétales extérieurs n'étant pas moitié plus grands que les autres. 3

3 { Tige cannelée, anguleuse, fibres de la racine renflées en tubercules. . . . Œ. *pimpinelloïdes* (p. 69).
Tige striée cylindrique, fibres de la racine filiformes, très-peu renflées. . . . . Œ. *Lachenalii* (p. 69).

176. ÆTHUSA. . . . . . Æ. *Cynapium* (p. 69).

177. FŒNICULUM. . . . . . *F. officinale* (p. 69).
178. SESELI. . . . . *S. glaucescens* (p. 70).
179. SILAUS. . . . . *S. pratensis* (p. 70).
180. ANGELICA. . . . . . . *A. sylvestris* (p. 70).
181. PEUCEDANUM.

{ Folioles larges, ovales dentées. *P. Cervaria* (p. 70).
Folioles cunéiformes trilobées. . . . .
. . . . *P. Oreoselinum* (p. 70).

182. PASTINACA. . . . . . *P. pratensis* (p. 70).
183. HERACLEUM. . . . . . *H. pratense* (p. 71).
184. TORDYLIUM. . . . . . *T. maximum* (p. 71).
185. DAUCUS. . . . . *D. Carotta* (p. 71).
186. ORLAYA.

{ Fruit ovoïde, à aiguillons subulés dès la base, crochus
au sommet. . . . . . . *O. grandiflora* (p. 71).
Fruit oblong, à aiguillons élargis à la base, crochus
au sommet. . . . . . . *O. platycarpos* (p. 71).

187. CAUCALIS. . . . . . . *C. Daucoïdes* (p. 71).
188. TURGENIA. . . . . . . *T. latifolia* (p. 72).
189. TORILIS.

1 { Ombelles presque sessiles et opposées aux feuilles. .
. . . . *T. nodosa* (p. 72).
Ombelles pédonculées et terminales. 2

2 { Involucre formé de quatre ou cinq folioles. . . . .
. . . . *T. Anthriscus* (p. 72).
Involucre nul ou à une seule foliole. . . . .
. . . . *T. Helvetica* (p. 72).

190. SCANDIX. . . . *S. Pecten Veneris* (p. 72).
191. ANTHRISCUS.

{ Fruits hérissés d'aiguillons crochus et blanchâtres. .
. . . . *A. vulgaris* (p. 72).
Fruits lisses ou sans aiguillons. *A. sylvestris* (p. 72).

192. CHÆROPHYLLUM. . . . *C. temulum* (p. 73).
193. CONIUM. . . . . . . *C. maculatum* (p. 73).
194. SMYRNIUM. . . . . . *S. olusatrum* (p. 73).
195. BIFORA. . . . . . . *B. testiculata* (p. 73).

ARALIACÉES.

196. HEDERA . . . . *H. Helix* (p. 73).

CORNÉES.

197. CORNUS . . . . . . *C. sanguinea* (p. 74).

LORANTHACÉES.

198. VISCUM . . . . *V. album* (p. 74).

CAPRIFOLIACÉES.

199. SAMBUCUS.
{ Tige ligneuse. . . . . *S. nigra* (p. 74).
{ Tige herbacée. . . . . *S. Ebulus* (p. 74).

200. VIBURNUM.
{ Feuilles ovales dentées. . . . . *V. Lantana* (p. 74).
{ Folioles à trois ou cinq lobes pointus. . .
        . . . . *V. Opulus* (p. 74).

201. LONICERA.
1 { Fleurs deux à deux à l'aisselle des feuilles. . . . .
        . . . . *L. Xilosteum* (p. 75).
  { Fleurs terminales, en tête. 2

2 { Feuilles supérieures soudées par leur base et traver-
        sées par la tige. . . . . . . *L. Etrusca* (p. 75).
  { Feuilles toutes distinctes par la base. . . . . .
        . . . . *L. Periclymenum* (p. 75).

RUBIACÉES.

202. RUBIA.
{ Feuilles persistantes, à nervures paraissant à peine
    sur la face inférieure, lobes de la corolle subite-
    ment rétrécis en pointe. . . *R. peregrina* (p. 75).
{ Feuilles annuelles, à nervures saillantes sur la face
    inférieure, lobes de la corolle insensiblement ré-
    trécis en pointe. . . . . . *R. tinctorum* (p. 75).

203. Galium.

1	Fleurs jaunes ou jaunâtres..............	2
	Fleurs blanches, blanchâtres ou rosées........	4
2	Feuilles axillaires, disposées par quatre, ovales, fleurs axillaires........... G. *Cruciata* (p. 75).	
	Feuilles verticillées, linéaires, fleurs en panicule...	3
3	Fleurs jaunes, en panicule étroite. G. *verum* (p. 75).	
	Fleurs jaunâtres, en panicule étalée........ .... G. *Vero-Mollugo* (p. 75)	
4	Tiges glabres ou pubescentes, mais dépourvues d'aiguillons crochus.................	5
	Tiges bordées d'aspérités ou de petits aiguillons crochus.....................	10
5	Feuilles verticillées par six sur la tige, et par quatre sur les rameaux................	6
	Feuilles verticillées par six à douze sur la tige et sur les rameaux.................	7
6	Pédoncules fructifères très-divergents........ .... G. *palustre* (p. 76).	
	Pédoncules fructifères rapprochés, non divergents.. .... G. *constrictum* (p. 76).	
7	Feuilles à bords lisses... G. *commutatum* (p. 76).	
	Feuilles à bords scabres..............	8
8	Corolle munie d'un tube saillant, plante glauque.. .... G. *glaucum* (p. 77).	
	Corolle rotacée, dépourvue de tube.........	9
9	Panicule pyramidale, dressée...........	9 bis.
	Panicule très-étalée, diffuse. G. *papillosum* (p. 76).	
9 bis	Feuilles des verticilles se touchant par leur base, fleurs d'un blanc sale ou verdâtre, floraison tardive... .... G. *elatum* (p. 76).	
	Feuilles des verticilles ne se touchant pas par leur base, fleurs d'un blanc pur, floraison précoce..... .... G. *erectum* (p. 76).	
10	Fleurs d'un blanc pur.... G. *uliginosum* (p. 76).	
	Fleurs d'un blanc sale ou verdâtre.........	11
11	Fruits hérissés ou fortement tuberculeux, plante très-rude, accrochante...............	12
	Fruits seulement chagrinés, plante un peu rude... .... G. *ruricolum* (p. 76).	

12 { Pédicelles du fruit droits et plus longs que les feuilles. . . . . *G. Aparine* (p. 77).
Pédicelles du fruit recourbés et ne dépassant pas les feuilles. . . . . *G. tricorne* (p. 77).

204. ASPERULA.

1 { Fleurs bleues. . . . . *A. arvensis* (p. 77).
Fleurs blanches ou roses. 2

2 { Feuilles lancéolées élargies, fruits hérissés. . . . . *A. odorata* (p. 77).
Feuilles linéaires étroites, fruits glabres. . . . . *A. Cynanchica* (p. 77).

205. SHERARDIA. . . . . . *S. arvensis* (p. 77).

206. CRUCIANELLA. . . . *C. angustifolia* (p. 77).

VALÉRIANÉES.

207. VALERIANA. . . . . *V. officinalis* (p. 78).

208. CENTRANTHUS.

{ Feuilles ovales, entières ou denticulées. . . . . *C. ruber* (p. 78).
Feuilles pinnatifides. . . . . *C. calcitrapa* (p. 78).

209. VALERIANELLA.

1 { Limbe du calice peu distinct ou obliquement tronqué, dents non crochues au sommet. 2
Limbe du calice creusé en coupe, presque régulier, à six dents crochues au sommet. 7

2 { Limbe du calice à peine distinct. 3
Limbe du calice tronqué obliquement, offrant au moins une dent. 4

3 { Fruit comprimé, plus large que long. . . . . *V. olitoria* (p. 78).
Fruit oblong subtétragone, une face creusée en nacelle. . . . . *V. carinata* (p. 78).

4 { Limbe évasé et aussi large que le fruit. . . . . *V. eriocarpa* (p. 78).
Limbe oblique plus étroit que le fruit. 5

5 { Fruit mur à loges stériles contiguës, plus grandes que la loge fertile. 6
Fruit mûr à loges stériles contiguës, plus petites que la loge fertile. . . . . . *V. Morissonii* (p. 78).

6 { Fruit ovoïde globuleux, ventru, à faces dorsales et latérales offrant trois côtes filiformes. . . . . *V. auricula* (p. 78).
Fruit subglobuleux, ventru, à face dorsale munie de deux sillons longitudinaux, la divisant en trois parties à peu près égales. . . . *V. pumila* (p. 78).

7 { Limbe du calice glabre, creusé en coupe, à six lobes dressés triangulaires. . . . . . *V. hamata* (p. 79).
Limbe du calice velu sur les deux faces, peu concave, presque rotacé, à six lobes très-étalés, souvent bifides. . . . . *V. discoidea* (p. 79).

DIPSACÉES.

210. DIPSACUS.

1 { Feuilles pétiolées, capitules médiocres, globuleux. *D. pilosus* (p. 79).
Feuilles sessiles, capitules gros, ovoïdes. 2

2 { Feuilles caulinaires moyennes oblongues lancéolées, fleurs lilas. . . . . *D. sylvestris* (p. 79).
Feuilles caulinaires moyennes pinnatifides, fleurs blanchâtres. . . . . *D. laciniatus* (p. 79).

211. KNAUTIA.

{ Fleurs de la circonférence peu rayonnantes, feuilles entières ou régulièrement dentées en scie. . . . . *K. dipsacifolia* (p. 80).
Fleurs de la circonférence très-rayonnantes, toutes les feuilles caulinaires, ou au moins les supérieures pinnatifides. . . . . *K. arvensis* (p. 79).

212. SCABIOSA.

1 { Feuilles entières ou seulement dentées. *S. succisa* (p. 80).
Feuilles pinnatifides. 2

2 { Capitules fructifères oblongs. *C. calyptocarpa* (p. 80).
Capitules fructifères globuleux. 3

3 { Folioles de l'involucre plus courtes que le capitule fructifère, réfléchies à la fin, soies calicinales largement comprimées à la base. . . . . S. *pubescens* (p. 80).
Folioles de l'involucre beaucoup plus courtes que les capitules fructifères, à peine réfléchies, peu comprimées à la base. . . . . S. *pratensis* (p. 80).

SYNANTHÉRÉES.

213. EUPATORIUM. . . . *E. Cannabinum* (p. 81).
214. NARDOSMIA. . . . . . *N. fragrans* (p. 81).
215. TUSSILAGO. . . . . . . *T. farfara* (p. 81).
216. ERIGERON.

{ Fleurons de la circonférence d'un blanc jaunâtre. . . . . *E. Canadensis* (p. 81).
Fleurons de la circonférence purpurins. . . . . *E. acris* (p. 81).

217. CONYSA. . . . . . . *C. ambigua* (p. 81).
218. BELLIS. . . . . *B. perennis* (p. 82).
219. SOLIDAGO. . . . . *S. Virga-aurea* (p. 82).
220. LINOSYRIS. . . . . *L. vulgaris* (p. 82).
221. PALLENIS. . . . . . . *P. spinosa* (p. 82).
222. INULA.

1 { Demi-fleurons du rayon trifides et peu saillants. . . . . *I. Conyza* (p. 82).
Demi-fleurons du rayon entiers et saillants. 2

2 { Folioles de l'involucre ovales et larges. . . . . *I. Helenium* (p. 82).
Folioles de l'involucre linéaires ou lancéolées étroites. 3

3 { Fleurs en panicule très-visqueuses. . . . . *I. graveolens* (p. 82).
Fleurs solitaires ou en corymbe, non visqueuses. . . 4

4 { Feuilles mollement pubescentes surtout en dessous. . 5
Feuilles glabres ou parsemées de quelques poils rares. . . . . *I. salicina* (p. 82).

5 { Demi-fleurons du rayon très-petits et dépassant à peine l'involucre. . . . . . . *I. Pulicaria* (p. 83).
Demi-fleurons du rayon allongés, dépassant beaucoup l'involucre. . . . . *I. dysenterica* (p. 83).

223. Helianthus.

{ Feuilles pétiolées cordiformes. . *H. annuus* (p. 83).
Feuilles supérieures sessiles, oblongues. . . . . *H. tuberosus* (p. 83).

224. Bidens.

{ Feuilles à trois ou cinq lobes, akènes à deux ou trois arêtes. . . . . *B. tripartita* (p. 83).
Feuilles entières ou seulement dentées, akènes à quatre ou cinq arêtes (1). . . . . *B. cernua* (p. 83).

225. Anthemis.

1 { Demi-fleurons du rayon à languette blanche au sommet, la partie inférieure jaune. *A. mixta* (p. 83).
Demi-fleurons du rayon entièrement blancs. 2

2 { Fleurons du disque à tube cylindrique. . . . . *A. nobilis* (p. 84).
Fleurons du disque à tube comprimé. 3

3 { Réceptacle s'allongeant en cône à la maturité. . . . 4
Réceptacle convexe, ne s'allongeant pas en cône à la maturité. . . . . *A. altissima* (p. 83).

4 { Paillettes oblongues linéaires, brusquement acuminées en une pointe raide. . *A. arvensis* (p. 84).
Paillettes linéaires sétacées, subulées dès la base. . . . . *A Cotula* (p. 84).

226. Achillea.

{ Feuilles découpées en lobes fins. . . . . *A. Millefolium* (p. 84).
Feuilles simples seulement dentées. . . . . *A. Ptarmica* (p. 84).

227. Leucanthemum.

1 { Akènes tous nus au sommet. . . *L. vulgare* (p. 84).
Akènes de la circonférence surmontés d'une demi-couronne dentée ou d'une couronne complète, ceux du disque nus. 2

(1) Une variété de cette espèce présente les calathides rayonnées.

2 { Tiges simples uniflores, feuilles charnues et cassantes.
. . . . L. *maximum* (p. 85).
Tiges simples et plus souvent à deux-trois calathides, feuilles non charnues.. . . . L. *montanum* (p. 84).

228 MATRICARIA.

{ Réceptacle creux, fleurs aromatiques. . . . . . .
. . . . M. *Chamomilla* (p. 85).
Réceptacle plein, fleurs inodores. M. *inodora* (p. 85).

229. PYRETHRUM.

{ Souche non rampante, toutes les feuilles pétiolées, pétiole des feuilles inférieures nu à la base, odeur forte. . . . . P. *Parthenium* (p. 85).
Souche rampante, pétiole garni de folioles dès la base, odeur peu prononcée. P. *corymbosum* (p. 85).

230. CHRYSANTHEMUM.. . . . C. *segetum* (p. 85).

231. ARTEMISIA.

1 { Réceptacle glabre, feuilles découpées en lobes étroits.   2
Réceptacle velu, feuilles découpées en lobes élargis..
. . . . A. *vulgaris* (p. 86).

2 { Tige herbacée, feuilles ponctuées, plante très-odorante.
. . . . A. *Absinthium* (p. 86).
Tige sous-frutescente et non ponctuée, plante presque inodore. . . . . . . A. *campestris* (p. 86).

232. TANACETUM. . . . . . T. *vulgare* (p. 86).

233. HELICHRYSUM. . . . . H. *Stœchas* (p. 86).

234. GNAPHALIUM.

{ Calathides presque sessiles, réunies en capitules serrés et non feuillés, feuilles caulinaires toutes demi-embrassantes.. . . . . . G. *luteo-album* (p. 87).
Calathides sessiles, réunies en capitules serrés et feuillés, feuilles toutes longuement atténuées à la base.
. . . . G. *uliginosum* (p. 87).

235. FILAGO.

1 { Involucre à folioles cuspidées, opposées, ne s'étalant pas en étoile à la maturité   2
Involucre à folioles non cuspidées, toutes, ou au moins les intérieures, alternes, s'étalant en étoile à la maturité.   3

| | Feuilles éparses un peu étalées, planes, oblongues spatulées, obtuses, rétrécies à la base. . . . . *F. spathulata* (p. 87).
2 | Feuilles rapprochées, dressées, onduleuses sur les bords, souvent roulées en dessous, oblongues lancéolées mucronées, les caulinaires non rétrécies à la base. . . . . *F. canescens* (p. 87).

3 | Feuilles appliquées sur la tige, linéaires lancéolées, glomérules dépassant les feuilles. *F. minima* (p. 87). Feuilles lâchement dressées linéaires, subulées, glomérules dépassés par les feuilles. *F. Gallica* (p. 87).

236. SENECIO.

1 | Demi-fleurons très-petits et enroulés sur eux-mêmes ou nuls. 2
  | Demi-fleurons planes, non enroulés. 3

2 | Demi-fleurons nuls. . . . . . *S. vulgaris* (p. 87).
  | Demi-fleurons enroulés. . . . *S. sylvaticus* (p. 87).

3 | Tiges et feuilles couvertes d'un duvet blanchâtre. . . . . *S. erucifolius* (p. 88).
  | Tiges et feuilles vertes et à peu près glabres. 4

4 | Feuilles de la tige à peu près également découpées dans toute leur longueur. 5
  | Feuilles de la tige à lobe terminal beaucoup plus grand que les autres. 6

5 | Fleurs en corymbe serré, feuilles oblongues, les premières radicales à lobe terminal peu obtus, plante vivace. . . . . *S. Jacobæa* (p. 88).
  | Fleurs en corymbe lâche, feuilles allongées obovées très-obtuses, plante bis-annuelle. . . . . *S. nemorosus* (p. 88).

6 | Feuilles radicales dressées, à lobe terminal oblong. . . . . *S. aquaticus* (p. 88).
  | Feuilles radicales étalées, à lobe terminal très-large, ovale et arrondi au sommet. *S. erraticus* (p. 88).

237. CALENDULA. . . . . . *C. arvensis* (p. 88).

238. ECHINOPS. . . . . *E. Ritro* (p. 88).

239. XERANTHEMUM. . . *X. cylindraceum* (p. 89).

240. CARLINA.

⎧ Ecailles externes de l'involucre spinuleuses aux bords,
⎪   linéaires acuminées en une épine plane en dessus.
⎨   . . . . *C. vulgaris* (p. 89).
⎪ Ecailles externes de l'involucre dentées épineuses, à
⎪   épine terminale courte, forte et canaliculée en dessus.
⎩   . . . . *C. corymbosa* (p. 89).

241. CENTAUREA.

1 ⎰ Ecailles de l'involucre sans épines ou à pointe molle
  ⎱   non piquante. 2
  ⎰ Ecailles de l'involucre terminées par une ou plusieurs
  ⎱   épines piquantes. 8

2 ⎰ Toutes les feuilles entières, ou quelques-unes seule-
  ⎱   ment. 3
  ⎰ Toutes les feuilles profondément découpées en lanières
  ⎱   étroites. 7

3 ⎰ Fleurs d'un beau bleu. . . . . *C. Cyanus* (p. 90).
  ⎱ Fleurs rouges, purpurines, blanches ou jaunes. . . 4

4 ⎰ Fleurons à peu près tous égaux. 5
  ⎱ Fleurons rayonnés, ceux de la circonférence plus
    grands que ceux du centre. 6

  ⎧ Fruits un peu pubescents. . *C. Dabeauxii* (p. 89).
5 ⎨ Fruits portant des poils qui ne dépassent pas le som-
  ⎪   met. . . . . *C. pratensis* (p. 89).
  ⎩ Fruits un peu hispides, surmontés de poils écailleux.
    . . . . *C. nigra* (p. 90).

6 ⎰ Ecailles de l'involucre régulièrement ciliées. . . . 7
  ⎱ Ecailles de l'involucre entières ou déchirées, non ré-
    gulièrement ciliées. . . . . *C. serotina* (p. 89).

7 ⎰ Rameaux courts, épais, dressés. . *C. Jacea* (p. 89).
  ⎱ Rameaux grêles, allongés, étalés. *C. amara* (p. 89).

  ⎧ Feuilles vertes, écailles de l'involucre sans nervures.
8 ⎨   . . . . *C. Scabiosa* (p. 90).
  ⎩ Feuilles blanchâtres, écailles de l'involucre relevées
    de nervure. . . . . *C. paniculata* (p. 90).

9 ⎰ Fleurs jaunes. . . . . *C. solstitialis* (p. 90).
  ⎱ Fleurs rouges ou blanches. 10

   ⎧ Involucre à épines longues, dont l'une dépasse les
10 ⎨   fleurs. . . . . *C. Calcitrapa* (p. 90).
   ⎩ Involucre à épines courtes, presque égales. . . .
     . . . . (1) *C. aspera* (p. 90).

(1) Dans le *Centaurea prætermissa*, que nous regardons

242. Kentrophyllum. . . . *K. luteum* (p. 91).
243. Silybum. . . . . . *S. Marianum* (p. 91).
244. Galactites.. . . . . *G. tomentosa* (p. 91).
245. Onopordum. . . . *O. Acanthium* (p. 91).
246. Cynara. . . . . . *C. cardunculus* (p. 91).
247. Carduus.

1 { Ecailles de l'involucre munies sur le dos de très-petites glandes dorées. . . . *C. tenuiflorus* (p. 91).
Ecailles de l'involucre non glanduleuses sur le dos. . 2

2 { Involucre à écailles externes terminées par une pointe molle non épineuse. . . . . *C. cirsioides* (p. 92).
Involucre à écailles externes terminées par une épine vulnérante. 3

3 { Calathides très-grosses. . . . . *C. nutans* (p. 92).
Calathides moyennes. . . . *C. acanthoides* (p. 91).

248. Cirsium.

1 { Feuilles hérissées de petites épines subulées à la face supérieure. 2
Feuilles non hérissées de petites épines à la face supérieure. 3

2 { Feuilles décurrentes sur la tige. . . . . *C. lanceolatum* (p. 92).
Feuilles non décurrentes sur la tige. . . . . *C. eriophorum* (p. 92).

3 { Feuilles décurrentes sur la tige. 4
Feuilles non décurrentes sur la tige. 5

4 { Feuilles pinnatifides, à segments trifides terminés par une petite épine. . . . . *C. palustre* (p. 92).
Feuilles faiblement sinuées dentées, bordées de soies épineuses. . . . . . *C. Monspessulanum* (p. 93).

5 { Fleurs nombreuses et rapprochées en panicule. *C. arvense* (p. 93).
Fleurs solitaires ou au nombre de deux ou quatre seulement. 6

comme une variété du *C. aspera*, le sommet des écailles de l'involucre porte trois à cinq épines très-grêles, disposées presque sur un même plan, celle du milieu un peu plus longue, égalant à peine un tiers de la longueur de l'écaille.

6 { Tige nulle ou courte, et alors feuillée dans toute sa longueur. . . . . *C. acaule* (p. 92).
Tige élevée et nue dans sa partie supérieure. . . . . *C. bulbosum* (p. 92).

249. Lappa.

{ Pédoncules simples, pointes de l'involucre vertes. . . . . *L. major* (p. 93).
Pédoncules rameux, pointes inférieures de l'involucre rougeâtres. . . . . *L. minor* (p. 93).

250. Serratula. . . . . *S. tinctoria* (p. 93).
251. Scolymus. . . . . *S. Hispanicus* (p. 93).
252. Lampsana. . . . . *L. communis* (p. 93).
253. Rhagadiolus. . . . *R. stellatus* (p. 94).
254. Arnoseris. . . . . *A. pusilla* (p. 94).
255. Catananche. . . . *C. cærulea* (p. 94).
256. Cichorium. . . . . *C. Intybus* (p. 94).
257. Hyoseris. . . . . *H. scabra* (p. 94).
258. Hedypnois. . . . . *H. Cretica* (p. 94).
259. Thrincia. . . . . *T. hirta* (p. 95).
260. Leontodon.

{ Hampe rameuse, multiflore, fleurs toujours dressées, plante glabre ou à poils simples. . . . . *L. autumnalis* (p. 95).
Hampe simple, portant une seule calathide penchée avant l'épanouissement, plante à poils bi ou tri-furqués. . . . . *L. hispidus* (p. 95).

261. Picris. . . . . . *P. Hieracioides* (p. 95).
262. Helminthia. . . . *H. Echioides* (p. 95).
263. Urospermum. . . . *U. Dalechampii* (p. 96).
264. Tragopogon.

1 { Fleurs jaunes. 2
Fleurs violacées. 4

2 { Pédoncules faiblement ou nullement renflés au sommet. 3
Pédoncules fortement renflés en massue au sommet. . . . . *T. major* (p. 96).

3 { Folioles de l'involucre égalant ou dépassant les fleurs.
. . . . *T. pratensis* (p. 96).
Folioles de l'involucre plus courtes que les fleurs. .
. . . . *T. orientalis* (p. 96).

{ Tige de quatre décimètres au moins, feuilles linéaires acuminées, élargies à la base, fleurs d'un bleu violet. . . . . *T. porrifolius* (p. 96).
Tige de un à trois décimètres, feuilles linéaires très-étroites, embrassantes à la base, fleurs d'un rouge violet jaunes au centre. . . . *T. crocifolius* (p. 96).

265. Podospermum.

{ Lobes des feuilles linéaires ou lancéolés étroits. . .
. . . . *P. laciniatum* (p. 97).
Lobes des feuilles oblongs ou ovales élargis. . . . .
. . . . *P. decumbens* (p. 97).

266. Hypochœris.

Feuilles raides et hérissées. . . *H. radicata* (p. 97).
Feuilles lisses et presque glabres. *H. glabra* (p. 97).

267. Taraxacum.

1 { Feuilles presque entières ou sinuées, folioles de l'involucre opprimées. . . . . *T. palustre* (p. 97).
Feuilles découpées, folioles de l'involucre étalées ou réfléchies. 2

2 { Folioles extérieures de l'involucre étroitement lancéolées, simples, réfléchies, feuilles un peu dressées.
. . . . *T. Dens-leonis* (p. 97).
Folioles extérieures de l'involucre gibbeuses, bidentées au sommet, étalées, feuilles étalées en rosette.
. . . . *T. lævigatum* (p. 97).

268. Chondrilla . . . . . *C. juncea* (p. 98).

269. Lactuca.

1 { Calathides presque sessiles, disposées le long de la tige en grappe allongée. . . *L. Saligna* (p. 98).
Calathides pédicellées en panicule pyramidale. . . . 2

2 { Feuilles dressées, pointues, fruits d'un brun clair et hispide au sommet. . . . . *L. Scariola* (p. 98).
Feuilles étalées, obtuses, fruits noirs ou noirâtres presque glabres. 3

3 { Fleurs d'un jaune très-pâle, akènes tout-à-fait noirs, égalant le pédicelle de l'aigrette. *L. virosa* (p. 98).
Fleurs d'un jaune prononcé, akènes brun noirâtre, plus courts que le pédicelle de l'aigrette. . . . .
. . . . *L. flavida* (p. 98).

270. SONCHUS.

1 { Feuilles pétiolées. . . . . . *S. tenerrimus* (p. 99).
Feuilles sessiles. 2

2 { Feuilles à oreillettes acuminées et horizontalement étalées. . . . . *S. oleraceus* (p. 98).
Feuilles à oreillettes arrondies, souvent contournées en hélice. . . . . *S. asper* (p. 98).

271. TOLPIS. . . . . . . *T. barbata* (p. 99).
272. PTEROTHECA. . . . *T. Nemausensis* (p. 99).
273. ANDRYALA. . . . . . *A. sinuata* (p. 99).
274. CREPIS.

1 { Akènes, ou au moins ceux du disque, atténués au sommet en bec allongé, supportant l'aigrette. . . 2
Akènes atténués au sommet, mais non prolongés en bec. 4

2 { Involucre hérissé de poils raides et allongés. . . .
. . . . *C. setosa* (p. 99).
Involucre pubescent ou couvert de poils courts et quelquefois glanduleux. 3

3 { Fleurs penchées avant l'épanouissement, plante à odeur pénétrante (celle des amandes amères). . .
. . . . *C. fœtida* (p. 99).
Fleurs toujours dressées, plante à odeur nulle ou presque nulle. . . . . *C. taraxacifolia* (p. 99).

4 { Involucre glabre, tige poilue visqueuse inférieurement.
. . . . *C. pulchra* (p. 100).
Involucre pubescent, tige non visqueuse. 5

5 { Involucre ovoïde à écailles extérieures opprimées. . 6
Involucre arrondi à écailles extérieures étalées. . .
. . . . *C. Nicæensis* (p. 100).

6 { Tiges dressées, à rameaux non divariqués. . . . .
. . . . *C. virens* (p. 100).
Tiges étalées diffuses, à rameaux divariqués. . . .
. . . . *C. diffusa* (p. 100).

275. HIERACIUM.

1	Fruit crénelé au sommet, aigrette à poils égaux; tige en forme de hampe, avec ou sans rejets rampants.	17
	Fruit non crénelé, aigrette à poils inégaux; tige non en forme de hampe, sans rejets rampants. . . .	2
2	Tige fleurie s'élevant du centre d'une rosette de feuilles radicales.	12
	Tige fleurie dépourvue de feuilles radicales disposées en rosette.	3
3	Involucre à écailles appliquées ou un peu lâches. . .	5
	Involucre à écailles à pointe étalée ou recourbée. . .	4
4	Involucre sombre ou noirâtre. *H. umbellatum* (p. 101).	
	Involucre vert. . . . . *H. umbelliforme* (p. 101).	
5	Feuilles de la tige à base arrondie, contractée en très-petit pétiole.	6
	Feuilles de la tige sensiblement rétrécies en pétiole à leur base.	8
6	Poils de l'involucre la plupart sans glandes. . . . . . *H. grandidentatum* (p. 100).	
	Poils de l'involucre la plupart munis de glandes. . .	7
7	Involucre à poils glandulifères très-courts. . . . . . *H. subhirsutum* (p. 100).	
	Involucre à poils glandulifères égalant presque la moitié de la largeur de l'écaille. *H. indolatum* (p. 100).	
8	Feuilles tachées de brun, au moins les radicales. . . *H. approximatum* (p. 101).	
	Feuilles non tachées.	9
9	Feuilles nombreuses, d'un beau vert ou pâles. . . .	10
	Feuilles peu nombreuses, glaucescentes. . . . . . . *H. commixtum* (p. 101).	
10	Involucre arrondi à la base. *H. praestabile* (p. 101).	
	Involucre sub-arrondi à la base.	11
11	Pédicelles presque tous allongés. . . . . *H. finitimum* (p. 101).	
	Pédicelles latéraux égalant ou dépassant peu le capitule. . . . . *H. nemophilum* (p. 101).	
12	Styles jaunes.	13
	Styles jaune verdâtre ou livides.	15
13	Feuilles pâles ou glauques, ou tachées.	14
	Feuilles vertes non tachées. . *H. exotericum* (p. 102).	

14 { Feuilles munies de dents longues ou d'incisions profondes.. . . . . *H. furcillatum* (p. 102).
Feuilles à dents petites ou peu profondes. . . . .
. . . . *H. rarinævum* (p. 101).

15 { Involucre à poils tous, ou presque tous, glanduleux. 16
Involucre à poils glanduleux ou non glanduleux mêlés.
. . . . *H. fallens* (p. 101).

16 { Panicule à rameaux allongés et dressés. . . . . .
. . . . *H. scabripes* (p. 102).
Panicule à rameaux courts et divergents. . . . .
. . . . *H. acutum* (p. 102).

17 { Feuilles blanches en dessous, tige uniflore. . . . .
. . . . *H. pilosella* (p. 103).
Feuilles vertes sur les deux faces, tige souvent pluriflore. . . . . *H. auricula* (p. 103).

AMBROSIACÉES.

276. XANTHIUM.

1 { Tige sillonnée, munie de longues épines tripartites. .
. . . . *X. spinosum* (p. 103).
Tige anguleuse, non épineuse. 2

2 { Involucre fructifère terminé par deux becs droits non crochus au sommet, feuilles inférieures trilobées, un peu cordiformes à la base. *X. strumarium* (p. 103).
Involucre fructifère terminé par deux becs divariqués à la base, crochus en hameçon au sommet, feuilles atténuées cunéiformes à la base. . . . .
. . . . *X. macrocarpum* (p. 103).

CAMPANULACÉES.

277. JASIONE.. . . . . . *J. montana* (p. 103).
278. PHYTEUMA . . . . . *P. spicatum* (p. 104).
279. CAMPANULA.

1 { Fleurs à peu près sessiles et ramassées en tête. . . .
. . . . *C. glomerata* (p. 104).
Fleurs pédonculées ou solitaires. 2

2 { Feuilles radicales cordiformes à la base.. 3
Feuilles rétrécies à la base.. 4

3 { Feuilles rudes ou velues.. . . *C. Trachelium* (p. 104).
  { Feuilles lisses. . . . . . . *C. rotundifolia* (p. 104).

4 { Panicule multiflore, corolle aussi longue ou plus longue que large. 5
  { Panicule pauciflore, corolle plus large que longue. . .
  { . . . . *C. persicifolia* (p. 104).

5 { Panicule serrée ou à rameaux courts. . . . . . .
  { . . . . *C. Rapunculus* (p. 104).
  { Panicule étalée ou à rameaux lâches et divergents. .
  { . . . . *C. patula* (p. 104).

280. RONCELIA. . . . . . . *R. Erinus* (p. 105).
281. SPECULARIA.

{ Lobes du calice linéaires de la longueur de l'ovaire, corolle ouverte. . . . . . *S. Speculum* (p. 105).
{ Lobes du calice lancéolés, moitié plus courts que l'ovaire, corolle fermée.. . . *S. hybrida* (p. 105).

ÉRICACÉES.

282. CALLUNA. . . . . . *C. vulgaris* (p. 105).
283. ERICA.

1 { Fleurs d'un jaune verdâtre. . *E. scoparia* (p. 105).
  { Fleurs purpurines ou blanches. 2

2 { Corolle ouverte en cloche, étamines saillantes. . .
  { . . . . *E. vagans* (p. 105).
  { Corolle resserrée au sommet et renfermant les étamines. . . . . *E. cinerea* (p. 105).

MONOTROPÉES.

284. HYPOPITYS. . . . *H. multiflora* (p. 106).

COROLLIFLORES

OLÉACÉES.

285. LIGUSTRUM. . . . . . *L. vulgare* (p. 106).
286. FRAXINUS. . . . . . *F. excelsior* (p. 106).
287. SYRINGA. . . . . . *S. vulgaris* (p. 106).

JASMINÉES.

288. JASMINUM. . . . . . . *J. fruticans* (p. 106).

ASCLÉPIADÉES.

289. VINCETOXICUM. . . . . *V. officinale* (p. 107).

APOCYNÉES.

290. VINCA.
{ Feuilles glabres. . . . . *V. minor* (p. 107).
{ Feuilles ciliées. . . . . *V. major* (p. 107).

GENTIANÉES.

291. CHLORA. . . . . . *C. perfoliata* (p. 107).
292. GENTIANA. . . *G. Pneumonanthe* (p. 107).
293. ERYTHRÆA.
{ Fleurs munies de petites bractées, corolle à lobes
  ovales. . . . . *E. Centaurium* (p. 107).
{ Fleurs sans bractées, corolle à lobes lancéolés. . . .
  . . . . *E. pulchella* (p. 108).
294. CICENDIA.
{ Calice à quatre dents triangulaires lancéolées. . . .
  . . . . *C. filiformis* (p. 108).
{ Calice à quatre divisions linéaires atteignant la base.
  . . . . *C. pusilla* (p. 108).

CONVOLVULACÉES.

295. CONVOLVULUS.
1 { Calice entouré de deux larges bractées. . . . .
    . . . . *C. sepium* (p. 108).
  { Calice non entouré de bractées.   2
2 { Tige volubile, feuilles pétiolées et sagittées à la base.
    . . . . *C. arvensis* (p. 108).
  { Tige non volubile, feuilles sessiles non sagittées. . .
    . . . . *C. Cantabrica* (p. 108).

296. Cuscuta.

1 { Stigmate globuleux. . . . . *C. corymbosa* (p. 109).
  { Stigmate aigu ou claviforme. 2

2 { Tube de la corolle deux fois plus long que son limbe.
  { . . . . *C. densiflora* (p. 109).
  { Tube de la corolle de la longueur de son limbe. . . 3

3 { Tube fermé intérieurement par des écailles. 4
  { Tube non fermé intérieurement par des écailles. . .
  { . . . . *C. major* (p. 108).

4 { Calice plus court que le tube de la corolle, stigmates
  { saillants. . . . . *C. minor* (p. 109).
  { Calice égalant presque le tube de la corolle, stigmates
  { inclus. . . . . *C. trifolii* (p. 109).

BORRAGINÉES.

297. Heliotropium. . . *H. Europæum* (p. 109).

298. Echium.

1 { Feuilles à nervure dorsale seule apparente. 2
  { Feuilles munies de nervures latérales saillantes.. . .
  { . . . . *E. plantagineum* (p. 110).

2 { Fleurs couleur de chair. . . *E. Italicum* (p. 110).
  { Fleurs bleues.. 3

3 { Tube de la corolle plus court que le calice. . . . . .
  { . . . . *E. vulgare* (p. 110).
  { Tube de la corolle plus long que le calice.. . . . .
  { . . . . *E. pustulatum* (p. 110).

299. Lithospermum.

1 { Fruits rudes tuberculeux, d'un gris ou d'un brun mat.
  { . . . . *L. arvense* (p. 110).
  { Fruits lisses, d'un beau blanc, luisants. 2

2 { Feuilles à nervure moyenne seule saillante en dessous,
  { fleurs grandes bleues. . . . .
  { . . . . *L. purpureo-cæruleum* (p. 110).
  { Feuilles à nervures moyenne et latérales saillantes en
  { dessous, fleurs petites blanches. . . . .
  { . . . . *L. officinale* (p. 110).

300. Pulmonaria.

{ Feuilles ordinairement maculées de blanc, les radicales ovales larges, contractées en un pétiole ailé, les caulinaires sessiles nom embrassantes. . . . . *P. affinis* (p. 110).
Feuilles ordinairement non maculées, les caulinaires elliptiques lancéolées, longuement atténuées en pétiole, les caulinaires embrassant à moitié la tige. . . . . *P. tuberosa* (p. 111).

301. Symphitum.

{ Tige rameuse, feuilles supérieures fortement décurrentes. . . . . *S. officinale* (p. 111).
Tige simple, feuilles supérieures demi-décurrentes. . . . . *S. tuberosum* (p. 111).

302. Anchusa.

{ Tube de la corolle droit. . . . *A. Italica* (p. 111).
Tube de la corolle courbé. . *A. arvensis* (p. 111).

303. Asperugo. . . . *A. procumbens* (p. 111).

304. Borrago. . . . . *B. officinalis* (p. 111).

305. Echinospermum. . . *E. Lappula* (p. 112).

306. Myosotis.

1 { Calices fructifères hérissés de poils étalés et crochus.   3
   Calices fructifères couverts de poils apprimés. . . .   2

2 { Fleurs grandes d'un beau bleu. *M. palustris* (p. 112).
   Fleurs petites d'un bleu clair. *M. strigulosa* (p. 112).

3 { Corolle petite, à limbe concave en entonnoir. . . .   4
   Corolle assez grande, à limbe plane ou peu concave. . . . . *M. sylvatica* (p. 113).

4 { Calice fructifère, sur un pédicelle beaucoup plus long que lui. . . . . . . *M. intermedia* (p. 112).
   Calice fructifère, sur un pédicelle plus court que lui ou l'égalant à peine.   5

5 { Tube de la corolle saillant hors du calice, feuilles supérieures presque opposées. . . . . *M. versicolor* (p. 112).
   Tube de la corolle plus court que le calice, feuilles toutes alternes.   6

6 { Calice fructifère ouvert, pédicelles étalés........
.... *M. hispida* (p. 112).
Calice fructifère fermé, pédicelles très-courts dressés.
.... *M. stricta* (p. 112).

307. CYNOGLOSSUM.

{ Corolle d'un rouge brun, non veinée, carpelles plans entourés d'un rebord saillant........
.... *C. officinale* (p. 113).
Corolle d'un bleu clair, veinée de rouge, carpelles un peu convexes en dessus, sans rebord.......
.... *C. pictum* (p. 113).

SOLANÉES.

308. LYCIUM....... *L. barbarum* (p. 113).
309. SOLANUM.

1 { Tige ligneuse à la base, sarmenteuse........
.... *S. Dulcamara* (p. 113).
Tige herbacée, non sarmenteuse........ 2

2 { Feuilles ailées avec une foliole impaire au sommet, rameaux souterrains tuberculeux........
.... *S. tuberosum* (p. 114).
Feuilles simples, sinuées ou dentées, rameaux souterrains jamais tuberculeux........ 3

3 { Baies noires....... *S. nigrum* (p. 113).
Baies rouges ou d'un jaune orangé........ 4

4 { Baies rouges, feuilles ovales deltoïdes, sinuées dentées....... *S. miniatum* (p. 113).
Baies jaune orangé, feuilles ovales sinuées dentées...
.... *S. villosum* (p. 114).

310. PHYSALIS....... *P. Alkekengi* (p. 114).
311. NICANDRA....... *N. Physaloides* (p. 114).
312. DATURA....... *D. Stramonium* (p. 114).
313. HYOSCIAMUS....... *H. niger* (p. 114).

VERBASCÉES.

314. VERBASCUM.

1 { Poils des étamines blancs ou jaunâtres........ 2
Poils des étamines violets ou purpurins........ 8

2	{ Feuilles décurrentes	3
	{ Feuilles non décurrentes.	5
3	{ Corolle grande d'un beau jaune, à limbe plane rotacé.	4
	{ Corolle assez petite d'un jaune pâle, à limbe concave. . . . . *V. Thapsus* (p. 115).	
4	{ Feuilles toutes sessiles, épi gros et serré. . . . . *V. Thapsiforme* (p. 115).	
	{ Feuilles inférieures pétiolées, épi un peu lâche. . . . . *V. Phlomoides* (p. 115).	
5	{ Corolle ayant près de trois centimètres de diamètre.	4
	{ Corolle n'ayant pas deux centimètres de diamètre. .	6
6	{ Feuilles presque toutes sessiles.	7
	{ Feuilles distinctement pétiolées.	8
7	{ Plante grisâtre à duvet court et persistant, rameaux de la panicule dressés. . . *V. Lychnitis* (p. 115).	
	{ Plante garnie d'un duvet caduc, rameaux de la panicule ouverts. . . . *V. pulverulentum* (p. 115).	
8	{ Feuilles, surtout les inférieures, fortement sinuées dentées.	9
	{ Feuilles entières ou seulement crénelées.	10
9	{ Feuilles tomenteuses jaunâtres, surtout en dessous. . . . . *V. sinuatum* (p. 115).	
	{ Feuilles vertes non tomenteuses.	11
10	{ Feuilles non décurrentes. . . . *V. nigrum* (p. 116).	
	{ Feuilles décurrentes.	11
11	{ Feuilles glabres, tous les pédicelles plus longs que le calice. . . . . *V. Blattaria* (p. 115).	
	{ Feuilles pubescentes, plusieurs pédicelles plus courts que le calice. . . . . . *V. virgatum* (p. 115).	

SCROPHULARIÉES.

315. GRATIOLA. . . . . *G. officinalis* (p. 116).
316. DIGITALIS. . . . . *D. purpurea* (p. 116).
317. ANARRHINUM. . . *A. Bellidifolium* (p. 116).
318. ANTIRRHINUM.

{ Fleurs grandes, disposées en grappes terminales. . . . . *A. majus* (p. 117).
{ Fleurs moyennes, toutes axillaires et presque sessiles. . . . . *A. Orontium* (p. 117).

319. LINARIA.

1	{ Toutes les feuilles pétiolées, à limbe élargi.	2
	{ Feuilles de la tige sessiles et linéaires.	5

2 { Feuilles glabres, à pétiole plus long que leur limbe. . . . . *L. Cymbalaria* (p. 117).
Feuilles pubescentes, à pétiole plus court que leur limbe. 3

3 { Feuilles ovales orbiculaires, pédoncules velus . . . . *L. spuria* (p. 118).
Feuilles supérieures ovales hastées ou sagittées, pédoncules glabres ou presque glabres. 4

4 { Corolle d'un jaune pâle, intérieur de la lèvre supérieure pourpre violet, éperon subulé droit ou presque droit, graines alvéolées. *L. Elatine* (p. 117).
Corolle blanchâtre, intérieur de la lèvre supérieure d'un bleu clair, palais taché de pourpre, éperon élargi à la base, très-courbé, graines tuberculeuses. . . . . *L. commutata* (p. 118).

5 { Fleurs jaunes. 6
Fleurs jamais jaunes. 7

6 { Tige divisée à la base en rameaux nombreux couchés, diffus, puis redressés. . . . *L. supina* (p. 118).
Tige raide, dressée, simple ou peu rameuse au sommet. . . . . *L. vulgaris* (p. 118).

7 { Plante très-glabre. 8
Plante plus ou moins pubescente glanduleuse. . . . 9

8 { Corolle d'un blanc cendré ou bleuâtre, rayée de violet, graines triquêtres, non ciliées à la marge. . . . . *L. striata* (p. 118).
Corolle d'un pourpre violet, à palais blanchâtre, graines à marge ciliée. . . . *L. Pelisseriana* (p. 118).

9 { Tige dressée, feuilles lancéolées oblongues, les supérieures presque linéaires . . *L. minor* (p. 117).
Tiges diffuses puis redressées, feuilles épaisses oblongues ou obovées. . . . *L. origanifolia* (p. 117).

320. SCROPHULARIA.

1 { Feuilles pinnatifides. . . . . . *S. canina* (p. 118).
Feuilles entières ou seulement crénelées. 2

2 { Calice à divisions ovales obtuses, très-étroitement scarieuses à la marge, feuilles aiguës. . . . .
. . . . S. *nodosa* (p. 118).
Calice à divisions presque orbiculaires, largement scarieuses à la marge, feuilles obtuses. . . . . .
. . . . S. *Balbisii* (p. 118).

321. VERONICA.

1 { Pédoncules axillaires dépourvus de feuilles, portant des grappes de fleurs. 9
Fleurs placées à l'aisselle des feuilles, solitaires ou rapprochées en grappe terminant la tige et les rameaux. 2

2 { Tiges étalées sur la terre. 3
Tiges plus ou moins dressées ou redressées. 6

3 { Divisions du calice cordiformes, feuilles à trois, cinq ou sept lobes. . . . . V. *hederaefolia* (p. 119).
Divisions du calice oblongues lancéolées, feuilles seulement crénelées. 4

4 { Pédicelles plus courts que les feuilles, capsule presque arrondie. 5
Pédicelles supérieurs dépassant les feuilles, capsule plus large que longue. . . . V. *Persica* (p. 119).

5 { Corolle d'un bleu pâle, le lobe inférieur blanc, style ne dépassant pas l'échancrure de la capsule. . . .
. . . . V. *agrestis* (p. 119).
Corolle d'un bleu vif, le lobe inférieur bleu, style dépassant l'échancrure de la capsule. . . . . . .
. . . . V. *didyma* (p. 119).

6 { Feuilles de la tige à trois-cinq segments. . . . . .
. . . . V. *triphyllos* (p. 119).
Feuilles de la tige entières ou seulement dentées ou crénelées. 7

7 { Pédicelles beaucoup plus courts que le calice. . . .
. . . . V. *arvensis* (p. 119).
Pédicelles égaux au calice ou plus longs que lui. . . 8

8 { Pédicelles trois ou quatre fois plus longs que le calice, style de la longueur de l'échancrure de la capsule. . . . . V. *acinifolia* (p. 119).
Pédicelles de la longueur du calice ou, à la fin, un peu plus longs, style dépassant l'échancrure de la capsule. . . . . V. *serpyllifolia* (p. 119).

9	Feuilles pubescentes.	10
	Feuilles très-glabres.	14
10	Feuilles longuement pétiolées. *V. montana* (p. 120).	
	Feuilles sessiles ou à pétioles très-courts.	11
11	Feuilles linéaires ou lancéolées linéaires. *V. scutellata*, Var. *pubescens* (1) (p. 120).	
	Feuilles ovales ou ovales lancéolées.	12
12	Tige couchée et radicante, corolle d'un bleu très-pâle. *V. officinalis* (p. 120).	
	Tige redressée, corolle radicante, corolle d'un beau bleu.	13
13	Calice à quatre lobes, tige portant deux lignes de poils opposées. *V. Chamædrys* (p. 120).	
	Calice à cinq lobes, tige uniformément velue ou pulvérulente. *V. Teucrium* (p. 120).	
14	Grappes de fleurs alternes, capsule très-échancrée. *V. scutellata* (p. 120).	
	Grappes de fleurs opposées, capsule à peine émarginée.	15
15	Feuilles sessiles embrassantes, ovales lancéolées ou lancéolées aiguës. *V. Anagallis* (p. 120).	
	Feuilles pétiolées, elliptiques ou ovales oblongues, obtuses. *V. Beccabunga* (p. 120).	

322. MELAMPYRUM.

{ Fleurs en épi quadrangulaire, très-compacte, avec les angles relevés en crête, feuilles sessiles. *M. cristatum* (p. 120).
Fleurs en grappes très-lâches, unilatérales, feuilles courtement pétiolées. *M. pratense* (p. 121).

323. PEDICULARIS. *P. sylvatica* (p. 121).

324. RHINANTHUS.

{ Bractées d'un blanc jaunâtre, calice à dents écartées en dehors. *R. major* (p. 121).
Bractées vertes, calice à dents conniventes. *R. minor* (p. 121).

(1) Cette variété commune à Toulouse, et que MM. Poiteau et Turpin avaient élevée au rang d'espèce, sous le nom de *V. parmularia*, est couverte de poils articulés, étalés et glanduleux; le type est glabre.

325. EUFRAGIA.

{ Tige de un à quatre décimètres, capsule dépassant à peine le tube du calice. . . . *E. viscosa* (p. 121).
Tige de un à cinq centimètres, capsule presque de la longueur du calice. . . . . *E. latifolia* (p. 121). }

326. EUPHRASIA.

1 { Corolle blanche striée de violet, ou d'un bleu blanchâtre. 2
Corolle jaune ou rougeâtre. . . . . 3 }

2 { Feuilles inférieures à dents obtuses, les florales à dents aiguës, plante pubescente glanduleuse au sommet. . . . . *E. officinalis* (p. 121).
Feuilles inférieures à dents aiguës, les florales à dents sétacées cuspidées, plante à pubescence farineuse. . . . . *E. ericetorum* (p. 122). }

3 { Corolle d'un beau jaune. . . . . *E. lutea* (p. 122).
Corolle rougeâtre. . . . . 4 }

4 { Feuilles lancéolées élargies, bractées plus longues que les fleurs. . . . . *E. verna* (p. 122).
Feuilles lancéolées linéaires, bractées plus courtes que les fleurs. . . . . . *E. divergens* (p. 122). }

OROBANCHÉES.

327. PHELIPÆA.

1 { Tige simple, fleurs bleues. . *P. arenaria* (p. 123).
Tige rameuse, fleurs jaunâtres ou d'un violet clair au sommet. . . . . 2 }

2 { Fleurs horizontales, corolle faiblement courbée sur le dos supérieurement, lèvre inférieure dépourvue de plis à la gorge. . . . . . . *P. ramosa* (p. 122).
Fleurs ascendantes, corolle presque droite sur le dos, les deux lobes latéraux de la lèvre inférieure séparés du moyen par des plis saillants et velus. . . . . *P. Muteli* (p. 122). }

328. OROBANCHE.

1 { Corolle campanulée, étamines insérées à la base de celle-ci ou au-dessous de son tiers inférieur. . . . 2
Corolle tubuleuse ou tubuleuse campanulée, étamines insérées au-dessus du tiers inférieur. . . . . . 4 }

2 { Etamines glabres. . . . . *O. rapum* (p. 123).
    Etamines poilues. 3

3 { Corolle ventrue, en avant, à la base. . . . .
    . . . . *O. vulgaris* (p. 123).
    Corolle non ventrue à la base. . *O. Galii* (p. 123).

4 { Stigmate jaune. . . . . *O. Hederæ* (p. 124).
    Stigmate violacé ou purpurin. 5

5 { Style violacé. 6
    Style jaune. . . . . *O. loricata* (p. 123).

6 { Sépales uninerviés, tige couverte de poils crépus. . .
    . . . . *O. Picridis* (p. 123).
    Sépales plurinerviés, tige finement pubescente et
    glanduleuse. 7

7 { Bord de la corolle découpé en denticules aiguës. . .
    . . . . *P. amesthystea* (p. 124).
    Bord de la corolle découpé en crénelures obtuses. .
    . . . . *O. minor* (p. 124).

    329. CLANDESTINA. . . . *C. rectiflora* (p. 124).

LABIÉES.

    330. LAVANDULA. . . . . *L. latifolia* (p. 124).
    331. MENTHA.

1 { Calice presque bilabié, velu à la gorge, ...
    . . . . *M. Pulegium* (p. 125).
    Calice régulier, nu à la gorge. 2

2 { Fleurs toutes axillaires, axe floral surmonté d'un faisceau de feuilles. 3
    Fleurs en épi terminal, non surmonté d'un faisceau de feuilles. 4

3 { Feuilles florales toutes pétiolées, dents du calice triangulaires aiguës. . . . . . . *M. arvensis* (p. 125).
    Feuilles florales sessiles, dents du calice lancéolées subulées. . . . . *M. gentilis* (p. 125).

4 { Feuilles sessiles ou presque sessiles. 5
    Feuilles distinctement pétiolées. 6

5 { Feuilles ovales ridées et pubescentes en dessous. . .
    . . . . *M. rotundifolia* (p. 125).
    Feuilles lancéolées ou ovales lancéolées, non ridées, blanchâtres en dessous. . *M. sylvestris* (p. 125).

6 { Feuilles pétiolées, oblongues lancéolées, saveur spéciale. . . . . *M. piperita.* (p. 125).
Feuilles pétiolées, ovales, aiguës ou obtuses. . . . . *M. aquatica.* (p. 125).

332. LYCOPUS. . . . . *L. Europæus.* (p. 126).

333. SALVIA.

1 { Tube de la corolle muni d'un anneau de poils transversal, tige suffrutescente. *S. officinalis* (p. 126).
Tube de la corolle dépourvu d'un anneau de poils, tige herbacée. 2

2 { Bractées grandes, membraneuses, violacées, plus longues que le calice. . . . . *S. Sclarea.* (p. 126).
Bractées herbacées, plus courtes que le calice. . . . 3

3 { Corolle à tube plus long que le calice. . . . . *S. pratensis.* (p. 126).
Corolle à tube ne dépassant pas le calice. 4

4 { Corolle d'un bleu clair, une fois plus longue que le calice, lèvre supérieure comprimée latéralement. . . . . *S. pallidiflora* (p. 126).
Corolle d'un bleu foncé, dépassant peu le calice, lèvre supérieure non comprimée. . . . . *S. Horminoides.* (p. 126).

334. ROSMARINUS. . . . *R. officinalis.* (p. 127).

335. ORIGANUM. . . . . . *O. vulgare.* (p. 127).

336. THYMUS.

1 { Plante en buisson serré, tiges ligneuses. *T. vulgaris.* (p. 127).
Plante herbacée, gazonnante. 2

2 { Tiges couchées, longuement radicantes, feuilles fortement nerviées, ciliées. . *T. Serpyllum* (p. 127).
Tiges couchées, radicantes à la base seulement, feuilles faiblement nerviées, non ciliées. . . . . *T. chamædrys* (p. 127).

337. SATUREIA. . . . . . *S. hortensis* (p. 127).

338. CALAMINTHA.

1 { Verticilles formés de fleurs sur des pédicelles simples et uniflores. . . . . *C. Acinos* (p. 128).
Verticilles formés de fleurs disposées en petits corymbes dichotomes et multiflores. 2

— 323 —

2 { Feuilles vertes, dents du calice très-inégales. . . . . *C. ascendens* (p. 128).
Feuilles grisâtres, dents du calice presque égales. . . . . *C. Nepeta* (p. 128).

339. CLINOPODIUM . . . . . *C. vulgare* (p. 128).
340. MELISSA . . . . . . *M officinalis* (p. 129).
341. NEPETA . . . . . . *N. Cataria* (p. 129).
342. GLECHOMA . . . . . *G. hederacea* (p. 129).
343. MELITTIS . . . . *M. Melissophyllum* (p. 129).
344. LAMIUM.

1 { Feuilles toutes plus ou moins pétiolées 2
Feuilles supérieures sessiles et embrassantes . . . . *L. amplexicaule* (p. 130).

2 { Tube de la corolle droit, dépassant peu le calice . . . 3
Tube de la corolle courbé, beaucoup plus long que le calice . . . . *L. maculatum* (p. 129).

3 { Tube de la corolle pourvu à l'intérieur d'un anneau de poils, feuilles crénelées ou dentées . . . . *L. purpureum* (p. 129).
Tube de la corolle dépourvu d'un anneau de poils à l'intérieur, feuilles supérieures profondément incisées dentées . . . . *L. hybridum* (p. 130).

345. GALEOBDOLON . . . . . *G. luteum* (p. 130).
346. GALEOPSIS.

1 { Feuilles ovales oblongues, dentées en scie . . . . *G. Tetrahit* (p. 130).
Feuilles linéaires ou oblongues lancéolées, dentées seulement au milieu de leurs bords 2

2 { Rameaux peu divergents, calice velu . . . . *G. angustifolia* (p. 130).
Rameaux très-divergents, calice hérissé . . . . *G. arvatica* (p. 130).

347. STACHYS.

1 { Bractéoles aussi longues ou presque aussi longues que le calice 2
Bractéoles nulles ou dépassant à peine les pédicelles . . 3

2	Plante blanche, laineuse, feuilles inférieures lancéolées, un peu en cœur à leur base. S. *Germanica* (p. 131). Plante velue, tige un peu glanduleuse au sommet, feuilles inférieures ovales en cœur. S. *alpina* (p. 130).	
3	Fleurs d'un jaune pâle ou d'un blanc jaunâtre. . . . Fleurs jamais jaunes.	4 5
4	Tige dressée, feuilles glabres ou presque glabres, racine annuelle. . . . . . . S. *annua* (p. 131). Tige couchée à la base, puis ascendante, feuilles velues, souche vivace. . . . . . . S. *recta* (p. 131).	
5	Souche vivace, rampante, corolle une fois plus longue que le calice. . . . . Racine annuelle, pivotante, chevelue, corolle dépassant à peine le calice. . . . S. *arvensis* (p. 131).	6
6	Feuilles longuement pétiolées, ovales en cœur à la base. . . . . S. *sylvatica* (p. 130). Feuilles oblongues lancéolées, un peu en cœur à la base, sessiles ou courtement pétiolées.	7
7	Feuilles presque toutes sessiles. S. *palustris* (p. 131). Feuilles presque toutes pétiolées. S. *ambigua* (p. 131).	

  348. BETONICA. . . . . B. *officinalis* (p. 131).
  349. MARRUBIUM. . . . . M. *vulgare* (p. 132).
  350. BALLOTA. . . . . . . B. *fœtida* (p. 132).
  351. LEONURUS. . . . . L. *cardiaca* (p. 132).
  352. SCUTELLARIA.

	Tube de la corolle courbé, feuilles crénelées dentées. . . . . S. *galericulata* (p. 132). Tube de la corolle droit, feuilles à une ou deux dents de chaque côté seulement. . . S. *minor* (p. 132).	

  353. BRUNELLA.

1	Plante mollement velue, corolle d'un blanc jaunâtre. . . . . B. *alba* (p. 132). Plante peu velue, corolle violette, purpurine ou blanche.	2
2	Dents supérieures du calice très-courtes, tronquées et mucronées, corolle violette. B. *vulgaris* (p. 132). Dents supérieures du calice largement ovales acuminées, corolle purpurine. B. *grandiflora* (p. 132).	

354. Ajuga.

1 { Fleurs jaunes, feuilles très-découpées. . . . .
        . . . . A. *Chamæpitys* (p. 133).
    Fleurs bleues, roses ou blanches.   2

2 { Souche stolonifère, tige alternativement glabre et
        velue sur deux faces opposées. . . . .
        . . . . A. *reptans* (p. 133).
    Souche sans stolons, tige velue sur les quatre faces.
        . . . . A. *Genevensis* (p. 133).

355. Teucrium.

1 { Calice à dent supérieure très-développée et paraissant
        bilabié. . . . . T. *Scorodonia* (p. 133).
    Calice à dents presque égales.   2

2 { Feuilles bipinnatifides. . . . . T. *Botrys* (p. 133).
    Feuilles entières ou simplement crénelées.   3

3 { Feuilles très-entières. . . . T. *montanum* (p. 134).
    Feuilles plus ou moins crénelées.   4

4 { Feuilles crénelées dans leur moitié antérieure seule-
        ment, entières à la base. . T. *Polium* (p. 134).
    Feuilles crénelées dans tout leur pourtour.   5

5 { Tige herbacée. . . . . . . T. *Scordium* (p. 133).
    Tige presque ligneuse à la base. . . . .
        . . . . T. *Chamædrys* (p. 133).

VERBÉNACÉES.

356. Verbena. . . . . V. *officinalis* (p. 134).

LENTIBULARIÉES.

357. Utricularia. . . . U. *vulgaris* (p. 134).

PRIMULACÉES.

358. Lysimachia.

1 { Tige dressée, fleurs en panicule. . . . .
        . . . . L. *vulgaris* (p. 134).
    Tige couchée, fleurs toutes axillaires.   2

2 { Feuilles arrondies, lobes du calice ovales cordiformes. . . . . *L. nummularia* (p. 134).
Feuilles ovales aiguës, lobes du calice linéaires étroits. . . . . *L. nemorum* (p. 135).

359. ANAGALLIS.

1 { Feuilles arrondies, un peu pétiolées, tige filiforme. . . . . *A. tenella* (p. 135).
Feuilles ovales sessiles, tige anguleuse. 2

2 { Corolle rouge, bordée de cils glanduleux. . . . . *A. arvensis* (p. 135).
Corolle bleue dépourvue de cils. . . . . *A. cœrulea* (p. 135).

360. CENTUNCULUS. . . . *C. minimus* (p. 135).

361. PRIMULA.

1 { Fleurs solitaires portées sur de longs pédicelles qui semblent partir du collet de la tige. . . . . *P. grandiflora* (p. 136).
Fleurs nombreuses sur de courts pédicelles, au sommet d'un long pédoncule. 2

2 { Calice enflé et très-ouvert. *P. officinalis*. . (p. 135).
Calice étroit et appliqué sur le tube de la corolle. . . . . *P. elatior* (p. 135).

362. SAMOLUS. . . . . *S. Valerandi* (p. 136).

GLOBULARIÉES.

363. GLOBULARIA. . . . . *G. vulgaris* (p. 136).

MONOCHLAMIDÉES.

PLANTAGINÉES.

364. PLANTAGO.

1 { Plante acaule, feuilles toutes radicales étalées en rosette. 2
Plante caulescente, feuilles opposées le long de la tige. . . . . *P. Cynops* (p. 137).

2 { Feuilles ovales très-larges. 3
    Feuilles lancéolées, linéaires ou pinnatifides. . . . 5

3 { Feuilles presque sessiles, pubescentes sur les deux faces. . . . . *P. media.* (p. 137).
    Feuilles pétiolées, glabres ou presque glabres. . . . 4

4 { Feuilles minces et molles, sinuées, largement dentées, hampes étalées arquées. . . . . *P. intermedia.* (p. 136).
    Feuilles épaisses et coriaces, sinuées dentées, hampes dressées. . . . . . . *P. major* (p. 136).

5 { Hampe anguleuse, épi ovoïde. 6
    Hampe cylindrique, épi cylindroïde. 7

6 { Tige et feuilles glabres ou presque glabres. . . . . *P. lanceolata* (p. 137).
    Tige et feuilles couvertes de longs poils laineux. . . . . *P. eriophora* (p. 137).

7 { Feuilles découpées ou profondément dentées, capsule ovoïde obtuse. *P. coronopus.* . . (p. 137).
    Feuilles entières ou peu dentées, capsule oblongue conique, aiguë. . . . . *P. serpentina* (p. 137).

AMARANTHACÉES.

365. AMARANTHUS.

1 { Fleurs toutes axillaires, non disposées en épi. . . 2
    Fleurs supérieures, disposées en épi non feuillé. . . 3

2 { Feuilles échancrées au sommet, bractées piquantes, plus longues que les fleurs. . *A. albus* (p. 138).
    Feuilles peu ou point échancrées au sommet, bractées non piquantes, ne dépassant pas les fleurs. . . . . *A. sylvestris* (p. 138).

3 { Tige couchée, bractées ne dépassant par les fleurs. . 4
    Tige dressée, bractées très-aiguës, plus longues que les fleurs. . . . . . . *A. retroflexus* (p. 138).

4 { Tige glabre à rameaux un peu redressés. . . . . *A. Blitum* (p. 137).
    Tige velue au sommet, rameaux non redressés. . . . . *A. prostratus* (p. 137).

366. POLYCNEMUM. . . . . . *P. majus* (p. 138).

PHYTOLACCÉES.

367. Phytolacca . . . . *P. decandra* (p. 138).

CHÉNOPODÉES.

368. Beta . . . . *B. vulgaris* (p. 138).
369. Chenopodium.

1 { Plante pubescente glanduleuse, visqueuse, feuilles sinuées pinnatifides (odeur très-pénétrante balsamique). . . . . *C. Botrys* (p. 140).
Plante dépourvue de poils et de glandes visqueuses. 2

2 { Feuilles entières ou seulement hastées à la base, à marge ni sinuée, ni dentée, ni lobée. 3
Feuilles plus ou moins sinuées, ou dentées, ou lobées. 4

3 { Feuilles glauques farineuses, odeur fétide. . . . . *C. vulvaria* (p. 139).
Feuilles vertes non farineuses, odeur non fétide. . . . . *C. polyspermum* (p. 139).

4 { Feuilles plus ou moins farineuses sur la face inférieure, dépourvue de glandes. 5
Feuilles sans trace de points farineux sur la face inférieure, qui est parsemée de glandes sessiles (odeur balsamique). . . . . *C. ambrosioides* (p. 140).

5 { Feuilles de la tige presque arrondies ou très-obtuses. . . . . *C. Opulifolium* (p. 139).
Feuilles allongées ovales ou oblongues. 6

6 { Fleurs en grappes ramifiées, en forme de cimes terminales. 7
Fleurs en grappes presque simples et dressées contre la tige. . . . . *C. intermedium* (p. 139).

7 { Feuilles toutes ovales rhomboïdales et dentées. . . . . *C. murale* (p. 139).
Feuilles supérieures lancéolées et entières. 8

8 { Feuilles glauques et blanchâtres en dessous, souvent bordées de rouge. . . . . *C. album* (p. 139).
Feuilles vertes sur les deux faces. *C. viride* (p. 139).

370. Blitum . . . . . . *B. virgatum* (p. 140).

371. ATRIPLEX.

1
- Segments du périgone fructifère soudés seulement par leur base. — 3
- Segments du périgone fructifère soudés de la base jusqu'au milieu. — 2

2
- Feuilles sinuées dentées, les supérieures ovales, fleurs en épis interrompus, feuillés. *A. rosea* (p. 140).
- Feuilles profondément sinuées dentées, les supérieures oblongues hastées, fleurs en épis non interrompus, feuillés seulement à la base. . . . . . . *A. laciniata* (p. 140).

3
- Feuilles lancéolées ou linéaires. *A patula* (p. 141).
- Feuilles triangulaires hastées, au moins les inférieures. — 4

4
- Segments du calice fructifères triangulaires. . . . *A. hastata* (p. 141).
- Segments du calice fructifères ovales ou arrondis. . *A hortensis* (p. 141).

POLYGONÉES.

372. RUMEX.

1
- Feuilles hastées ou sagittées à la base, saveur acide. — 7
- Feuilles ni hastées ni sagittées, saveur non acide. — 2

2
- Fruit entouré de trois valves fortement dentées à la base. — 3
- Fruit à valves entières ou obscurément denticulées. — 4

3
- Feuilles radicales échancrées sur les côtés comme un violon, rameaux très-divergents. *R. pulcher* (p. 141).
- Feuilles radicales non échancrées sur les côtés, rameaux peu ou point divergents. *R. obtusifolius* (p. 141).

4
- Feuilles radicales longues de quatre à huit décimètres. *R. Hydrolopathum* (p. 142).
- Feuilles radicales n'atteignant pas quatre décimètres de longueur. — 5

5
- Valves du fruit cordiformes arrondies *R. crispus* (p. 142).
- Valves du fruit oblongues, non arrondies. — 6

	Valves du fruit toutes chargées sur le dos d'un petit tubercule, rameaux floraux divergents et feuillés.	
6	.... *R. conglomeratus* (p. 141).	
	Une seule valve du fruit tuberculeuse, rameaux floraux dressés, presque nus. *R. nemorosus* (p. 142).	

	Feuilles très-glauques sur les deux faces, n'étant pas deux fois plus longues que larges.	
7	. . . . *R. scutatus* (p. 142).	
	Feuilles glaucescentes en dessous seulement, au moins deux fois plus longues que larges.	8

	Feuilles à oreillettes parallèles ou un peu convergentes, valves du fruit débordant celui-ci dans tous les sens. . . . . *R. acetosa* (p. 142).	
8		
	Feuilles à oreillettes divergentes ou étalées horizontalement, valves du fruit ne débordant pas celui-ci. . . . . *R. Acetosella* (p. 142).	

373. POLYGONUM.

1	Feuilles sagittées à la base.	10
	Feuilles point sagittées.	2

2	Fleurs en épis terminaux.	3
	Fleurs presque toutes axillaires.	9

3	Feuilles un peu échancrées en cœur à la base. . . . . *P. amphibium* (p. 143).	
	Feuilles un peu rétrécies vers la base, non en cœur.	4

4	Stipules en forme de gaîne, longuement ciliées. . . .	6
	Stipules en forme de gaîne, finement et courtement ciliées.	5

5	Epis gros, courts, souvent blanchâtres. . . . . *P. lapathifolium* (p. 143).	
	Epis linéaires allongés, souvent roses. . . . . *P. nodosum* (p. 143).	

6	Epis oblongs cylindriques et épais. . . . . *P. Persicaria* (p. 143).	
	Epis filiformes, ou très-grêles et lâches.	7

7	Epis filiformes dressés, feuilles n'ayant pas un centimètre de largeur. . . . . . *P. minus* (p. 143).	
	Epis grêles très-lâches, feuilles ayant au moins un centimètre de largeur.	8

8 { Saveur des feuilles poivrée. *P. Hydropiper* (p. 143).
Saveur des feuilles nullement poivrée.......
.... *P. mite* (p. 143).

9 { Tige droite, rameaux floraux presque nus, en épis interrompus.......... *P. Bellardi* (p. 144).
Tige souvent étalée, rameaux floraux feuillés jusqu'au sommet....... *P. aviculare* (p. 144).

10 { Tige dressée, non volubile. *P. Fagopyrum* (p. 142).
Tige couchée ou volubile grimpante......... 11

11 { Tige lisse, angles du fruit ailés..........
.... *P. dumetorum* (p. 142).
Tige rude anguleuse, angles du fruit non ailés....
.... *P. Convolvulus* (p. 143).

THYMÉLÉES.

374. PASSERINA........ *P. annua* (p. 144).
375. DAPHNE...... *D. Laureola* (p. 144).

SANTALACÉES.

376. THESIUM..... *T. humifusum* (p. 144).
377. OSYRIS........ *O. alba* (p. 144).

ARISTOLOCHIÉES.

378. ARISTOLOCHIA.

{ Feuilles presque sessiles, ovales, fleurs solitaires...
.... *A. rotunda* (p. 145).
Feuilles pétiolées, ovales presque triangulaires, fleurs fasciculées........ *A. Clematis* (p. 145).

EUPHORBIACÉES.

379. EUPHORBIA.

1 { Tige couchée étalée..... *E. Chamæsice* (p. 145).
Tige dressée................. 2

2	Feuilles linéaires, ou linéaires cunéiformes, larges à peine de quatre millimètres..	3
	Feuilles ovales oblongues, ayant au moins cinq millimètres.	4
3	Ombelles de deux à cinq rayons, feuilles obtuses mucronées ou tronquées. . . . *E. exigua.* (p. 145).	
	Ombelles de plus de cinq rayons, feuilles supérieures aiguës. . . . . . *E. Cyparissias.* (p. 146).	
4	Feuilles de la tige opposées et régulièrement disposées sur quatre rangs. . . *E. Lathyris* (p. 146).	
	Feuilles de la tige alternes, non disposées sur quatre rangs.	5
5	Collerette, sous les rayons, formée de deux folioles soudées par leur base entière. . . . . . . *E. amygdaloïdes.* (p. 146).	
	Collerette, sous les rayons, à deux folioles distinctes et non soudées par leur base.	6
6	Ombelle principale à cinq-six rayons tout au plus.	7
	Ombelle principale à plus de six rayons, naissant du même point. . . . . . *E. Esula* (p. 146).	
7	Capsules lisses, non verruqueuses.	8
	Capsules velues ou chargées de points verruqueux, au moins sur les angles.	9
8	Ombelles à cinq rayons, feuilles très-obtuses. . . . . . . *E. Helioscopia* (p. 145).	
	Ombelles à trois rayons, feuilles pointues et mucronées. . . . . . *E. falcata* (p. 145).	
9	Feuilles sensiblement pétiolées et très-glabres. . . . . . *E. Peplus* (p. 145).	
	Feuilles sessiles ou presque sessiles, plus ou moins velues.	10
10	Feuilles rétrécies en pétiole très-court. . . . . . *E. dulcis.* (p. 146).	
	Feuilles tout-à-fait sessiles.	11
11	Tige pourvue de nombreux rameaux floraux secondaires placés au-dessous de l'ombelle.	12
	Tige n'ayant qu'un ou deux rameaux floraux secondaires au-dessous de l'ombelle, ou en manquant tout-à-fait.	14

12 { Feuilles obscurément denticulées, mollement pubescentes en dessous et point déjetées sur la tige. . . . . *E. pilosa* (p. 146).
Feuilles finement dentées en scie, parsemées de quelques poils, les inférieures déjetées en bas, le long de la tige. 13

13 { Ombelle souvent à cinq rayons, graines d'un gris brillant métallique. . . . . *E. platyphyllos* (p. 146).
Ombelle souvent à trois rayons, graines rougeâtres. . . . . *E. stricta* (p. 146).

14 { Feuilles très-entières. . . . . *E. Hiberna* (p. 146).
Feuilles denticulées. . . . . *E. verrucosa* (p. 146).

380. MERCURIALIS.

{ Tige rameuse, feuilles lisses. . *M. annua* (p. 147).
Tige simple, feuilles rudes. . *M. perennis* (p. 147).

URTICÉES.

381. URTICA.

1 { Fleurs femelles en têtes globuleuses, pédonculées. . . . . *U. pilulifera* (p. 147).
Fleurs en grappes simples ou rameuses. 2

2 { Plante vivace, feuilles cordiformes à la base. . . . . *U. dioica* (p. 147).
Plante annuelle, feuilles non cordiformes. 3

3 { Stipules deux à chaque verticille, rachis des grappes de fleurs femelles nu à la base, dilaté membraneux du milieu au sommet. *U. membranacea* (p. 147).
Stipules quatre à chaque verticille, rachis des grappes femelles non dilaté membraneux. . . . . *U. urens* (p. 147).

382. PARIETARIA. . . . . *P. diffusa* (p. 147).

CANNABINÉES.

383. HUMULUS. . . . . *H. Lupulus* (p. 148).

MORÉES.

384. FICUS. . . . . . . *F. Carica* (p. 148).

ULMACÉES.

385. ULMUS.

1 { Ecorce ordinairement subéreuse, fruit obovale arrondi, échancré au sommet, graine placée dans son milieu. . . . . U. *suberosa* (p. 148).
Ecorce lisse, fruit ovale échancré, graine sous l'échancrure. . . . . . U. *campestris* (p. 148).

BÉTULINÉES.

386. ALNUS. . . . . . . A. *glutinosa* (p. 149).

SALICINÉES.

387. SALIX.

1 { Ecailles des chatons d'un jaune verdâtre uniforme, ou rosées. 2
Ecailles brunes ou noirâtres, au moins dans leur moitié supérieure. 5

2 { Capsules tomenteuses. . . . S. *purpurea* (p. 149).
Capsules glabres. 3

3 { Etamines trois. . . . . . . S. *triandra* (p. 149).
Etamines deux. 4

4 { Feuilles linéaires ou à peine linéaires lancéolées, à bords roulés en dessous, glabres en dessus, tomenteuses en dessous. . . . . . S. *incana* (p. 149).
Feuilles lancéolées, soyeuses sur les deux faces. S. *alba* (p. 149).

5 { Feuilles ovales ou oblongues suborbiculaires, brusquement acuminées, à pointe recourbée. . . . . S. *Capræa* (p. 149).
Feuilles oblongues obovales ou lancéolées obovales, obtuses ou brièvement acuminées. . . . . S. *cinerea* (p. 149).

388. POPULUS.

1 { Ecailles des chatons velues ciliées, jeunes pousses pubescentes ou tomenteuses. 2
Ecailles des chatons glabres, jeunes pousses glabres. . . . . P. *nigra* (p. 150).

2 { Jeunes feuilles d'un vert sombre en dessus, tomenteuses en dessous. . . . . *P. alba* (p. 150).
Jeunes feuilles d'un vert clair même en dessus, pubescentes soyeuses en dessous. . . . . *P. Tremula* (p. 150).

QUERCINÉES.

389. FAGUS. . . . . . . *F. sylvatica* (p. 150).

390. CASTANEA. . . . . . *C. vulgaris* (p. 150).

391. QUERCUS.

1 { Feuilles coriaces, persistantes, toujours vertes, entières ou à dents mucronées. 2
Feuilles non persistantes, plus ou moins sinuées découpées.. 3

2 { Ecorce subéreuse. . . . . . . *Q. Suber* (p. 151).
Ecorce non subéreuse. . . . . . *Q. Ilex* (p. 151).

3 { Feuilles glabres. 4
Feuilles velues ou tomenteuses en dessous. . . . . *Q. pubescens* (p. 151).

4 { Fruits longuement pédonculés. . . . . *Q. pedunculata* (p. 151).
Fruits courtement pédonculés ou sessiles. . . . . *Q. sessiliflora* (p. 151).

392. CORYLUS. . . . . . *C. Avellana* (p. 151).

393. CARPINUS. . . . . . *C. Betulus* (p. 151).

CONIFÈRES.

394. JUNIPERUS. . . . . *J. communis* (p. 151).

PLANTES ENDOGÈNES

ou

MONOCOTYLÉDONÉES.

PHANÉROGAMES.

HYDROCHARIDÉES.

395. VALLINESRIA . . . . . *V. spiralis* (p. 152).

ALISMACÉES.

396. ALISMA.

1 { Fruit composé de six carpelles disposés en étoile.. . . . . *A. Damasonium* (p. 152).
Fruit composé de plus de six carpelles non disposés en étoile. 2

2 { Carpelles mutiques, composant un fruit à trois angles obtus. 3
Carpelles brièvement mucronés, agglomérés en petit capitule globuleux . . . *A. ranunculoides* (p. 152).

3 { Feuilles ovales contractées ou en cœur à la base. . . . . *A. Plantago* (p. 152).
Feuilles lancéolées longuement rétrécies en pétiole. . . . . *A. lanceolatum* (p. 152).

397. SAGITTARIA. . . *S. sagittæfolia* (p. 153).
398. BUTOMUS. . . . . *B. umbellatus* (p. 153).

POTAMÉES.

399. POTAMOGETON.

1 { Feuilles ovales ou lancéolées, larges d'un centimètre au moins. 2
Feuilles toutes linéaires allongées, larges de moins d'un centimètre. 6

2	Feuilles très-distinctement pétiolées........ *P. natans* (p. 153).	
	Feuilles sessiles ou seulement rétrécies à la base...	3
3	Feuilles larges de plus d'un centimètre......	4
	Feuilles ne dépassant pas un centimètre en largeur..	5
4	Feuilles cordiformes, amplexicaules et comme perfoliées. .... *P. perfoliatus* (p. 153).	
	Feuilles rétrécies en pétiole... *P. lucens* (p. 153).	
5	Tige comprimée, feuilles inférieures alternes.... *P. crispus* (p. 153).	
	Tige cylindrique, toutes les feuilles opposées..... *P. densus* (p. 153).	
6	Feuilles à longue gaîne à la base....... *P. pectinatus* (p. 154).	
	Feuilles peu ou point engaînantes à la base..... *P. pusillus* (p. 154).	

400. ZANICHELLIA....... *Z. repens* (p. 154).

401. NAIAS........ *N. minor* (p. 154).

LEMNACÉES.

402. LEMNA.

1	Feuilles à trois lobes pointus.. *L. trisulca* (p. 154).	
	Feuilles ovales ou arrondies, sans lobes pointus...	2
2	Plusieurs racines fasciculées, feuilles rouges en dessous........ *L. polyrhyza* (p. 155).	
	Une racine solitaire............	3
3	Feuilles planes....... *L. minor* (p. 154).	
	Feuilles convexes, gonflées en dessous...... *L. gibba* (p. 154).	

AROIDÉES.

403. ARUM........ *A. Italicum* (p. 155).

TYPHACÉES.

404. TYPHA.

{ Epis mâle et femelle contigus, ou peu écartés, d'un roux noirâtre. . . . . . . *T. latifolia* (p. 155).
Epis mâle et femelle sensiblement éloignés, d'un roux fauve. . . . . *T. angustifolia* (p. 155).

405. SPARGANIUM. . . . . *S. ramosum* (p. 155).

ORCHIDÉES.

406. ORCHIS.

1 { Labelle entier cunéiforme, très-large, à extrémité arrondie et irrégulièrement denticulée. *O. papilionacea* (p. 157).
Labelle à trois ou quatre lobes plus ou moins prononcés. 2

2 { Segments supérieurs du périgone connivents et voûtés. 3
Segments supérieurs du périgone plus ou moins étalés. 10

3 { Segments supérieurs en casque aigu, labelle à quatre lobes, avec une petite pointe au milieu. 4
Segments supérieurs en casque obtus ou globuleux, labelle à trois ou quatre lobes, sans pointe au milieu. 7

4 { Casque d'un rouge brun. . . *O. purpurea* (p. 155).
Casque d'un rouge clair ou cendré. 5

5 { Tous les lobes du labelle linéaires allongés et très-étroits. . . . . *O. simia* (p. 156).
Lobes latéraux du labelle étroits, l'intermédiaire plus ou moins élargi. 6

6 { Lobes latéraux du labelle linéaires, l'intermédiaire cunéiforme à divisions divergentes, portant une ou deux dents. . . . . *O. Rivini* (p. 156).
Lobes latéraux du labelle oblongs, l'intermédiaire en cœur, à sommet très-élargi, à divisions peu marquées, denticulées en scie. . . . . *O. tridentata* (p. 156).

7	Labelle à trois lobes, l'intermédiaire entier.	8
	Labelle à trois ou quatre lobes, l'intermédiaire échancré.	9
8	Segments supérieurs du périgone tous rapprochés en casque, fleurs à odeur de punaise. . . . . *O. coriophora* (p. 156).	
	Segments supérieurs du périgone libres et écartés au sommet, fleurs à odeur de vanille. . . . . *O. fragrans* (p. 156).	
9	Epi d'un brun noirâtre au sommet, éperon de beaucoup plus court que l'ovaire. *O. ustulata* (p. 156).	
	Epi jamais noirâtre, éperon presque aussi long que l'ovaire. . . . . *O. Morio* (p. 156).	
10	Fleurs de couleur uniforme.	11
	Fleurs rayées ou piquettées de couleurs ou de nuances différentes.	12
11	Feuilles ordinairement tachetées, bractées toutes plus longues que les fleurs, celles-ci purpurines, labelle déjeté sur les côtés. . . . *O. incarnata* (p. 157).	
	Feuilles non tachées, bractées la plupart plus courtes que les fleurs, celles-ci d'un blanc lilas, labelle plane. . . . . *O. maculata* (p. 157).	
12	Feuilles planes, ordinairement tachées. . . . . *O. mascula* (p. 156).	
	Feuilles canaliculées, non tachées.	13
13	Epi serré, éperon deux fois plus long que l'ovaire. . . . . *O. parvifolia* (p. 157).	
	Epi très-lâche, éperon atteignant à peine la longueur de l'ovaire. . . . . *O. laxiflora* (p. 157).	

407. ANACAMPTIS. . . . *A. pyramidalis* (p. 158).

408. GYMNADENIA. . . . . *G. conopsea* (p. 158).

409. HIMANTHOGLOSSUM. . *H. hircinum* (p. 158).

410. CŒLOGLOSSUM. . . . . *C. viride* (p. 158).

411. PLATANTHERA.

1	Deux feuilles à la base de la tige, éperon grêle subulé. . . . . *P. bifolia* (p. 158).	
	Trois ou quatre feuilles à la base de la tige, éperon renflé en massue. . . . . *P. chlorantha* (p. 158).	

412. Ophrys.

1. { Segments supérieurs du périgone roses ou d'un blanc rosé 2
   { Segments supérieurs du périgone d'un vert jaunâtre ou blanchâtre 3

2. { Labelle terminé par un appendice recourbé en dessus. . . . . *O. Scolopax* (p. 159).
   { Labelle terminé par un appendice recourbé en dessous. . . . . *O. apifera* (p. 159).

3. { Labelle d'un beau jaune, surtout sur les bords. . . . . *O. lutea* (p. 159).
   { Labelle brun violet ou vert jaunâtre 4

4. { Labelle rétréci en coin à la base. *O. fusca* (p. 159).
   { Labelle non rétréci à la base 5

5. { Labelle grand, ovale, brun foncé . . . . *O. aranifera* (p. 159).
   { Labelle petit, orbiculaire, vert jaunâtre . . . . *O. pseudospeculum* (p. 159).

413. Aceras. . . . *A. anthropophora* (p. 160).

414. Serapias.

1. { Labelle glabre . . . . *S. lingua* (p. 160).
   { Labelle velu 2

2. { Lobe moyen du labelle lancéolé . . . . *S. longipetala* (p. 160).
   { Lobe moyen du labelle cordiforme . . . . *S. cordigera* (p. 160).

414 bis. Limodorum. . . *L. abortivum* (p. 160).

415. Cephalanthera.

1. { Ovaire pubescent, fleurs rouges. *C. rubra* (p. 161).
   { Ovaire glabre, fleurs blanches ou jaunâtres 2

2. { Fleurs d'un blanc jaunâtre, bractées plus longues que l'ovaire . . . . *C. grandiflora* (p. 161).
   { Fleurs d'un blanc pur, bractées supérieures beaucoup plus courtes que l'ovaire . . *C. ensifolia* (p. 160).

416. Epipactis.

{ Fleurs d'un rouge foncé. . *E. rubiginosa* (p. 161).
{ Fleurs blanc verdâtre, rougeâtres à l'intérieur. . . . . *E. latifolia* (p. 161).

417. Listera. . . . . L. ovata .(p. 161).
418. Spiranthes. . . . S. autumnalis (p. 162).

IRIDÉES.

419. Crocus. . . . . C. sativus (p. 162).
420. Gladiolus. . . . . G. segetum (p. 162).
421. Iris.

1 { Fleurs jaunes. . . . . I. pseudo-Acorus (p. 162).
{ Fleurs bleues ou d'un pourpre foncé. 2

2 { Fleurs bleues, à divisions extérieures du périgone
{ barbues à leur base. . . I. Germanica (p. 162).
{ Fleurs pourpres. 3

3 { Feuilles beaucoup plus longues que les tiges fleuries.
{ . . . . I. graminea (p. 163).
{ Feuilles un peu plus courtes que les tiges fleuries. .
{ . . . . I. fœtidissima (p. 162).

AMARYLLIDÉES.

422. Narcissus.

1 { Fleurs jaunes. 2
{ Fleurs blanches ou d'un blanc lavé de jaune, cou-
{ ronne jaune foncé. 5

2 { Feuilles jonciformes, demi-cylindriques canaliculées,
{ fleurs concolores, petites. N. Jonquilla (p. 163).
{ Feuilles presque planes, couronne plus foncée que les
{ divisions du périgone. 3

3 { Couronne moitié plus courte que les divisions du pé-
{ rigone. . . . . N. incomparabilis (p. 163).
{ Couronne de la longueur des divisions du périgone. 4

4 { Couronne ondulée crénelée. . . . .
{ . . . . N. pseudo-Narcissus (p. 163).
{ Couronne à six lobes crénelés. . N. major (p. 163).

5 { Hampe biflore. . . . . . . N. biflorus (p. 163).
{ Hampe portant de trois à dix fleurs. . . . . . .
{ . . . . N. Tazetta (p. 163).

423. Galanthus. . . . . G. nivalis (p. 164).

ASPARAGÉES.

424. Asparagus.

{ Tige et ses divisions glabres, feuilles sétacées, molles,
baie rouge. . . . . *A. officinalis* (p. 164).
Tige à rameaux pubescents, feuilles raides mucronées,
baie d'un vert foncé. . . *A. acutifolius* (p. 164).

425. Convallaria.

1 { Hampe nue, fleurs campanulées, disposées en grappe.
. . . . *C. maialis* (p. 164).
Hampe feuillée, fleurs cylindriques, axillaires. . . 2

2 { Pédoncules à une ou deux fleurs, étamines glabres.
. . . . *C. Polygonatum* (p. 164).
Pédoncules de une à cinq fleurs, étamines velues. .
. . . . *C. multiflora* (p. 164).

426. Ruscus. . . . . . *R. aculeatus* (p. 165).

DIOSCORIDÉES.

427. Tamus. . . . . . *T. communis* (p. 165).

LILIACÉES.

428. Tulipa.

{ Fleurs jaunes. . . . . *T. sylvestris* (p. 165).
Fleurs blanches avec une bande d'un beau rouge en
dehors. . . . . *T. Clusiana* (p. 165).

429. Fritillaria. . . . *F. Meleagris* (p. 165).

430. Asphodelus. . . . . . *A. albus* (p. 166).

431. Anthericum. . . . . *A. liliago* (p. 166).

432. Ornithogalum.

1 { Fleurs en corymbe imitant une ombelle. 2
Fleurs en grappe allongée en forme d'épi. . . . .
. . . . *O. pyrenaicum* (p. 166).

2 { Pédicelles fructifères déjetés en bas. . . . .
. . . . O. *divergens* (p. 166).
Pédicelles fructifères toujours dressés ou peu étalés.   3

3 { Jeunes feuilles dressées, pédicelles fructifères plus longs à peu près de moitié que les bractées. . .
. . . . O. *angustifolium* (p. 166).
Jeunes feuilles étalées, pédicelles fructifères plus longs de moitié que les bractées. . O. *affine* (p. 166).

433. SCILLA.

1 { Fleurs dépourvues de bractées.   2
Fleurs pourvues de bractées. . . . .
. . . . S. *Lilio-Hyacinthus* (p. 167).

2 { Feuilles nulles au moment de la floraison ou linéaires très-étroites. . . . . . S. *autumnalis* (p. 167).
Feuilles au nombre de deux ou trois, linéaires ou élargies. . . . . S. *bifolia* (p. 167).

434. ALLIUM.

1 { Etamines à filets alternativement trifides.   2
Etamines toutes à filets simples.   4

2 { Feuilles planes. . . . . A. *Polyanthum* (p. 167).
Feuilles cylindriques ou demi-cylindriques.   3

3 { Spathe formée d'une seule pièce acuminée, fleurs peu nombreuses sur de longs pédoncules. . . . . . .
. . . . (1) A. *vineale* (p. 167).
Spathe formée de deux pièces aiguës, fleurs nombreuses sur de courts pédoncules. . . . .
. . . . A. *sphærocephalum* (p. 167).

4 { Feuilles non fistuleuses, planes et larges, fleurs grandes, roses. . . . . . . A. *roseum* (p. 168).
Feuilles fistuleuses, fleurs petites.   5

5 { Fleurs rosées. . . . . . A. *intermedium* (p. 168).
Fleurs d'un blanc sale ou jaunâtre, avec une nervure brune ou verte sur le dos de chaque sépale. . .
. . . . A. *pallens* (p. 167).

435. BELLEVALIA. . . B. *appendiculata* (p. 168).

(1) Fleurs souvent mêlées de bulbilles, ou têtes de une à trois, composées uniquement de bulbilles.

436. MUSCARI.

{ Grappe lâche terminée par une houppe de fleurs stériles, longuement pédicellées. . . . .
. . . . *M. comosum* (p. 168).
Grappe courte, oblongue, fleurs toutes courtement pédicellées. . . . . . . *M. racemosum* (p. 168). }

COLCHICACÉES.

437. COLCHICUM. . . . . *C. autumnale* (p. 168).

JONCÉES.

438. JUNCUS.

1 { Feuilles nulles ou toutes radicales. 2
Tiges plus ou moins garnies de feuilles. 5

2 { Feuilles nulles, inflorescence latérale. 3
Feuilles toutes radicales, inflorescence terminale. .
. . . . *J. capitatus* (p. 169).

3 { Tige glauque, fortement striée. *J. glaucus* (p. 169).
Tige vert foncé ou vert pâle, peu ou point striée. . 4

4 { Panicule arrondie, presque sessile, style terminant un mamelon sur la capsule. . . . .
. . . . *J. conglomeratus* (p. 169).
Panicule lâche, style sortant d'une fossette sur la capsule. . . . . *J. effusus* (p. 169).

5 { Panicule composée de fleurs agglomérées en petits capitules, feuilles portant des nodosités. 8
Panicule composée de fleurs solitaires, feuilles sans nodosités. 6

6 { Lobes du périgone lancéolés, terminés par une pointe dépassant de beaucoup la capsule. . . . .
. . . . *J. bufonius* (p. 169).
Lobes du périgone obtus ou à pointe peu prononcée, plus courts que la capsule ou la dépassant peu. . 7

7 { Racine rampante, tige comprimée, panicule droite et serrée. . . . . *J. compressus* (p. 169).
Racine fibreuse, tige cylindrique, panicule lâche et étalée. . . . . *J. Tenageia* (p. 169).

8	Feuilles étroitement canaliculées, capsule obtuse. . . . . *J. subverticillatus* (p. 170). Feuilles cylindriques comprimées, capsule aiguë ou mucronée..	9
9	Lobes du périgone tous obtus, fleurs et capsules d'un vert blanchâtre. . . . . *J. obtusiflorus* (p. 170). Lobes du périgone, les externes, au moins, aigus ou mucronés, fleurs et capsule d'un brun luisant. . .	10
10	Lobes du périgone acuminés aristés, les intérieurs plus longs, à pointe recourbée. *J. acutiflorus* (p. 170). Lobes du calice égaux en longueur, mucronulés, les extérieurs aigus, les intérieurs obtus, scarieux sur les bords. . . . . . . *J. lampocarpus* (p. 170).	

439. LUZULA.

1	Panicule composée de fleurs solitaires. . . . . *L. Forsteri* (p. 170). Panicule composée de fleurs réunies en capitules ou en épis..	2
2	Pédoncules partiels de la panicule simples et portant un petit épi ovale, multiflore. . . . . Pédoncules partiels de la panicule divisés en plusieurs pédicelles, terminés par un petit capitule de trois ou quatre fleurs. . . . . . *L. maxima* (p. 170).	3
3	Racine rampante, tiges presque solitaires, épis penchés . . . . *L. campestris* (p. 170). Racine fibreuse, tiges croissant en touffes, épis dressés. . . . . *L. multiflora* (p. 170).	

CYPÉRACÉES.

440. CYPERUS.

1	Racine rampante, tige élevée.. . . . . Racine fibreuse, tige ayant moins de quatre décimètres de hauteur.	2 3
2	Epillets formant des grappes assez lâches, dressées. . . . . *C. longus* (p. 171). Epillets formant des grappes compactes s'écartant à angle droit.. . . . . . . *C. badius* (p. 171).	

	Epillets bruns, trois stigmates.. *C. fuscus* (p. 171).
3	Epillets jaunâtres, deux stigmates......... *C. flavescens* (p. 171).

441. SCIRPUS.

	Un épillet solitaire au sommet de la tige ou des rameaux......... *S. palustris* (p. 171).	
1	Tige portant plusieurs épillets terminaux ou d'apparence latéraux....	2

2	Tige triangulaire dans toute sa longueur......	3
	Tige cylindrique ou à peu près..........	4

	Inflorescence à rameaux simples ou la plupart simples, épillets brunâtres, à écailles échancrées au sommet...... *S. maritimus* (p. 172).	
3	Inflorescence à rameaux très-ramifiés, épillets verdâtres, à écailles entières.. *S. sylvaticus* (p. 172).	

	Epis d'apparence latéraux, tige atteignant à peine un décimètre....	5
4	Epis en panicule, tige haute de plusieurs décimètres.	6

	Fruit comprimé, sillonné en long. *S. setaceus* (p. 171).	
5	Fruit arrondi trigone, finement ponctué........... *S. Savii* (p. 171).	

	Tige ferme, dure, épis globuleux......... *S. Holoschœnus* (p. 172).	
6	Tige molle spongieuse, épis ovoïdes........... *S. lacustris* (p. 172).	

442. ERIOPHORUM ... *E. latifolium* (p. 172).

443. CAREX.

1	Ovaire surmonté par deux stigmates........	2
	Ovaire surmonté par trois stigmates........	11

	Un ou plusieurs épillets simples et nullement composés........ *C. stricta* (p. 173).	
2	Panicule ou épi composé de plusieurs épillets multiflores..	3

	Epi formé d'épillets tous munis d'étamines et de pistils....	4
3	Epi formé d'épillets tous unisexuels....... *C. disticha* (p. 172).	

4	Des étamines au sommet de chaque épillet et des pistils à sa base.	5
	Des pistils au sommet des épillets et des étamines à la base.	10
5	Écailles des épillets bordées d'une large membrane scarieuse.	9
	Écailles des épillets sans bordure scarieuse bien apparente.	6
6	Tige robuste, toujours dressée, feuilles larges de cinq à sept millimètres. . . . . *C. vulpina* (p. 172).	
	Tige grêle, se courbant avec l'âge, feuilles ayant moins de cinq millimètres de largeur.	7
7	Souche fibreuse, fruits sans nervures et dépassant les écailles.	8
	Souche rampante, fruits chargés de nervures, de la longueur des écailles. . . . . *C. divisa* (p. 172).	
8	Épillets inférieurs écartés, fruits dressés. *C. divulsa* (p. 172).	
	Épillets rapprochés, fruits divergents. . . . . *C. muricata* (p. 173).	
9	Tige robuste, à angles très-rudes, accrochants, feuilles linéaires élargies. . . *C. paniculata* (p. 173).	
	Tige grêle, rude au sommet, feuilles très-étroites. . . . . *C. teretiuscula* (p. 173).	
10	Fruits bordés d'une membrane denticulée. . . . . *C. leporina* (p. 173).	
	Fruits dépourvus de bords membraneux. . . . . *C. remota* (p. 173).	
11	Fruits velus, ou hispides ou pubescents.	12
	Fruits glabres, ou seulement scabres sur leurs angles.	17
12	Épi mâle solitaire et terminal.	14
	Deux ou plusieurs épis mâles.	13
13	Feuilles, surtout leurs gaînes, pubescentes. *C. hirta* (p. 175).	
	Feuilles et leurs gaînes glabres. . . . . *C. hirtæformis* (p. 175).	
14	Épis inférieurs munis d'une bractée se prolongeant à la base en gaîne tubuleuse.	15
	Bractées sessiles ou embrassantes, mais manquant de gaîne distincte. . . . . *C. tomentosa* (p. 173).	

15	Souche fibreuse cespiteuse, surmontée par les nervures persistantes des feuilles détruites........ *C. longifolia* (p. 173).	
	Souche émettant des rhizomes traçants........	16
16	Feuilles plus courtes que la tige. *C. præcops* (p. 173).	
	Feuilles égalant ou dépassant la tige........ *C. umbrosa* (p. 173).	
17	Epi mâle solitaire et terminal........	18
	Epis mâles deux ou plusieurs........	26
18	Feuilles pubescentes surtout sur les gaînes..... *C. pallescens* (p. 174).	
	Feuilles et gaines glabres........	19
19	Fruits terminés par un bec allongé........	20
	Fruits à bec tronqué ou presque nul........ *C. panicea* (p. 174).	
20	Epis femelles longuement pédonculés et penchés à la maturité.	23
	Epis femelles peu ou point pédonculés, dressés...	21
21	Epis femelles presque globuleux, bractées étalées ou renversées........ *C. flava* (p. 174).	
	Epis femelles oblongs, bractées dressées........	22
22	Epis femelles à écailles terminées par une pointe aristée........ *C. distans* (p. 174).	
	Epis femelles à écailles non terminées par une pointe aristée........ *C. Hornschuchiana* (p. 174).	
23	Bec des fruits très-court, épis femelles longs de plus d'un décimètre........ *C. maxima* (p. 174).	
	Bec des fruits allongé, épis femelles atteignant rarement un décimètre de longueur........	24
24	Tige très-rude sur les angles, épis rapprochés au sommet de la tige.... *C. Pseudo-Cyperus* (p. 174).	
	Tige lisse ou rude au sommet, épis écartés le long de la tige........	25
25	Fruit très-lisse........ *C. sylvatica* (p. 174).	
	Fruit relevé de fortes nervures. *C. strigosa* (p. 174).	
26	Fruit obtus, à bec très-court et tronqué........ *C. glauca* (p. 175).	
	Fruit acuminé en bec allongé ou bifide........	27

	Ecailles des épis mâles grisâtres ou scarieuses sur leurs bords. . . . . . . *C. vesicaria* (p. 175).
27	
	Ecailles des épis mâles d'un brun noirâtre, non scarieuses sur les bords. 28

	Ecailles inférieures des épis mâles toutes lancéolées aristées. . . . . *C. riparia* (p. 175).
28	
	Ecailles inférieures des épis mâles oblongues obtuses. . . . . *C. paludosa* (p. 175).

GRAMINÉES.

444. ANDROPOGON . . . *A. Ischæmum* (p. 175).

445. SORGHUM. . . . . . *S. Halepense* (p. 176).

446. TRAGUS. . . . . . *T. racemosus* (p. 176).

447. DIGITARIA.

Fleurs géminées sur l'axe de l'épi, épis de cinq à sept . . . . *D. sanguinalis* (p. 176).
Fleurs solitaires et alternativement disposées des deux côtés de l'épi, épis ordinairement deux, quelquefois un ou trois. . . . . . *D. vaginatum* (p. 176).

448. ECHINOCHLOA. . . *E. Crus-galli* (p. 177).

449. PANICUM. . . . . . *P. miliaceum* (p. 177).

450. SETARIA.

1	Epi entremêlé de soies raides et accrochantes. . . . . *S. verticillata* (p. 177).
	Epi entremêlé de soies non accrochantes. 2

2	Soies vertes ou rougeâtres, feuilles presque glabres. . . . . *S. viridis* (p. 177).
	Soies d'un jaune fauve, feuilles parsemées de poils. . . . . *S. glauca* (p. 177).

451. PHALARIS.

1	Panicule rameuse un peu lâche. . . . . *P. arundinacea* (p. 178).
	Panicule spiciforme ou en épi. 2

2	Panicule spiciforme, à peine dégagée de la gaîne de la feuille supérieure. . . . *P. paradoxa* (p. 178). Panicule spiciforme ou en épi, développée hors de la gaîne.	3
3	Panicule spiciforme, largement ovale. . . . . *P. brachystachys* (p. 178). Panicule en épi cylindrique allongé. . . . . *P. tenuis,* (p. 178).	

452. ANTHOXANTHUM. . . . *A. odoratum.* (p. 178).

453. ALOPECURUS.

1	Tige dressée et renflée à la base en forme de bulbe. . . . . *A. bulbosus* (p. 179). Tige non renflée en bulbe à la base ou étalée. . . .	2
2	Epis glabres ou presque glabres. . . . . *A. agrestis* (p. 179). Epis velus ou soyeux.	3
3	Tige dressée. . . . . *A. pratensis* (p. 178). Tige couchée à la base. . . *A. geniculatus* (p. 179).	

454. PHLEUM.

1	Glumes glabres. . . . . *P. asperum* (p. 179). Glumes velues ou ciliées.	2
2	Glumes rétrécies en pointe, plante à tiges en touffes. *P. Bœhmeri* (p. 179). Glumes subitement aristées, plante à tiges isolées. . .	3
3	Tige renflée en bulbe à la base. . . . . *P. intermedium* (p. 179). Tige non renflée en bulbe à la base. . . . . *P. pratense* (p. 179).	

455. CHAMAGROSTIS. . . . . *C. minima* (p. 180).

456. CYNODON. . . . . . . *C. Dactylon* (p. 180).

457. LEERSIA. . . . . . . *L. oryzoides* (p. 180).

458. POLYPOGON. . . *P. Monspeliensis* (p. 180).

459. AGROSTIS.

1	Feuilles radicales filiformes enroulées. . . . . *A. canina* (p. 181). Feuilles planes.	2

2 { Ligule oblongue. . . . . A. *alba* (p. 180).
{ Ligule tronquée. 3

3 { Ligule tronquée fimbriée, glumes un peu obtuses,
{   pubescentes et ciliées. . A. *verticillita* (p. 181).
{ Ligule tronquée bifide, glumes aiguës, un peu hispides
{   sur le dos. . . . . A. *vulgaris* (p. 180).

   460. CALAMAGROSTIS. . . . C. *Epigeios* (p. 181).

   461. GASTRIDIUM. . . . G. *lendigerum* (p. 181).

   462. MILIUM. . . . . . . M. *effusum* (p. 181).

   463. PHRAGMITES. . . . P. *communis* (p. 182).

   464. ARUNDO. . . . . . . A. *Donax* (p. 182).

   465. ECHINARIA. . . . . E. *capitata* (p. 182).

   466. KŒLERIA.

{ Pousses stériles à la base des tiges. . . . .
{ . . . . (1) K. *cristata* (p. 182).
{ Point de pousses stériles à la base des tiges. . . . .
{ . . . . K. *Phleoïdes* (p. 182).

   467. AIRA.

1 { Feuilles planes, linéaires élargies, arête ne dépassant
{   pas la fleur. . . . . A. *caespitosa* (p. 183).
{ Feuilles très-étroites, pliées, ou filiformes enroulées,
{   arête dépassant la fleur. 2

2 { Ligule courte et profondément bilobée. . . . . . .
{ . . . . A. *flexuosa* (p. 183).
{ Ligule oblongue ou lancéolée aiguë. 3

3 { Panicule à rameaux capillaires étalés, dressés, tige so-
{   litaire, ou tiges peu nombreuses. . . . .
{ . . . . A. *caryophyllea* (p. 183).
{ Panicule étroite et resserrée d'abord, puis un peu éta-
{   lée, faisceaux de fleurs rapprochés sur les pédoncu-
{   les. . . . . A. *aggregata* (p. 183).

(1) Dans le *Kœleria cristata* type, les feuilles inférieures sont pubescentes ciliées ; dans la variété *glabra*, elles sont entièrement dépourvues de poils et de cils.

468. Holcus.

⎰ Arête ne dépassant pas les glumes. . . . . . .
⎮ . . . . *H. lanatus* (p. 183).
⎱ Arête dépassant longuement les glumes. . . . .
  . . . . *H. mollis* (p. 184).

469. Arrhenatherum. . . . *A. elatius* (p. 184).

470. Avena.

1 ⎰ Epillets dressés, jamais penchés ou pendants. . . . 2
  ⎱ Epillets pendants à la maturité. 3

2 ⎰ Fleurs jaunâtres, à pédicelles munis de poils courts.
  ⎮ . . . . *A. flavescens* (p. 184).
  ⎱ Fleurs rougeâtres argentées, surtout au sommet, les
    supérieures à pédicelles couverts de poils soyeux.
    . . . . *A. pubescens* (p. 184).

3 ⎰ Epillets presque tous à deux fleurs. 4
  ⎱ Epillets presque tous à trois fleurs. 7

4 ⎰ Valves de la glumelle lisses ou seulement nerveuses au
  ⎮ sommet, ou ponctuées et rudes. 5
  ⎱ Valves de la glumelle chargées dans toute leur lon-
    gueur de nervures saillantes. . . . .
    . . . . *A. nuda* (p. 184).

5 ⎰ Panicule ample, lâche, à rameaux étalés dans tous les
  ⎮ sens. . . . . *A. sativa* (p. 184).
  ⎱ Panicule étroite, serrée, unilatérale ou subunilaté-
    rale. 6

6 ⎰ Les deux fleurs non articulées sur le rachis de l'épil-
  ⎮ let, ne se détachant pas à la maturité. . . . .
  ⎮ . . . . *A. Orientalis* (p. 184).
  ⎱ La fleur inférieure articulée sur le rachis de l'épillet,
    la supérieure non articulée. . . . .
    . . . . *A. Ludoviciana* (p. 184).

7 ⎰ Valve inférieure de la glumelle dentée bifide, hérissée
  ⎮ de longs poils brunâtres dans sa moitié inférieure.
  ⎮ . . . . *A. fatua* (p. 184).
  ⎱ Valve inférieure de la glumelle profondément bifide, à
    lanières terminées en arête, hérissée de longs poils
    blanchâtres dans sa moitié inférieure. . . . .
    . . . . *A. barbata* (p. 184).

471. Danthonia. . . . . . *A. decumbens* (p. 185).

472. Melica.

- Feuilles glauques, fleurs bordées de longs poils soyeux, panicule en forme d'épi. . . . . *M. Magnolii* (p. 185).
- Feuilles vertes, fleurs dépourvues de poils soyeux, panicule unilatérale très-lâche. . . . . *M. uniflora* (p. 185).

473. Briza.

- Ligule courte et tronquée, épillets ovales. . . . . *B. media* (p. 185).
- Ligule allongée, lancéolée aiguë, épillets triangulaires . . . . *B. minor* (p. 185).

474. Poa.

1. Rameaux de la panicule grêles et nus à leur base. . . 2
   Rameaux de la panicule raides, épais, garnis de fleurs jusqu'à leur base. . . . . . . *P. dura* (p. 186).

2. Tige très-sensiblement comprimée. 3
   Tige cylindrique ou à angles obscurs. 7

3. Tige fortement comprimée jusqu'au sommet. . . . . *P. compressa* (p. 185).
   Tige comprimée à la base, cylindracée au sommet. . 4

4. Ligule des feuilles supérieures oblongue. 5
   Ligule courte, tronquée et presque nulle. 6

5. Divisions de la panicule solitaires ou géminées, plante annuelle. . . . . *P. annua* (p. 186).
   Divisions de la panicule, au moins les inférieures, disposées par trois-cinq, plante vivace. . . . . *P. trivialis* (p. 186).

6. Gaîne des feuilles ne se prolongeant pas d'un nœud à l'autre, la supérieure plus courte que sa feuille. . . . . *P. nemoralis* (p. 186).
   Gaîne des feuilles prolongée d'un nœud à l'autre, la supérieure plus longue que sa feuille. . . . . *P. pratensis* (p. 186).

7. Gaîne des feuilles non poilue, fleurs laineuses à leur base, tige bulbiforme au collet. . . . . *P. bulbosa* (p. 186).
   Gaîne des feuilles poilue au sommet, fleurs glabres à la base. 8

8 { Epillets linéaires étroits, ayant de cinq à douze fleurs.
. . . . P. *pilosa* (p. 186).
Epillets lancéolés, ayant de quinze à vingt fleurs. .
. . . . P. *megastachya* (p. 186).

475. GLYCERIA.

1 { Feuilles obtuses, épillets presque tous à deux fleurs.
. . . . G. *aquatica* (p. 187).
Feuilles aiguës, épillets à plus de trois fleurs. 2

2 { Plante flasque, panicule unilatérale ou pyramidale. . 3
Plante raide, panicule très-rameuse, diffuse. . . . .
. . . . G. *spectabilis* (p. 187).

3 { Panicule unilatérale, à rameaux inférieurs disposés
par un à trois. . . . . . G. *fluitans* (p. 187).
Panicule pyramidale, à rameaux inférieurs disposés
par trois à cinq. . . . . G. *plicata* (p. 187).

476. DACTYLIS. . . . . . D. *glomerata* (p. 187).

477. CYNOSURUS.

{ Glumes et glumelles des épillets stériles linéaires
mucronées, panicule étroite allongée. . . . . . .
. . . . C. *cristatus* (p. 187).
Glumes et glumelles des épillets stériles très-longue-
ment aristées, panicule ovoïde ou subcapitée. . .
. . . . C. *echinatus* (p. 187).

478. FESTUCA.

1 { Epillets sessiles ou presque sessiles, disposés en panicule grêle spiciforme et allongée. 2
Epillets plus ou moins pédicellés, disposés en panicule plus ou moins étalée. 3

2 { Fleurs mutiques ou sans arêtes. . F. *Poa* (p. 188).
Fleurs pourvues d'une arête. . F. *tenuiflora* (p. 188).

3 { Fleurs pourvues d'une arête distincte 4
Fleurs mutiques ou sans arête. 11

4 { Arêtes plus longues que les fleurs. 5
Arêtes plus courtes que les fleurs ou les égalant à
peine. 8

5 { Fleurs bordées de cils blancs et soyeux. . . . . . .
. . . . F. *ciliata* (p. 188).
Fleurs lisses ou scabres, non ciliées. 6

6	Glumelle supérieure aristée. . *F. uniglumis* (p. 188).	
	Glumelle seulement aiguë, non aristée.	7
7	Panicule courte, éloignée des feuilles. . . . . *F. sciuroides* (p. 188).	
	Panicule allongée, rapprochée de la feuille supérieure. . . . . . . *F. pseudo-myuros* (p. 188).	
8	Feuilles toutes, ou au moins les inférieures, enroulées ou sétacées.	9
	Feuilles toutes planes linéaires.	13
9	Toutes les feuilles enroulées et sétacées. . . . . *F. duriuscula* (p. 188).	
	Feuilles supérieures planes et linéaires.	10
10	Souche rampante stolonifère. . . *F. rubra* (p. 189).	
	Souche fibreuse, sans rejets rampants. . . . . *F. heterophylla* (p. 189).	
11	Panicule unilatérale, plante atteignant à peine deux décimètres de hauteur. . . . *F. rigida* (p. 188).	
	Panicule diffuse, plante dépassant deux décimètres de hauteur	12
12	Tige portant un seul nœud vers la base, ligule poilue. . . . . *F. cœrulea* (p. 189).	
	Tige portant plusieurs nœuds, ligule non poilue. .	13
13	Gaînes des feuilles inférieures renflées en forme de bulbe allongé. . . . . . *F. spectabilis* (p. 189).	
	Gaînes des feuilles non renflées en forme de bulbe. .	14
14	Divisions de la panicule courtes, portant tout au plus trois ou quatre épillets. . . *F. pratensis* (p. 189).	
	Divisions de la panicule allongées, portant plus de cinq épillets. . . . . *F. arundinacea* (p. 189).	

479. BRACHYPODIUM:

1	Tige élevée, épi composé d'épillets nombreux. . . .	2
	Tige n'atteignant pas quatre décimètres, épi composé d'un à trois épillets. . . . *B. distachyon* (p. 190).	
2	Plante d'un vert foncé, arêtes plus longues que les fleurs. . . . . *B. sylvaticum* (p. 189).	
	Plante d'un vert clair, arêtes plus courtes que les fleurs. . . . . *B. pinnatum* (p. 190).	

480. Bromus.

1 { Epillets élargis au sommet après la floraison par l'écartement des fleurs. 2
    Epillets rétrécis au sommet, même après la floraison. 5

2 { Panicule dressée ou diffuse. 3
    Panicule serrée et penchée d'un seul côté. . . . .
    . . . . *B. tectorum* (p. 191).

3 { Panicule lâche, épillets longs de cinq centimètres au moins. 4
    Panicule serrée, épillets longs de deux à trois centimètres. . . . . . . *B. Madritensis* (p. 191).

4 { Tige glabre. . . . . *B. sterilis* (p. 191).
    Tige pubescente. . . . . . *B maximus* (p. 191).

5 { Glumelle supérieure à peine ciliée pubescente. . . . 6
    Glumelle supérieure ciliée. 8

6 { Panicule raide à divisions dressées. . . . .
    . . . . *B. erectus* (p. 190).
    Panicule à divisions très-allongées penchées. . . . 7

7 { Fleurs et gaînes des feuilles velues. *B. asper* (p 190).
    Fleurs et gaînes des feuilles glabres. . . . . . .
    . . . . *B. giganteus* (p. 191).

8 { Epillets étroits lancéolés. 9
    Epillets ovoïdes ou oblongs. 10

9 { Divisions de la panicule ne portant qu'un ou deux épillets larges. . . . *B. commutatus* (p. 190).
    Plusieurs divisions de la panicule portant trois ou quatre épillets étroits. . . *B. arvensis* (p. 190).

10 { Gaînes des feuilles glabres. . . *B. secalinus* (p. 190).
     Gaînes des feuilles inférieures poilues. . . . . .
     . . . . *B. mollis* (p. 190).

481. Gaudinia. . . . . . *G. fragilis* (p. 191).

482. Triticum.

1 { Souche fibreuse, cespiteuse. . *T. caninum* (p. 191).
    Souche longuement traçante. 2

2 { Plante toute glauque bleuâtre, feuilles étroites enroulées, à extrémité piquante. . . . .
. . . . *T. pungens* (p. 192).
Plante verte ou glaucescente, feuilles planes ou un peu enroulées au sommet. . *T. repens* (p. 192).

483. HORDEUM.

{ Glumes des fleurs latérales ciliées. . . . .
. . . . *H. murinum* (p. 192).
Glumes toutes scabres, non ciliées. . . . . . .
. . . . *H. secalinum* (p. 192).

484. LOLIUM.

1 { Epi cylindracé filiforme. . . . . *L. tenue* (p. 193).
Epi plus ou moins élargi comprimé. 2

2 { Racine produisant des tiges et des touffes de feuilles stériles. 3
Tige dépourvue de feuilles stériles à la base. 4

3 { Jeunes feuilles pliées dans leur longueur, fleurs mutiques. . . . . *L. perenne* (p. 192).
Jeunes feuilles enroulées sur les bords, fleurs aristées. . . . . *L. Italicum* (p. 193).

4 { Epillets fructifères gros, elliptiques, à glumelles cartilagineuses. 5
Epillets lancéolés, à glumelles membraneuses. . . .
. . . . *L. rigidum* (p. 193).

5 { Fleurs courtes oblongues, puis ovales élargies et dépassant beaucoup la glume. *L. Linicola* (p. 193).
Fleurs oblongues allongées, à peu près égales à la glume, ou plus courtes qu'elle. 6

6 { Fleurs munies d'arêtes assez longues. . . . . . .
. . . . *L. temulentum* (p. 193).
Fleurs mutiques ou munies d'une soie molle et blanche. . . . . *L. arvense* (p. 193).

485. ÆGILOPS. . . . . . *Æ. ovata* (p. 193).

PLANTES ENDOGÈNES
CRYPTOGAMES
ou
ACOTYLÉDONÉES VASCULAIRES.

ÉQUISÉTACÉES.

486. EQUISETUM.

1 { Tiges fructifères et tiges stériles non conformes, les tiges stériles venant les dernières. 2
Tiges fructifères et tiges stériles conformes, vertes, tendres, simples en tout temps. 3

2 { Tiges fructifères à peu près de la grosseur du doigt, gaînes portant vingt à trente dents. . . . . . *E. Telmateia* (p. 194).
Tiges fructifères n'ayant pas la grosseur du doigt, gaînes portant de huit à douze dents. . . . . . *E. arvense* (p. 194).

3 { Gaînes noires à la base et dans leur tiers supérieur. . . . . . *E. hyemale* (p. 194).
Gaînes non tachées. 4

4 { Tiges périssant en hiver, épi obtus, gaînes à bordure blanche pellucide. . . . . *E. palustre* (p. 194).
Tiges persistant pendant l'hiver, épi aigu, gaînes de la même couleur que les tiges. . . . . . *E. ramosum* (p. 194).

FOUGÈRES.

487. OPHIOGLOSSUM . . . . *O. vulgatum* (p. 194).
488. CETERACH . . . . *C. officinarum* (p. 195).

489. Polypodium. . . . . *P. vulgare* (p. 195).

490. Aspidium. . . . . . *A. angulare* (p. 195).

491. Polystichum.

1 { Souche grêle, traçante, feuilles à rachis dépourvu d'écailles, lobes des feuilles très-entiers. . . . . *P. Thelypteris* (p. 195).
Souche épaisse, cespiteuse, feuilles à rachis muni d'écailles, lobes des feuilles denticulés. . . . . *P. Filix-Mas* (p. 195).

492. Asplenium.

1 { Feuilles simplement pinnées, à pétiole noirâtre. . . . . *A. Trichomanes* (p. 195).
Feuilles bi ou tripinnées, à pétiole vert au sommet. 2

2 { Pinnules secondaires et tertiaires entières ou à trois lobes peu marqués, finement crénelés en avant. . . . . *A. Ruta-muraria* (p. 196).
Pinnules secondaires et tertiaires très-entières, incisées dentées au sommet, à dents aiguës. . . . . *A. Adianthum nigrum* (p. 196).

493. Scolopendrium. . . *S. officinale* (p. 196).

494. Pteris. . . . . . . *P. aquilina* (p. 196).

495. Adianthum. . . *A. Capillus-Veneris* (p. 196).

FIN DE LA FLORE ANALYTIQUE.

TABLE

DES FAMILLES ET DES GENRES.

N. B. La première colonne se rapporte au Catalogue et la suivante au Tableau dichotomique.

A.

	Pages.			Pages.	
Acer	32	274	Anacamptis	158	339
Aceras	160	340	Anagallis	135	326
ACÉRINÉES	32	274	Anarrhinum	116	316
Achillæa	84	304	Anchusa	111	314
Adianthum	196	359	Andropogon	175	349
Adonis	4	260	Androsæmum	31	274
Ægilops	193	357	Andryala	99	308
Æthusa	69	294	Anemone	3	259
Agrimonia	54	287	Angelica	70	295
Agrostis	180	350	Anthemis	83	304
Aira	183	351	Anthericum	166	342
Ajuga	133	325	Anthoxanthum	178	350
Alchemilla	54	287	Anthriscus	72	295
Alisma	152	336	Anthyllis	38	278
ALISMACÉES	152	336	Antirrhinum	117	316
Allium	167	343	Apium	66	293
Alnus	149	334	APOCYNÉES	107	312
Alopecurus	178	350	Aquilegia	7	262
Alsine	27	271	Arabis	12	264
ALSINÉES	25	270	ARALIACÉES	73	296
Althæa	30	273	Arenaria	27	271
Alyssum	19	267	Aristolochia	145	331
AMARANTHACÉES	137	327	ARISTOLOCHIÉES	145	331
Amaranthus	137	327	Arnoseris	94	306
AMARYLLIDÉES	163	341	AROIDÉES	155	337
AMBROSIACÉES	103	310	Arrhenatherum	184	352
Ammi	67	293	Artemisia	86	302
AMPÉLIDÉES	32	274	Arum	155	337
			Arundo	182	351

Asclépiadées	107	312	Caltha	7	264
Asparagées	164	342	Camelina	18	267
Asparagus	164	342	Campanula	104	340
Asperugo	111	314	Campanulacées	103	340
Asperula	77	298	Cannabinées	148	333
Asphodelus	166	342	Caprifoliacées	74	296
Aspidium	195	359	Capsela	17	266
Astragalus	45	281	Cardamine	12	264
Asplenium	195	359	Carduus	91	305
Atriplex	140	329	Carex	172	346
Avena	184	352	Carlina	89	303
			Carpinus	151	335
B.			Carum	67	294
			Castanea	150	335
Ballota	132	324	Catananche	94	306
Barbarea	11	264	Caucalis	74	295
Bellevalia	168	343	Célastrinées	35	276
Bellis	82	300	Centaurea	89	304
Berbéridées	8	262	Centranthus	78	298
Berberis	8	262	Centunculus	135	326
Berula	68	294	Cephalanthera	160	340
Beta	138	328	Cerastium	28	272
Betonica	131	324	Cerasus	54	285
Bétulinées	149	334	Cératophyllées	60	294
Bidens	83	301	Ceratophyllum	60	294
Bifora	73	295	Ceterach	195	358
Blitum	140	328	Chærophyllum	73	295
Borraginées	109	313	Chamagrostis	180	350
Borrago	111	314	Cheiranthus	10	263
Brachypodium	189	355	Chelidonium	9	263
Brassica	14	265	Chénopodées	138	328
Briza	185	353	Chenopodium	139	328
Bromus	190	356	Chicoracées	93	
Brunella	132	324	Chlora	107	312
Bryonia	62	291	Chondrilla	98	307
Bunias	16	266	Chrysanthemum	85	302
Buplevrum	68	294	Cicendia	108	312
Butomus	153	336	Cichorium	94	306
			Circæa	59	290
C.			Cirsium	92	305
			Cistinées	20	267
Cactées	65	293	Cistus	20	267
Calamagrostis	181	351	Clandestina	124	321
Calamintha	128	322	Clematis	3	259
Calendula	88	303	Clinopodium	128	323
Calepina	16	266	Cœloglossum	158	339
Callitriche	60	290	Colchicacées	168	344
Calluna	105	311	Colchicum	168	344

Conifères	151	335	Dipsacus			79 299
Conium	79	295	Dorycnium			48 284
Conopodium	67	294	Draba			19 267
Convallaria	164	342				
Convolvulacées	108	312	**E.**			
Convolvulus	108	312				
Conyza	81	300	Ecballium			62 294
Coriaria	35	276	Echinaria			182 354
Coriariées	35	276	Echinochloa			177 349
Cornées	74	296	Echinops			88 303
Cornus	74	296	Echinospermum			112 314
Coronilla	45	284	Echium			110 313
Corrigiola	63	292	Elatine			29 272
Corylus	151	335	Elatinées			29 272
Corymbifères	84		Epilobium			59 290
Crassulacées	63	292	Epipactis			164 340
Crataegus	58	289	Equisétacées			194 358
Crepis	99	308	Equisetum			194 358
Crocus	162	341	Erica			105 311
Crucianella	77	298	Ericacées			105 311
Crucifères	10	263	Erigeron			84 300
Cucubalus	22	269	Eriophorum			172 346
Cucurbitacées	62	294	Erodium			34 275
Cuscuta	108	343	Erophila			19 267
Cydonia	58	289	Eruca			15 266
Cynara	91	305	Erucastrum			14 265
Cynarocéphales	88		Ervum			47 282
Cynodon	180	350	Eryngium			66 293
Cynoglossum	113	315	Erythræa			107 312
Cynosurus	187	354	Eufragia			121 320
Cypéracées	171	345	Eupatorium			81 300
Cyperus	171	345	Euphorbia			145 331
Cytisus	37	277	Euphorbiacées			145 331
			Euphrasia			121 320
D.			Evonymus			35 276
Dactylis	187	354	**F.**			
Danthonia	185	352				
Daphne	144	331	Fagus			150 335
Datura	114	315	Festuca			188 354
Daucus	71	295	Ficaria			6 261
Delphinium	7	262	Ficus			148 333
Dianthus	24	270	Filago			87 302
Digitalis	116	316	Fœniculum			69 295
Digitaria	176	349	Fougères			194 358
Dioscoridées	165	342	Fragaria			53 286
Diplotaxis	15	265	Fraxinus			106 311
Dipsacées	79	299	Fritillaria			165 342

Fumaria	9	263	Hippuridées	60	290
Fumariacées	9	263	Hippuris	60	290
			Hirschfeldia	15	265
G.			Holcus	183	352
			Holoragées	60	290
Galactites	91	305	Holosteum	26	271
Galanthus	164	341	Hordeum	192	357
Galeobdolon	130	323	Humulus	148	333
Galeopsis	130	323	Hutchinsia	17	266
Galium	75	297	Hydrocharidées	152	336
Gastridium	181	351	Hydrocotyle	65	293
Gaudinia	191	356	Hyosciamus	114	315
Genista	37	277	Hyoseris	94	306
Gentiana	107	312	Hypéricinées	31	274
Gentianées	107	312	Hypericum	31	274
Géraniacées	32	274	Hypochœris	97	307
Geranium	32	274	Hypopitys	106	311
Geum	52	285			
Gladiolus	162	341	**I.**		
Glaucium	9	263			
Glechoma	129	323	Iberis	18	267
Globularia	136	326	Ilex	35	276
Globulariées	136	326	Ilicinées	35	276
Glyceria	187	354	Inula	82	300
Gnaphalium	87	302	Iridées	162	341
Graminées	175	349	Iris	162	341
Gratiola	116	316	Isatis	17	266
Gymnadenia	158	339			
Gypsophila	24	270	**J.**		
			Jasione	103	310
H.			Jasminées	106	312
			Jasminum	106	312
Hedera	73	296	Joncées	169	344
Hedypnois	94	306	Juncus	169	344
Helianthemum	20	267	Juniperus	151	335
Helianthus	83	304			
Helichrysum	86	302	**K.**		
Heliotropium	109	313			
Helleborus	7	261	Kentrophyllum	91	305
Helminthia	95	306	Knautia	79	299
Helosciadium	66	293	Kœleria	182	351
Hepatica	4	260			
Heracleum	71	295	**L.**		
Herniaria	63	292			
Hesperis	13	265			
Hieracium	100	309	Labiées	124	321
Himanthoglossum	158	339	Lactuca	98	307
Hippocrepis	46	282	Lamium	129	323

Lampsana.	93	306	Melissa.		129	323
Lappa.	93	306	Melittis.		129	323
Lathyrus.	49	284	Mentha.		125	321
Lavandula.	124	321	Mercurialis.		147	333
Leersia.	180	350	Mespilus.		58	289
LÉGUMINEUSES	36	277	Milium.		181	351
Lemna.	154	337	Mœnchia.		28	272
LEMNACÉES.	154	337	MONOTROPÉES.		106	311
LENTIBULARIÉES.	134	325	Montia.		62	292
Leontodon.	95	306	MORÉES.		148	333
Leonurus.	132	324	Muscari.		168	344
Lepidium.	17	266	Myagrum.		17	266
Leucanthemum.	84	301	Myosotis.		112	314
Ligustrum.	106	311	Myricaria.		61	291
LILIACÉES.	165	342	Myriophyllum.		60	290
Limodorum.	160	340				
Linaria.	117	317	**N.**			
LINÉES.	29	272				
Linosyris.	82	300	Naias.		154	337
Linum.	29	272	Narcissus.		163	341
Listera.	161	341	Nardosmia.		81	300
Lithospermum.	110	313	Nasturtium.		10	263
Lolium.	192	357	Nepeta.		129	323
Lonicera.	75	296	Neslia.		16	266
LORANTHACÉES.	74	296	Nicandra.		114	315
Lotus.	44	281	Nigella.		7	262
Lunaria.	19	267	Nuphar.		8	262
Lupinus.	50	284	NYMPHÉACÉES.		8	262
Lupulina.	40	278				
Luzula.	170	345	**O.**			
Lychnis.	23	269				
Lycium.	113	315	OEnanthe.		69	294
Lycopus.	126	322	OEnothera.		59	290
Lysimachia.	134	325	OLÉACÉES.		106	311
LYTHRARIÉES.	64	291	OMBELLIFÈRES.		65	293
Lythrum.	64	291	ONAGRARIÉES.		59	290
			Onobrychis.		46	282
M.			Ononis.		38	277
			Onopordum.		91	305
Malus.	58	289	Ophioglossum.		104	358
Malva.	30	273	Ophrys.		159	340
MALVACÉES.	30	273	Opuntia.		66	293
Marrubium.	132	324	ORCHIDÉES.		155	338
Matricaria.	85	302	Orchis.		155	338
Medicago.	39	278	Origanum.		127	322
Melampyrum.	120	319	Orlaya.		71	295
Melica.	185	353	Ornithogalum.		166	342
Melilotus.	40	278	Ornithopus.		46	282

Orobanche	123	320	Portulacées	62	292
Orobanchées	122	320	Potamées	153	336
Orobus	50	284	Potamogeton	153	336
Osiris	144	331	Potentilla	53	286
Oxalidées	34	276	Poterium	54	287
Oxalis	34	276	Primula	135	326
			Primulacées	134	325
			Prunus	51	285
			Psoralea	45	281

P.

			Pteris	196	359
Pallenis	82	300	Pterotheca	99	308
Panicum	177	349	Ptychotis	66	293
Papaver	8	262	Pulmonaria	110	314
Papavéracées	8	262	Pyrethrum	85	302
Parietaria	147	333	Pyrus	58	289
Paronychiées	63	292			
Passerina	144	331			
Pastinaca	70	295	**Q.**		
Pedicularis	124	319	Quercinées	150	335
Peplis	61	291	Quercus	151	335
Petroselinum	66	293			
Peucedanum	70	295	**R.**		
Phalaris	178	349			
Phelipæa	122	320	Radiola	29	273
Phleum	179	350	Ranunculus	4	260
Phragmites	182	351	Raphanus	15	266
Physalis	114	315	Rapistrum	19	267
Phyteuma	104	310	Renonculacées	3	259
Phytolacca	138	328	Reseda	21	268
Phytolaccées	138	328	Résédacées	21	268
Picris	95	306	Rhagadiolus	94	306
Pimpinella	68	294	Rhamnées	35	276
Pisum	49	283	Rhamnus	35	276
Plantaginées	136	326	Rhinanthus	121	319
Plantago	136	326	Rhus	36	276
Platanthera	158	339	Robinia	45	281
Poa	185	353	Roncolia	105	311
Podospermum	97	307	Rosa	55	287
Polycarpon	63	292	Rosacées	51	285
Polycnemum	138	327	Rosmarinus	127	322
Polygala	22	268	Rubia	75	296
Polygalées	22	268	Rubiacées	75	296
Polygonées	141	329	Rubus	52	285
Polygonum	142	330	Rumex	141	329
Polypodium	195	359	Ruscus	165	342
Polypogon	180	350			
Polystichum	195	359	**S.**		
Populus	150	334			
Portulaca	62	292	Sagina	25	270

Sagittaria.	153	336	Spartium.		36	277
SALICINÉES.	149	334	Specularia.		105	344
Salix.	149	334	Spergula.		25	274
Salvia.	126	322	Spergularia.		27	274
Sambucus.	74	296	Spiranthes.		162	341
Samolus.	136	326	Spiræa.		52	285
Sanicula.	65	293	Stachys.		130	323
SANTALACÉES.	144	331	Stellaria.		26	271
Saponaria.	24	270	Symphitum.		111	314
Sarothamnus.	36	277	SYNANTHÉRÉES.		84	300
Satureia.	127	322	Syringa.		106	314
Saxifraga.	65	293				
SAXIFRAGÉES.	65	293				
Scabiosa.	80	299	**T.**			
Scandix.	72	295				
Scilla.	167	343				
Scirpus.	171	346	TAMARISCINÉES.		64	291
Scleranthus.	63	292	Tamus.		165	342
Scolopendrium.	196	359	Tanacetum.		86	302
Scolymus.	93	306	Taraxacum.		97	307
Scrophularia.	118	317	Teesdalia.		18	267
SCROPHULARIÉES.	116	316	TÉRÉBINTHACÉES.		36	276
Scutellaria.	132	324	Tetragonolobus.		44	281
Sedum.	63	292	Teucrium.		133	325
Sempervivum.	64	292	Thalictrum.		3	259
Senebiera.	17	266	Thesium.		144	331
Senecio.	87	303	Thlaspi.		18	267
Serapias.	160	340	Thrincia.		95	306
Serratula.	93	306	THYMÉLÉES.		144	331
Seseli.	70	295	Thymus.		127	322
Setaria.	177	349	Tilia.		31	273
Sherardia.	77	298	TILIACÉES.		31	273
Silaus.	70	295	Tillæa.		63	292
Silene.	22	269	Tolpis.		99	308
SILÉNÉES.	22	269	Tordylium.		71	295
Silybum.	91	305	Torilis.		72	295
Sinapis.	14	265	Tragopogon.		96	306
Sison.	67	293	Tragus.		176	349
Sisymbrium.	13	265	Tribulus.		35	276
Sium.	68	294	Trifolium.		41	279
Smyrnium.	73	295	Trigonella.		38	278
SOLANÉES.	113	315	Triticum.		194	356
Solanum.	113	315	Tulipa.		165	342
Solidago.	82	300	Turgenia.		72	295
Sonchus.	98	308	Turritis.		11	264
Sorbus.	58	289	Tussilago.		84	300
Sorghum.	176	349	Typha.		155	338
Sparganium.	155	338	TYPHACÉES.		155	338

U.

Ulex.	36	273
ULMACÉES.	148	334
Ulmus.	148	334
Umbilicus.	64	292
Urospermum.	96	306
Urtica.	147	333
URTICÉES.	147	333
Utricularia.	134	325

V.

Valeriana.	78	298
Valerianella.	78	298
VALÉRIANÉES.	78	298
Vallisneria.	152	336
VERBASCÉES.	115	315
Verbascum.	115	315
Verbena.	134	325

VERBÉNACÉES.	134	325
Veronica.	119	319
Viburnum.	72	296
Vicia.	47	283
Vinca.		317
Viola.	20	267
VIOLARIÉES.	20	267
Viscum.	74	296
Vitis.	32	274

X.

Xanthium.	109	310
Xeranthemum.	89	303

Z.

Zanichellia.	154	337
ZYGOPHYLLÉES.	35	275

FIN DE LA TABLE.

ON TROUVE A LA MÊME LIBRAIRIE,

OUVRAGES DU MÊME AUTEUR.

Précis analytique de l'histoire naturelle des Mollusques terrestres et fluviatiles qui vivent dans le bassin sous-pyrénéen, 1843, in-8°.

Flore du bassin sous-pyrénéen, ou description des plantes qui croissent naturellement dans cette circonscription géologique, etc. 1887, in-8°.

Additions et corrections à la Flore du bassin sous-pyrénéen, 1840, in-8°.

Mémoires sur les Coquilles fossiles des terrains d'eau douce du sud-ouest de la France, 1854, in-8°.

Nouveau Dictionnaire d'Agriculture pratique, contenant la définition des termes usuels d'agriculture, l'indication des meilleures méthodes pour la grande et la petite culture, des notions exactes sur l'économie rurale et domestique, la médecine vétérinaire, la législation qui intéresse plus particulièrement les agriculteurs, l'indication des divers travaux d'horticulture pour chaque mois de l'année; ouvrage rédigé d'après les auteurs les plus estimés, par une société de législateurs et de légistes, et sous la direction de M. A. Darrieux, membre de plusieurs sociétés d'agriculture. 1 vol. grand in-8° de plus de 800 pages, à double colonne. Prix . . . . 9 fr.

Question des Céréales, son importance, ses rapports avec les institutions du crédit foncier, par M. Paul Troy, 1 vol. in-12. Prix . . . . 2 fr.

Guide de l'étranger dans Toulouse et dans ses environs, contenant des notices historiques et descriptives sur les monuments et édifices publics ou privés, sur les bibliothèques, musées, observatoire, etc. 1 vol. in-18, avec le plan de la ville de Toulouse. Prix . . . . 4 fr.

Un itinéraire de la ville de Toulouse, avec indication des principaux monuments et des objets les plus remarquables; dressé par M. Ducros, géomètre en chef du cadastre; lithographié sur une demi-feuille jésus. Prix . . . . 1 fr.

Précis historique de la bataille de Toulouse, par le chevalier A. Du Mège, avec un plan de la bataille, dressé par M. Belair, 1 vol. in-12. Prix . . . . 2 fr.

Les Espigos de la Lengo moundino, poésies languedociennes par L. Vestrepain, membre de la Société archéologique du Midi. 1 volume in-8°, orné de gravures. Prix . . . . 4 fr.

www.ingramcontent.com/pod-product-compliance
Lightning Source LLC
Chambersburg PA
CBHW060606170426
43201CB00009B/909